焊接技术

国网河北省电力有限公司培训中心　组织编写

中国建材工业出版社

图书在版编目（CIP）数据

焊接技术/国网河北省电力有限公司培训中心组织编写. --北京：中国建材工业出版社，2021.9

ISBN 978-7-5160-3109-4

Ⅰ.①焊…　Ⅱ.①国…　Ⅲ.①焊接—岗位培训—教材　Ⅳ.①TG4

中国版本图书馆 CIP 数据核字（2020）第 227067 号

焊接技术

Hanjie Jishu

国网河北省电力有限公司培训中心　组织编写

出版发行：中国建材工业出版社

地　　址：北京市海淀区三里河路 1 号

邮　　编：100044

经　　销：全国各地新华书店

印　　刷：北京鑫正大印刷有限公司

开　　本：787mm×1092mm　1/16

印　　张：12.75

字　　数：330 千字

版　　次：2021 年 9 月第 1 版

印　　次：2021 年 9 月第 1 次

定　　价：98.00 元

本社网址：www.jccbs.com，微信公众号：zgjcgycbs

本书编审组

主　　编：苏　召　王迎军

副 主 编：何生贵

编写人员：焦荣格　苏　召　王迎军

主　　审：张大刚

前　言

《焊接技术》焊接专业单元制实训教材分为Ⅰ、Ⅱ、Ⅲ三个等级。其中，Ⅲ级应用于中级工及以下人员，包括手工电弧焊（SMAW）入门、手工电弧焊（SMAW）Q235板件T型焊接、手工电弧焊（SMAW）Q235板件对接焊3个单元，主要内容为简单的焊接操作及缺陷处理等；Ⅱ级应用于高级工人员，包括手工钨极氩弧焊（TIG）入门、手工钨极氩弧焊（TIG）20Gϕ42×5小径管对接焊2个单元，主要内容为钨极氩弧焊操作等；Ⅰ级应用于技师及高级技师人员，包括手工钨极氩弧焊和电弧焊（TIG/SMAW）12Cr1MoVGϕ42×5小径管十字障碍焊接、手工钨极氩弧焊和电弧焊（TIG/SMAW）P22ϕ219×18大径管焊接2个单元，主要内容为氩弧焊焊接障碍管和氩电联焊大径管等。

本书的针对性和实用性强，可以作为电力行业焊接操作人员技能培训教材。

本书由国网河北省电力有限公司培训中心苏召和王迎军任主编，何生贵任副主编。其中手工电弧焊设备、焊接材料、手工钨极氩弧焊设备由苏召、焦荣格编写，单元制技能部分包括焊接专业技能单元一、二、三由王迎军、苏召负责编写。全书由张大刚审定。

本书的编写得到了国网河北各供电公司的大力支持，在此表示衷心的感谢！本书编写过程中参考了大量的文献书籍，在此对原作者表示深深的谢意！

本书如能对读者和培训工作有所帮助，我们将感到十分欣慰。

编者

目　　录

第一部分

Ⅲ类（初级）

单元一　手工电弧焊（SMAW）入门

Ⅲ-1-1　手工电弧焊设备

手工电弧焊设备包括交流电弧焊机、旋转直流电弧焊机和整流电弧焊机，统称为电焊机或焊接电源。当前随着焊接技术的进步，首先表现在焊接电焊面焊接电源。当前随着大功率电子器件的发展，焊接电源也不断更新换代。国外早已淘汰了笨重、耗能大的旋转直流电弧焊机，普及了硅整流焊接电源。

本章主要介绍电焊机的基本要求，典型交、直流、硅整流手工电焊机的工作原理、特点、结构和各类电焊机的维护及故障排除。

1　对电焊机的基本要求

对电焊机的基本要求是保证电弧能够稳定地燃烧，因为电弧燃烧的稳定与否直接关系能否获得优质的焊接接头。为了正确地选择、安装、使用和维护焊接电源，在叙述对电焊机的基本要求前，首先介绍焊接电源标牌或说明书中常用的一些名词术语的含义。

（1）输入电压。输入电压是指焊接电源的输入电压，通常为220/380V。输入电压也称初级电压。

（2）频率。频率是指输入电流的频率。

（3）焊接回路。焊接回路是指焊接电源输出的焊接电流流经焊件的导电回路。

（4）空载电压。电弧未引燃时，焊接电源输出端的电压即空载电压。

（5）电弧电压。电弧两端（两电极）之间的电压降。

（6）引弧电压。能使电弧引燃的最低电压。

（7）功率因数。在电工学上，功率因数等于有功功率和视在功率之比，用 $\cos\alpha$ 表示，α 为电流和电压相位差（角度）。焊接电源的发热损耗和电弧燃烧时所用的电功率称为有功功率；在焊接电源初级端输入的交流电的有效电流强度值和有效电压值乘积称为视在功率。对于电焊工来说，功率因数可理解为电弧的功率与焊接电源输入端的输入功率之比。焊接的功率因数越高越好。

（8）负载持续率。负载持续率是指焊接电弧燃烧时间占整个工作周期的百分比。一般手工电弧焊时，工作周期规定为5min。负载持续率可用下式计算：

$$负载持续率=\frac{焊接电弧燃烧时间}{焊接电弧燃烧时间+熄弧时间}\times 100\%$$

（9）额定负载持续率。额定负载持续率是为了衡量焊接电源的能力而限定的负载持续率。我国生产的手工电弧焊机的额定负载持续率绝大多数都限定在50%～65%。

（10）额定焊接电流。在额定负载持续率下允许使用的最大焊接电流即额定焊接电流。

当焊接电源的实际负载持续率与额定负载持续率不同时，在实际负载持续率下的许用焊接电流可按下式计算：

$$I=\frac{\text{额定负载持续率}}{\text{实际负载持续率}}\times I_{\text{额}}$$

式中　I——许用焊接电流；

$I_{\text{额}}$——额定焊接电流。

（1）额定工作电压。焊接电流为额定电流时相对应的电弧电压。

（2）额定输入电流。当焊接电源输出为额定值时，网路输入到焊接电源的电流值。应根据该值选择电焊机的熔断器保险丝。

（3）额定输入容量。当焊接电源输出为额定值时，网路输入到焊接电源的电流与电压的乘积为额定输入容量，以 kV · A 为单位。

（4）额定输出功率。当焊接电源输出为额定值时的功率，以 kW 为单位，即额定焊接电流与额定工作电压的乘积。

（5）短路电流。电极与焊件接触时的电流称为短路电流。对于手工电弧焊来说，短路电流为焊接电流的 1.25～2 倍。

（6）电流调节范围。在电弧电压等于电弧工作电压条件下，电流可以调节的范围。

为了使电弧稳定燃烧，电焊机有以下基本要求：

1.1　具有陡降的外特性

所谓焊接电源的外特性是指焊接电源的焊接电流与输出的电压之间的对应关系。这种对应关系用曲线表示时，就把该曲线称为焊接电源的外特性曲线。

电弧的静特性是指电弧长度固定不变和电弧燃烧稳定的情况下，经实际测定电弧电压与焊接电流之间的关系。电弧的静特性与普通电阻两端电压和通过电阻的电流之间的关系（电阻特性）有着显著的不同，如图 1 所示。

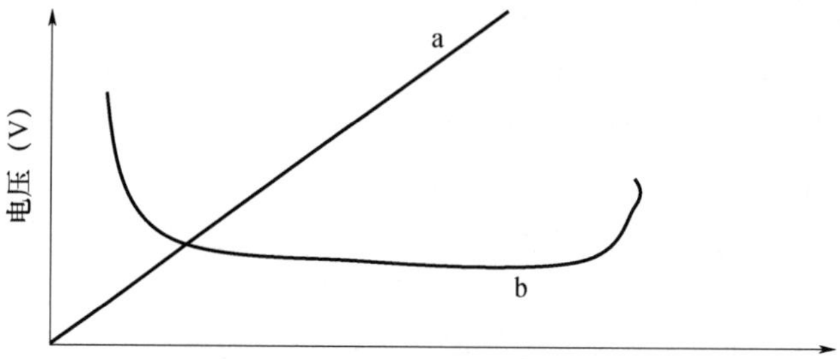

图 1　电阻特性与电弧静特性的比较

a—电阻特性；b—电弧静特性

为了达到焊接电弧中引弧到稳定燃烧这一目的，要求手工电弧焊焊接电源按照电弧静特性的一定规律来供给电压和电流。根据上述要求，手工电弧焊焊接电源采用了具有陡降外特地的焊接电源，图 2 为焊接电源的陡降外特性曲线。陡降外特性的焊接电源具有以下基本特点：

（1）空载电压高。手工电弧焊时，电弧稳定燃烧时的工作电压为 20～30V，而焊条引弧电压要求在 50V 以上。手工电弧焊焊接电源空载电压一般为 55～90V 可以满足引弧要求。

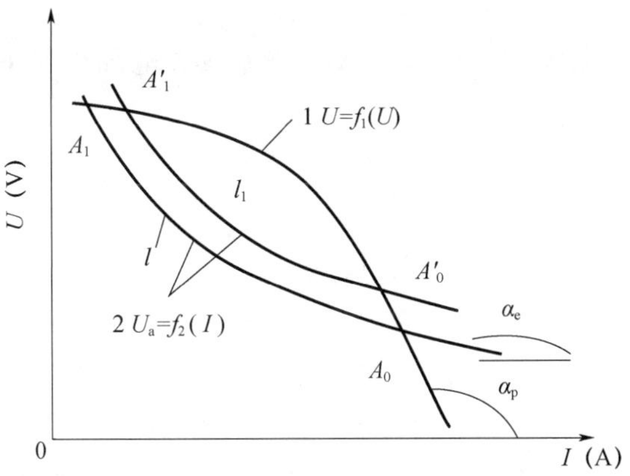

图 2　电源外特性曲线与电弧静特性曲线

（2）可以提供电弧稳定燃烧所需要的电压。电弧引燃以后，电弧稳定燃烧电压低于引弧电压，但电流逐渐增加至工作电流时，具有陡降外特性的焊接电源的输出电压是随着输出电流的增加而降低的，使输出电压等于电弧工作电压。

（3）弧长变化时，焊接电流变化要小。焊接电流对焊缝成型的影响最大。虽然弧长发生变化，电弧电压也随之产生变化，即电弧的静特性发生改变，但只要焊接电源的外特性曲线越陡降，电流变化就越小，从而在实际焊接中能适应弧长的变化，满足电弧稳定燃烧和焊缝成型良好的要求。

（4）允许短时间短路。具有陡降外特性的焊接电源短路时，短路电流通常不会大于额定电流的两倍。因此，短时间的短路不会使焊接电源被烧毁。

为了保证焊接电弧稳定燃烧和焊接参数稳定，系统必须有一个稳定工作点，如图 2 所示。工作点是电源外特性曲线（曲线 1）与电弧静特性曲线（曲线 2）的交点。图中电源外特性与电弧静特性相交于 A_0、A_1。如果弧长偶尔由 l 增加到 l_1，则工作点将由 A_0、A_1，移到 A'_0、A'_1，一旦弧长恢复到原来弧长 l，原来在 A'_0 点的电源电压高于电弧电压，因此焊接电流将增加，而电源电压将下降，一直恢复到 A_0 点为止。在 A'_1 点，当弧长恢复到原来弧长 l 后，电源电压高于电弧电压，焊接电流将增加，工作点不可能回到 A_1 点而是移到 A_0 点。因此，A_0 点是稳定工作点，A_1 点是不稳定工作点。

在 A_0 点，电弧静特性的斜率为 $\tan\alpha_e$，电源外特性斜率为 $\tan\alpha_p$，可见 $\tan\alpha_e-\tan\alpha_p>0$。

因此称上式为电源、电弧系统稳定工作条件。也就是在电源外特性与电弧静特性交点处电弧静特性斜率大于电源外特性斜率就是系统稳定工作条件。符合上述稳定条件的工作点称为稳定工作点。

焊条电弧焊的电弧静特性曲线一般小于 0，根据上述稳定工作条件，焊条电弧焊电源外特性必须是下降特性（缓降或陡降特性）。

电弧焊电源外特性曲线除稳定工作点外，还有两个特殊点，即当电流为零时的空载电压和当电极与焊件短路时的稳态短路电流，对焊接电弧稳定燃烧具有很大影响，因此，也必须对它提出要求。

对于电弧焊电源空载电压规定如下：

① 对危险工作环境直流弧焊电源小于 113V、交流弧焊电源小于 68V（峰值）、48V（有

效值）。

② 对一般工作环境直流弧焊电源小于 113V、交流弧焊电源小于 113V（峰值）、80V（有效值）。

③ 弧焊电源稳态短路电流（I_{ss}）为当焊条（或焊丝）与焊件直接接触时的稳态电流，稳态短路电流 I_{ss}应稍大于焊接电流 I，这将有利于引弧。但 I_{ss}太大会增加焊接飞溅。

1.2 具有良好的动特性

在焊接过程中，电焊机的负荷总是不断地变化。引弧时先是焊条与焊件短路，随后将焊条拉开；焊接的过程中焊条金属熔滴往熔池过渡，发生短路，接着电弧又拉长等，均会引起电焊机的负荷发生急剧的变化。由于在焊接回路中总有一定的感抗，使得电焊机的输出电流和电压不可能迅速地依照外特性曲线来变化，而要经过一定时间后才能在外特性曲线上的某一点稳定下来。上述性能称为电焊机的动特性。

如果电焊机的动特性不好，则该电焊机的使用性能也不好。使用动特性良好的电焊机焊接，容易引弧，在焊接过程中的电弧长度变化时不容易熄弧，飞溅较少。这时电焊机工会明显地感到焊接过程“平静”，电弧“柔软”。如果使用动特性不好的电焊机焊接，在引弧时电焊条很容易粘在焊件上，当焊条拉开的距离稍大，电弧就拉断；在焊接的过程中电弧偶尔拉长，就容易熄弧，飞溅也较严重。

2 交流手工电弧焊机

交流手工电弧焊机也称为交流手工电弧焊变压器即交流电焊机，是手工电弧焊焊接电源中最简单的一类，具有成本低、效率高、使用可靠、维修容易等优点。

交流电焊机是一种特殊的降压变压器，具有陡降的外特性。为了保证外特性陡降及交流电弧稳定燃烧，在电源内部也有较大的感抗。为了能够调节电流，电焊机的感抗值可以通过改变动铁芯或动绕组的位置，或调节铁芯的磁饱和程度来进行调节。

目前使用的交流电焊机种类很多，一般常用的有动铁芯漏磁式、同体组合电抗器式和动圈式三种。

2.1 动铁芯漏磁式交流电焊机

BX1-330 型交流电焊机属于动铁芯漏磁式，是目前使用较为广泛的一种电焊机。型号中 B 表示电弧焊变压器，X 表示下降外特性（即具有陡降特性），1 表示该系列产品中的序号，330 指额定焊接电流为 330A（额定负载率为 65%），空载电压为 60～70V，工作电压为 30V，电流调节范围为 50～450A。

BX1-330 型交流电焊机是一台具有三个铁芯柱的单相漏磁式降压变压器，其中两边为固定的主铁芯，中间为可动的主铁芯。变压器的初级线绕在一个主铁芯柱上。次级线圈分为两部分，一部分绕在另一个主铁芯柱上；另一部分兼作电抗线圈，绕在初级线圈所绕的主铁芯柱上。电焊机的两侧装有接线板，一侧为初级接线板，供接入网络用；另一侧为次级线圈接线板，供接往焊接回路用，同时可对电流进行粗调。通过转动手柄使中间可动铁芯前后移动，进行电流的细调节。

BX1-330 型交流电焊机的陡降外特性是靠可动铁芯的漏磁作用而获得的。空载时，由于没有焊接电流通过，电抗线圈不产生压降，因而具有较高的空载电压，便于引弧。焊接时，次级线圈不产生电压降，因而具有较高的空载电压，便于引弧。焊接时，次级线圈有焊接电流通过，同时在铁芯骨产生磁通，可动铁芯的漏磁显著增加，这样使次级电压下降，从而获得了陡降的外特性。

BX1-330型交流电焊机焊接电流的调节有粗调和细调两种。粗调改变次级线圈的匝数。

在上述两种接法中，均可通过转动手柄来改变动铁芯的位置，从而改变漏磁的大小，实现焊接电流的细调节。当可动铁芯向外移动时，磁阻增大，漏磁减小，则焊接电流增大；反之，当可动铁芯向内移动时，则焊接电流减小。

当BX1-330型电焊机短路时，由于很大的短路电流通过电抗线圈，产生了很大的电压降，使次级线圈的电压降很小，因此，限制了短路电流。

2.2　同体组合电抗器式交流电焊机

BX2-500型交流电焊机属于同体组合电抗器式交流电焊机，又名串联电抗器式或复合式电焊机。电焊机的空载电压为80V，工作电压为45.5V，电流调节范围200～600A。BX2-500型交流电焊机的变压器铁芯是“日”字形上部为电抗器，其作用是获得下降（陡降）外特性，下部为变压器，将网路220或280V的电压降到60～80V。在上部装有可动铁芯，改变它与固定铁芯的间隙，即可改变漏磁的大小，达到调节电流的目的。变压器的初次级线圈分别绕在两侧的铁芯上，电抗线圈装在铁芯上部，与次级线圈串联。在电焊机的前后各装有一块接线板，电流调节手柄和次级接线板在同一方向。

BX2-500型交流电焊机的陡降外特性是由电抗线圈所产生的电源主降来获得的。空载时由于没有焊接电流通过，电抗线圈产生的电压降为零，因此空载电压基本上等于次级电压，便于引弧。焊接时，由于焊接电流通过电抗线圈，产生电压降，从而获得陡降的外特性。短路时，由于很大的短路电流通过电抗线圈，使次级线圈的电压接近于零，这样就限制了短路电流。

BX2-500型交流电焊机只有一种调节电流的方法，即移动可动的铁芯，改变它与固定铁芯的间隙。当顺时针方向转动手柄时，可使铁芯间隙增大，焊接电流增加；反之，焊接电流减小。

2.3　动圈式交流电焊机

动圈式交流电焊机也是利用漏磁来获得陡降外特性的。调节电流的方法是改变初级线圈和次级圈之间的距离。实际上，这是电焊机常用2个或4个铁芯装在一起，以获得较高的效率。

由于这种电焊机没有活动的铁芯，因此避免了焊接时由于可动铁芯的振动造成的电流不稳和噪声。这类电焊机的型号为BX3系列。

3　直流手工电焊机

直流手工电焊机分为两大类，一类是旋转式直流电焊机，另一类是手工电弧焊整流器。

3.1　旋转式直流电焊机

旋转式直流电焊机是由三相感应电动机或内燃机拖动直流焊接发电面组成的发电机组，又称为直流手工电焊发电机。这种直流电焊机将电动机、焊接发电机装在同一轴上和同一机体内，体积较大。

3.2　手工电弧焊整流器

手工电弧焊整流器是一种用整流元件将交流电变为直流电的焊接电源。与旋转式直流电焊机相比较，具有噪声小，空载损耗小、惯性和磁偏吹较小、效率高 、成本低、制造和维护较容易的优点。因整流器多采用硅元件作为整流元件，所以这种电焊机也称为硅整流电焊机。目前这种电焊机已开始代替旋转式直流电焊机。

手工电弧焊整流器按其工作形态分为磁放大器式（磁饱和电抗器式）、动绕组式、可控硅整流式等类型，其中前两种焊面基本上由变压器和整流器组成，变压器具有陡降外特性曲线。

ZXG 型手工电弧焊整流器。ZXG 型手工电弧焊整流器属于磁放大器式，焊机具有优良的工作性能。型号中 Z 表示手工电弧焊整流器，X 表示下降（陡降）外特性，G 表示硅整流元件。ZXG 系列手工电弧焊整流器按输出额定焊接电流的大小，有 ZXG-200、ZXG-300、ZXG-500 型三种。

（1）ZXG-300 型手工电弧焊整流器由三相降压器、三相磁放大器、输出电抗器、通风机组及控制系统等部分组成。三相降压器的作用是将网路中电压降至焊接所需要的电压值后供给磁放大器，接法为 Y/△。三相磁放大器是焊机的最主要部件，其作用是控制焊接所需的陡降外特性和调节焊接电流。磁放大器由 6 只饱和电抗与 6 只硅整流器组成，每只饱和电抗器都串联 1 只硅整流器。6 只硅整流器接成三相桥式全波整流线路，放置在通风机前，以便在焊接过程中冷却。输出电抗器的作用是能够进一步减少输出焊接电流的脉动程度，使经硅整流器整流后的直流电流曲线更趋平直，同时改善了焊面的动特性，减少焊接时的飞溅，并使焊接电弧稳定燃烧。

空载时，由于无焊接电流通过，此时磁放大器的电抗压降就是全部的电源电压，因而形成了较高的空载电压。焊接时，由于磁放大器通过了交流电，使其得到一个较大的电抗压降，随着交流电流的不断增大，磁放大器的交流线圈电抗压降也就不断增大，因此就得到陡降的外特性。短路时，由于短路电流很大，使磁放大器通过的交流电急增，磁放大器交流线圈产生电抗压降，使电弧电压几乎接近于零，限制了短路电流。

焊接电流的调节依靠面板上的电流调节控制器来改变磁放大器控制线圈中的直流的大小，使铁芯中的磁通发生相应的变化，从而实现焊接电流的调节。

（2）ZX7-400 型逆变式手弧电焊机。其中 Z 表示直流弧焊整流器。X 表示下降特性输出，适用于手弧焊。7 表示逆变式。400 是指额定输出电流 400A。ZX7-400A 指的是额定输出电流 400A 的逆变式手弧电焊机。常用的 ZX7-400 逆变式手弧电焊机控制面板如图 3 所示。

这种电焊机的主要优点是制造简单，体积小、质量轻，节省材料，携带、移动方便。高效节能，效率可达到 80％～90％，比传统电焊机节电 1/3 以上。动特性好，引弧容易，电弧稳定，焊缝成型美观，飞溅小，便于交、直流两用。

4　电弧焊机的维护与故障排除

4.1　电弧焊机的维护

对于各种类型的手工电焊机，在使用过程中要注意以下事项：

（1）电焊机应尽可能放在通风良好、干燥、无腐蚀性介质、不靠近高温和粉尘多的地方。对于手工电弧焊整流器还要特别注意对硅整流器的保护和冷却。

（2）初级线的电压和接法必须与标牌的规定相符，线的直径要合适。在几台焊接电源的情况下，接线时要考虑三相负载的平衡。初级线上必须有开关及熔断器。熔丝额定电流要合适，确定能起到防止过载的作用。

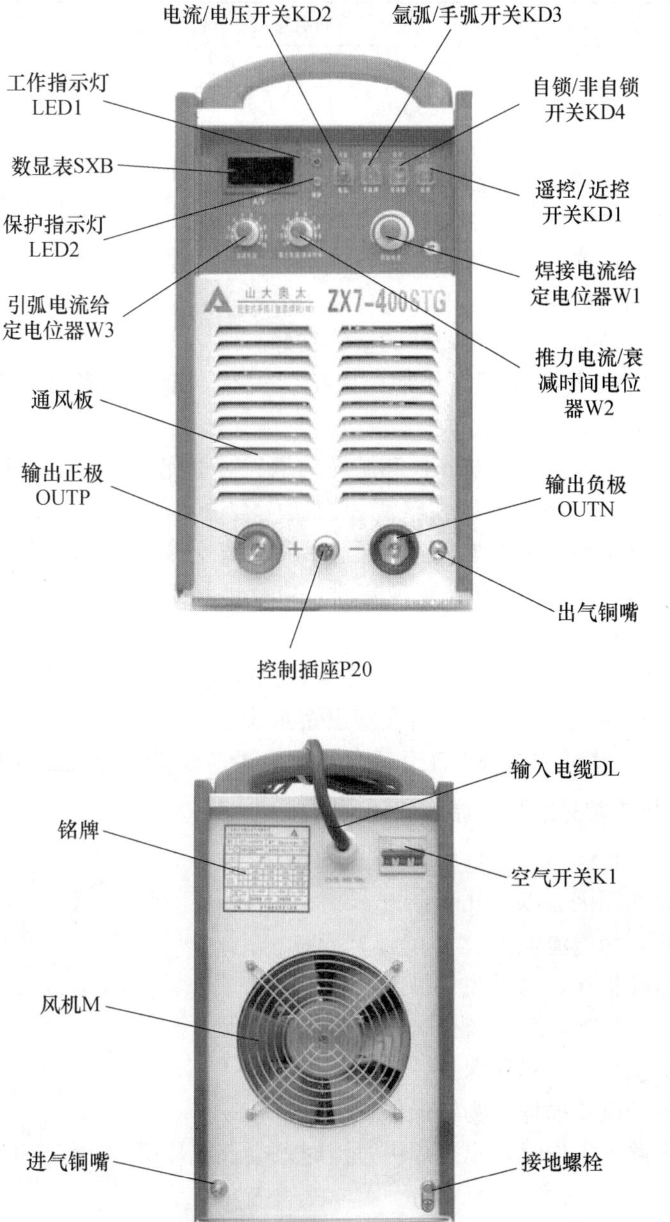

图 3　ZX7-400 逆变式手弧电焊机控制面板

(3) 启动电焊机时，电焊钳和焊件不能接触，以防短路。在焊接过程中，也不能长时间短路，特别是手工电弧焊整流器，在大电流工作时，长时间短路易使整流器烧坏。

(4) 调节焊接电流和变换极性接法时，应在空载下进行。

(5) 焊接电源必须在标牌上规定的电流调节范围内及相应的负载持续率下使用。许多手工电弧焊机电流调节范围的上限电流都大于额定焊接电流。但应特别注意，只有在负载率大于额定负载持续率时使用才是安全的。许用电流值与负载持续率的关系见表 1。

表 1　各种负载持续率下的许用电流值/A

电源型号	负载持续率（%）						
	20	40	50	60	65	80	100
AX-320	510	360	320	290	280	250	230
AX-500	900	640	570	520	500	450	400
AX-330	600	420	380	340	330	300	270
AX-500	870	610	640	500	480	430	390

（6）露天使用时，要防止灰尘和雨水侵入电焊机内。搬动电焊机时，特别是手工电弧焊整流器不应受到较剧烈的振动。

（7）保持焊接电缆与电焊机接线柱的接触良好。

（8）每台电焊机机壳都应可靠接地，以确保安全。地线的截面面积，铜线不得小于 $6mm^2$，铝线不得小于 $12mm^2$。

（9）定期清扫灰尘，定期调节丝杠和旋转轴承。对于旋转式手工电弧焊机应经常检查电刷和整流片的接触情况，保持电刷在整流片表面应有适当均匀的压力。若电刷磨损或损坏时，应及时更换。对于手工电弧焊整流器还应经常检查空冷风扇的转动是否正常。

（10）当电焊机发生故障或有异常现象时，应立即切断电源，然后及时进行检查修理。较大的故障应找电工检修。

（11）新安装或闲置已久的焊接电源，在启动以前要做绝缘程度检查。若不符合要求时，必须干燥做处理后再使用。电焊机不得在输出短路状态下启动。

（12）焊接作业完毕或临时离开工作现场，必须及时切断电焊机的电源。

4.2　逆变焊机的常见故障、原因和处理

1. 开机保护

造成这个故障的原因有以下几个：

（1）场管损坏，为过流保护。

（2）二次整流管损坏，为过流保护。

（3）中板变压器损坏，为过流保护。

（4）温控开关损坏，为错误保护。

（5）控制板保护电路损坏，为错误保护。

当焊机保护电路不工作时，出现焊机过流时，会造成炸机。在维修时一定要特别注意保护电路是否正常。

故障处理：

对于场管和二次整流管的损坏，一般用电阻法测量场管的电阻，是否有短路或场管和二次整流管电阻异常。在判断中板变压器是否损坏时，如损坏，拔去变压器插头，看焊机是否还出现保护故障，如果拔去中板变压器，不出现保护故障，就可以大致确定是中板变压器损坏了，但判断这个故障的前提是二次整流管没有损坏，还有焊机输出没有短路。判断温控开关的故障，只要拔掉控制板上的温控开关的连接线，如果故障消失，那就是温控开关引起的故障。保护电路的故障，排除其他故障的情况下，故障还是没有消失，保护灯还是亮着的情况下，就可以确定是保护电路出现了故障。排除这个故障一般也是用电阻法，测量保护电路的元器件是否正常，以此来排除故障。

2. 无输出

原因分析：

（1）底板（电源板）供电问题，没有300V直流输出。

（2）辅助电源损坏。

（3）没有驱动脉冲。

（4）出现了故障保护。

（5）焊机内部连接线有脱落。

故障处理：

底板（电源板）故障一般是由一些器件损坏引起的，如主继电器、辅助继电器、热敏电阻等。其检查方法一般用电阻法和替换法。辅助电源损坏，也可以用电阻法和替换法测量辅助电源中的元器件有没有损坏，有条件可以使用波形法观测辅助电源的工作波形，看看是否存在隐藏故障。在排除了以上故障后就可以判断是否出现没有驱动脉冲的故障，其中涉及是否出现了保护；在一些焊机中，还有枪开关电路，其工作异常也会出现没有输出脉冲的情况。对于这个问题一般要借助示波器，观测驱动脉冲的情况。在这个故障中也可以使用电压法，检查焊机各个部分的供电情况，以帮助排除故障。

3. 无高频

这个故障针对氩弧焊和切割机。

故障分析：

（1）无输出引起的无高频。

（2）高频电路损坏引起的无高频。

（3）连接线脱落或松动引起的无高频。

故障处理：

对于无输出引起的无高频，修复无输出故障就可以输出高频。在高频电路损坏的情况下，一般可采用电阻法和替换法检测高频电路，查出损坏器件以修复故障。由连接线脱落引起的故障，则检查连接线，确保连接线连接正常就可以排除故障。

4. 空载电压过低

产生原因：变压器绕组短路；电网电压过低，磁力起动器接触不良等。排除方法：消除短路现象；调整电压至额定值等。

5. 电流调节失灵

故障分析：控制绕组短路；控制回路接触不良；控制整流器回路元件击穿。排除方法：排除短路；使控制回路接触良好；更换新元件。

6. 焊接电流不稳定

产生原因：主回路交流接触器抖动；控制回路接触不良和风压开关抖动引起。排除方法：应检修控制回路；消除风压开关抖动；消除交流接触器抖动。

7. 工作中焊接电压突然降低

产生原因：主回路部分或全部短路；整流元件击穿短路；控制回路断路或电位器未整定好。排除方法：修复线路；更换元件，保护线路；修复调整控制回路。

8. 机壳漏电

产生原因：电源接线误碰机壳；变压器、电抗器、风扇及控制线路元件等碰壳；未接地线或接触不良。排除方法：消除碰壳处；接妥地线。

9. 电表无指示

产生原因：电表或相应接线短路或断线；主回路故障；饱和电抗器和交流绕组断线。排除方法：应修复电表及线路；排除故障。

10. 风扇电动机不转

产生原因：熔断器熔断；电动机引线或绕组断线；开关接触不良。排除方法：更换熔断器；接妥或修复断线；使接触良好或更换开关。

介绍几个简易分析解决技巧

1. 故障现象：电压异常指示灯亮

引起原因一：由于开机动作过慢，开关接触不同步引起。

解决方法：可关机后重新开机。

引起原因二：供电电压缺相或输入电压过高或过低（大于 440V 或低于 320V），超出焊机正常工作范围。

解决方法：用万用表测量输入电压，交流三相 380V 是否正常。

2. 故障现象：风扇不转，同时电压异常指示灯亮

引起原因：供电电源缺相。

解决方法：用万用表测量输入电压，交流三相 380V 是否正常。

3. 故障现象：风扇不转，同时温度异常指示灯亮

引起原因：风扇损坏，引起 IGBT 模块发热。

解决方法：打开机箱，更换风扇。

4. 故障现象：温度异常指示灯亮

引起原因：超过额定负载率使用，IGBT 模块温度超出正常使用范围，自动报警。

解决方法：可空载开机，让风机自动散热，IGBT 模块降温后即可恢复正常工作。为避免 IGBT 模块升温过高，应按说明书标注的额定负载率使用。

5. 故障现象：电流异常指示灯亮

引起原因一：如果是空载出现此现象，或焊接电流并不大却常常出现此现象，说明过流报警环节太灵敏。

解决方法：换电路板。

引起原因二：如果长时间工作于大电流状态，引起电流异常指示灯亮。应立即关机待机内温度下降后再开机，如重新开机后仍不能恢复正常，说明电焊机内 IGBT 模块或主变压器已经损坏。

6. 故障现象：开机后电压表上空载电压指示值偏低（小于 65V）

引起原因一：显示电压表指针有偏差。

解决方法：用万用表直流电压挡测量（+）（一）两快速接头端之间电压值，在 65～75V。说明本机空载输出正常，则换显示电压表头。

引起原因二：交流接触器不吸合。

解决方法：查出原因，代换相应元器件。

引起原因三：某一只 IGBT 开路。

解决方法：用万用表直流电压挡测量（+）（一）两快速接头端之间电压值，在 30～45V。说明全桥方式的逆变电路中有一只 IGBT 管已经开路，查出损坏的模块，换新的模块。

7. 故障现象：空载时显示电压值为 0

引起原因一：电压表引线已断或显示表已坏。

解决方法：用万用表直流电压挡测量（＋）（－）两快速接头端之间电压值，在 65～75V。说明本机空载输出正常。关机后用万用表电阻挡测量电压表两根引线分别到（＋）（－）两快速接头端是接通的，说明引线未断，则可能是电压表已坏，应换表。

引起原因二：电路和板上元件损坏。

解决方法：查出损坏的电路板，换电路板。

引起原因三：IGBT 已损坏。

解决方法：关机拆下 IGBT 管，判别 IGBT 管是否已经损坏，并换之。

8. 故障现象：电流不稳或焊接效果不好

引起原因一：焊机内某些零部件接触不良（如：IGBT 引线端松动；电解电容两端平衡电阻脱落等）。

解决方法：打开机箱，查找故障点，重新连接好。

引起原因二：面板上“推力电流”“引弧电流”旋钮调节不合适。

解决方法：一般焊接时把“推力电流”“引弧电流”旋钮调节到最小位置。

引起原因三：如果 WSM 型脉冲氩弧焊机在手工电弧焊时电流不稳。

解决方法：检查前面板上“直流”“脉冲”开关，在手工电弧焊时应当指向“直流”；否则会发生振荡。

Ⅲ-1-2　焊接材料

焊接材料是焊接时所消耗材料的统称，包括焊条、焊丝、焊剂、气体等。手弧焊的焊接材料是焊条；埋弧焊及电渣焊的焊接材料是焊丝（或板状电极）与焊剂；而气体保护焊的焊接材料是焊丝与保护气体。

焊条和焊丝是焊接回路中的一个组成部分。在焊接过程中，焊条和焊丝不仅可以传导电流，而且作为与焊件产生电弧的一个电极。同时，焊条和焊丝还起着填充金属的作用。在焊接热源的作用下，焊条或焊丝受热熔化，以熔滴的形式进入熔池，并与熔化了的母材共同组成焊缝。焊条药皮、焊剂以及保护气体，是进行必要的冶金反应和保证焊接质量所必需的重要材料。因此，焊接材料不仅影响焊接过程的稳定性、焊接接头的性能及质量，同时也影响焊接生产率。

目前，许多工业发达国家焊接生产发展很快，焊接结构用钢量已达钢产量的 50％左右，生产中每吨钢材所需的焊接材料为 3～5kg；在焊接材料中，焊条所占的比例为 50％～60％。随着焊接过程机械化与自动化的发展，焊丝及保护气体在焊接材料中所占的比例迅速提高，而焊条所占的比例则不断降低。例如，1990 年日本的焊接材料总产量为 40.25 万 t，其中实芯焊丝占 47％，药芯焊丝占 16％，焊条占 25％。然而在 1980 年日本焊条总产量占焊接材料总产量的 58％。这就反映出焊接生产中机械化、自动化水平的提高。

我国焊接材料产品的构成比例，目前还不尽合理。从 1988 年的生产情况来分析，焊条产量为 47 万 t，占焊接材料总产量的 90％以上。而焊丝产量只有 1.8 万 t，占焊接材料总产量的 5％以下。目前我国焊接材料的品种和数量均不能满足生产建设的需要，所以在今后的焊接技术发展中应当重视焊接材料的生产与科学研究；对于手弧焊用的焊条应当不断提高产品质量、增加焊条品种；同时还应迅速提高焊接机械化与自动化水平，大力发展自动与半自动焊接用的焊接材料，逐步调整我国焊接材料的构成比例。

本章以焊条为重点内容，在焊接化学冶金学的基础上分析典型焊条的冶金性能，讨论焊条的工艺性能及焊条配方设计原则及设计程序，对于焊剂及焊丝也进行简要的介绍。

1 焊条的分类（图1）

图1 焊条

1.1 按焊条的用途分类

（1）结构钢焊条：主要用于焊接碳钢和低合金高强钢。

（2）钼和铬钼耐热钢焊条：主要用于焊接珠光体耐热钢和马氏体耐热钢。

（3）不锈钢焊条：主要用于焊接不锈钢和热强钢，可分为铬不锈钢焊条和铬镍不锈钢焊条两类。

（4）堆焊焊条：主要用于堆焊，以获得具有热硬性、耐磨性及耐蚀性的堆焊层。

（5）低温钢焊条：主要用于焊接在低温条件下工作的结构，其熔敷金属具有不同的低温工作性能。

（6）铸铁焊条：主要用于焊补铸铁构件。

（7）镍及镍合金焊条：主要用于焊接镍及其合金，也可用于异种金属的焊接及堆焊。

（8）铜及铜合金焊条：主要用于焊接铜及铜合金，其中包括纯铜焊条和青铜焊条两类。

（9）铝及铝合金焊条：主要用于焊接铝及铝合金。

（10）特殊用途焊条：如用于水下焊接、水下切割等特殊工作的需要。

在以上各类焊条中，还可按主要性能的不同再细分为若干小类。

1.2 按焊接熔渣的碱度分类

（1）酸性焊条。它是药皮中含有多量酸性氧化物的焊条。这类焊条的工艺性能好，焊缝外表成型美观、波纹细密。由于药皮中含有较多的 FeO、TiO_2、SiO_2 等，所以熔渣的氧化性强。酸性焊条一般均可采用交、直流电源施焊。典型的酸性焊条为 E4303。

（2）碱性焊条。它是药皮中含有多量碱性氧化物的焊条。由于焊条药皮中含有较多的大理石、萤石等成分，它们在焊接冶金反应中生成 CO_2 和 HF，因此降低了焊缝中的含氢量。所以碱性焊条又称为低氢焊条。碱性焊条的焊缝具有较高的塑性和冲击韧性，一般承受动载的焊件或刚性较大的重要结构均采用碱性焊条施工。典型的碱性焊条为 E5015。

1.3　按焊条药皮的类型分类

按焊条药皮的类型可分为氧化铁型焊条、铁钙型焊条、铁铁矿型焊条、氧化铁型焊条、纤维素型焊条和低氢型焊条等。

2　焊条的型号

焊条的型号是在国家标准及权威性国际组织（如 ISO）的有关法规中，根据焊条特性指标明确划分规定的，是焊条生产、使用、管理及研究等有关单位必须遵照执行的。

我国现行有关焊条的主要标准如下：

GB/T 5117—2012　《非合金钢及细晶粒钢焊条》

GB/T 5118—2012　《热强钢焊条》

GB/T 983—2012　《不锈钢焊条》

GB/T 984—2001　《堆焊焊条》

GB/T 3669—2001　《铝及铝合金焊条》

GB/T 3670—1995　《铜及铜合金焊条》

GB/T 10044—2006　《铸铁焊条及焊丝》

GB/T 3965—2012　《熔敷金属中扩散氢测定方法》

在 GB/T 5117—2012《非合金钢及细晶粒钢焊条》中，包括熔敷金属抗拉强度σ_b≥430、490、550 及 570 的 E43、E50、E55 及 E57 系列的碳钢焊条。在 GB 5118—2012《热强钢焊条》中，包括熔敷金属抗拉强度 σ_b≥490、520、550、620 的 E50、E52、E55、E62 系列的热强钢焊条。

在《非合金钢及细晶粒钢焊条》（GB/T 5117—2012）中，规定的焊条型号编制方法：字母“E”表示焊条；第一、二位数字表示熔敷金属抗拉强度的最小值，单位为 MPa 第三位和第四位数字组合时表示药皮类型、焊接位置及电流类型（表 1）。完整的焊条型号举例如下：

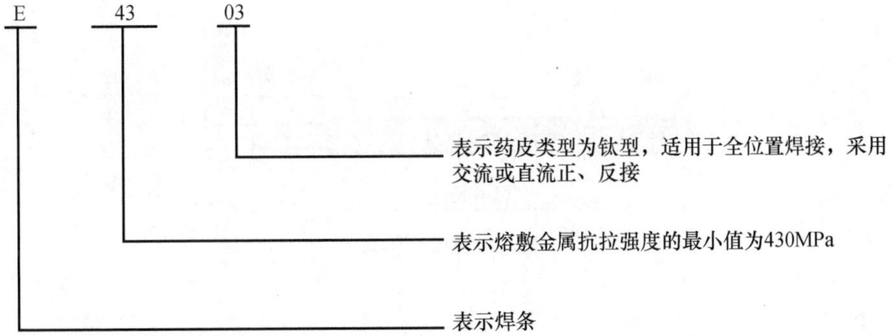

表 1　药皮类型代号

代号	药皮类型	焊接位置[a]	电流类型
03	钛型	全位置[b]	交流和直流正、反接
10	纤维素	全位置	直流反接
11	纤维素	全位置	交流和直流反接

续表

代号	药皮类型	焊接位置[a]	电流类型
12	金红石	全位置[b]	交流和直流正接
13	金红石	全位置[b]	交流和直流正、反接
14	金红石＋铁粉	全位置[b]	交流和直流正、反接
15	碱性	全位置[b]	直流反接
16	碱性	全位置[b]	交流和直流反接
18	碱性＋铁粉	全位置[b]	交流和直流反接
19	钛铁矿	全位置[b]	交流和直流正、反接
20	氧化铁	PA、PB	交流和直流正接
24	金红石＋铁粉	PA、PB	交流和直流正、反接
27	氧化铁＋铁粉	PA、PB	交流和直流正、反接
28	碱性＋铁粉	PA、PB、PC	交流和直流反接
40	不做规定	由制造商确定	
45	碱性	全位置	直流反接
48	碱性	全位置	交流和直流反接

[a] 焊接位置见 GB/T 16672，《焊缝—工作位置—倾角和转角的定义》其中 PA＝平焊、PB＝平角焊、PC＝横焊、PG＝向下立焊；

[b] 此处“全位置”并不一定包含向下立焊，由制造商确定。

3　焊条的组成

焊条是涂有药皮的供手弧焊用的熔化电极，它由药皮和焊芯两部分组成。焊条药皮是压涂在焊芯表面上的涂料层。焊芯是焊条中被药皮包裹的金属芯。根据焊条药皮与焊芯的质量比即药皮质量系数 K_b，可以分为厚皮焊条（K_b＝30%～50%）和薄皮焊条（K_b＝1%～2%）两大类。由于目前在工业生产中广泛使用的是厚皮焊条，所以这里只讨论这一类焊条，焊条的组成如图 2 所示。

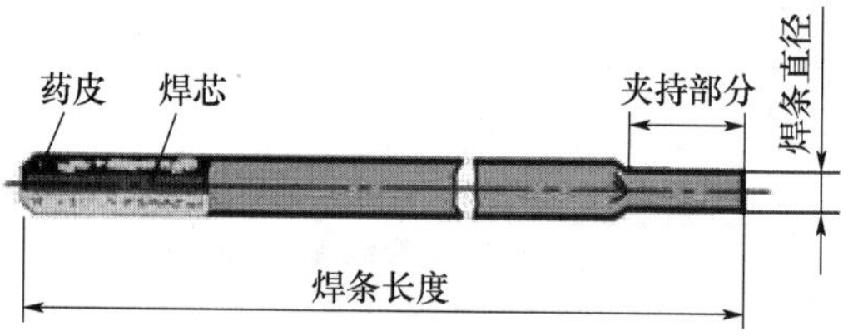

图 2　焊条的组成

3.1　焊芯

进行手弧焊时，焊芯受热熔化并作为焊缝的填充金属。因此，焊芯的化学成分和性能对焊缝金属的质量有直接的影响。根据被焊材料，按照国家标准《焊接用钢盘条》（GB/T 3429—2015）、《焊接用不锈钢盘条》（GB/T 4241—2017）等选择相应牌号的焊丝作为焊芯。焊接碳钢和低合金钢时，通常选用低碳钢焊丝作为焊芯，其牌号为“H08A”或“H08E”。其中，“H”表示焊条用钢丝的“焊”字汉语拼音的第一个字母；“08”表示焊芯的平均含碳量为 0.08；“A”表示优质钢，“E”表示特级钢，即对于硫、磷等杂质的限量更加严格。

低碳钢焊芯中的含碳量，应在保证与母材基本等强度的条件下含碳量越少越好。因为焊芯中含碳量的增高会加大气孔和裂纹的倾向，同时也会加大飞溅，使焊接过程不稳定。所以，低碳钢焊芯的含碳量应当低于0.10%。

锰是焊芯中的有益元素。它既能脱氧，又能控制硫的有害作用。对于低碳钢焊芯，一般以0.30%～0.55%为宜。

硅在焊接过程中极易氧化形成 SiO_2，而使焊缝中含有多量的夹杂物，严重时会引起热裂纹。因此焊芯中的含硅量越少越好。

镍、铬对于低碳钢焊芯是作为杂质混入的，其含量控制在国家标准所规定的范围以内，对于焊接冶金过程不会有重大影响。

硫、磷是有害元素，可引起裂纹和气孔。因此应当严格控制它们的含量。

此外，焊芯的电阻率和焊芯中的夹杂物（如 SiO_2、Al_2O_3 等）对于焊条性能都有一定的影响。电阻率大的焊芯在焊接时因电阻热过大易使焊条药皮发红，失去应起的冶金及保护作用，并且容易产生气孔。当焊芯中含有较多的夹杂物时容易引起飞溅，并影响焊接电弧的稳定性。

3.2　焊条药皮

1. 焊条药皮的作用

（1）保护作用。由于电弧的热作用使药皮熔化形成熔渣，在焊接冶金过程中又会产生某些气体。熔渣和电弧气氛起着保护熔滴、熔池和焊接区、隔离空气的作用，防止氮气等有害气体侵入焊缝。

（2）冶金作用。在焊接过程中，由于药皮的组成物质进行冶金反应，其作用是去除有害杂质（如O、N、H、S、P等），并保护或添加有益合金元素，使焊缝的抗气孔性及抗裂性能良好，使焊缝金属满足各种性能要求。

（3）使焊条具有良好的工艺性能。焊条药皮的作用可以使电弧容易引燃，并能稳定地连续燃烧；焊接飞溅小；焊缝成型美观；易于脱渣以及可适用各种空间位置的施焊。

2. 焊条药皮的类型

根据焊条药皮组成的不同，可以分为以下八种类型：

（1）氧化钛型简称钛型。在焊条药皮中加入35%以上的 TiO_2 和相当数量的硅酸盐、锰铁及少量有机物。

（2）氧化钛钙型简称钛钙型。在焊条药皮中加入30%以上的 TiO_2 和20%以下的碳酸盐，以及相当数量的硅酸盐和锰铁，一般不加或少加有机物。

（3）钛铁矿型。在焊条药皮中加入30%以上的钛铁矿和一定数量的硅酸盐、锰铁以及少量有机物，不加或加少量的碳酸盐。

（4）氧化铁型。在焊条药皮中加入大量铁矿石和一定数量的硅酸盐、锰铁及少量有机物。

（5）纤维素型。在焊条药皮中加入15%以上的有机物、一定数量的造渣物质及锰铁等。

（6）低氢型。在焊条药皮中加入大量碳酸盐、萤石、铁合金以及二氧化铁等。

（7）石墨型。在焊条药皮中加入大量石墨，以保证焊缝金属的石墨化作用。配以低碳钢芯或铸铁焊芯可用于铸铁焊条。

（8）盐基型。焊条药皮由氟盐和氯盐组成，如氟化钠、氟化钾、氯化钠、氯化锂、冰晶石等，主要用于铝及铝合金焊条。

3. 焊条药皮原材料的种类

焊条药皮是由多种原材料组成的。焊条药皮原材料按其来源可分为以下四大类：

（1）矿物类：其主要是各种矿石、矿砂等。如钛铁矿、赤铁矿、金红石、大理石、白云石、萤石、长石、白泥、云母等。

（2）金属及铁合金类：如金属铬、金属镍、锰铁、硅铁、钛铁、钼铁、钒铁等。

（3）化工产品类：如钛白粉、纯碱、碳酸钾、碳酸钡，以及起胶粘剂作用的水玻璃等。

（4）有机物类：如淀粉、木粉、纤维素、酚等。

4. 焊条药皮原材料的作用

当前制造电焊条所使用的原材料近百种，而常用的约 30 种。焊条药皮原材料的作用，归纳起来有以下七项：

（1）稳弧。一般含低电离位元素的物质都有稳弧作用。其主要作用是改善焊条的引弧性能和提高电弧燃烧的稳定性。这种焊条药皮原材料，通常称为稳弧剂。常用的稳弧剂有碳酸钾、大理石、水玻璃、长石、金红石等。

（2）造渣。焊条药皮中某些原材料受焊接热源的作用而熔化，形成具有一定物理、化学性能的熔渣，从而保护熔滴金属和焊接熔池，并能改善焊缝成型。这种原材料被称为造渣剂。它们是焊条药皮中最基本的组成物，常用的有钛铁矿、金红石、大理石、石英砂、长石、云母、萤石等。

（3）造气。焊条药皮中的有机物和碳酸盐在焊接时产生气体，从而起到隔离空气、保护焊接区的作用。这类物质被称为造气剂，如木粉、淀粉、大理石、菱苦土等。

（4）脱氧。降低药皮或熔渣的氧化性和脱除金属中的氧，该原材料称为脱氧剂。在焊接钢时，对氧亲和力比铁大的金属及其合金都可作为脱氧剂。常用的有锰铁、硅铁、钛铁、铝粉等。

（5）合金化。其作用就是补偿焊缝金属中有益元素的烧损和获得必要的合金成分。合金剂通常采用铁合金或金属粉，如锰铁、硅铁、钼铁等。

（6）胶结。为了把药皮材料涂敷到焊芯上，并使焊条药皮具有一定的强度，必须在药皮中加入黏结力强的物质。常用的胶粘剂有水玻璃等。

（7）成型。加入某些物质使药皮具有一定的塑性、弹性及流动性。以便于焊条的压制，使焊条表面光滑而不开裂。常用的成型剂有白泥、云母、钛白粉、糊精等。

应当指出，每种材料在焊条药皮中同时会有几种作用。所以在设计焊条药皮配方、选择药皮的原材料时，不仅要注意其主要作用，兼顾次要作用；还要考虑是否有氧化、增氢、增硫、增磷等冶金方面的作用。

4 焊条的工艺性能

焊条的工艺性能是指焊条在焊接操作中的性能。它是衡量焊条质量的重要指标之一。焊条的工艺性能主要包括焊接电弧的稳定性、焊缝成型、各种位置焊接的适应性、飞溅、脱渣性、焊条的熔化速度、焊条药皮发红的程度及焊接烟尘等。

4.1 焊接电弧的稳定性

电弧稳定性就是指电弧保持稳定燃烧（不产生断弧、漂移和磁偏吹等）的程度。电弧稳定性直接影响焊接过程的连续性及焊接质量。焊接电源的特性、焊接工艺参数、焊条药皮类型及组成物等许多因素都影响电弧的稳定性。

焊条药皮中加入电离电位低的物质，可以降低电弧气氛的电离电位，因而就能提高电弧稳定性。由于造渣及压涂工艺的需要，一般在焊条药皮中都含有云母、长石、钛白粉或金红石等成分，所以电弧稳定性都比较好。然而，低氢焊条由于药皮中萤石的反电离作用，在采用交流电源焊接时电弧不能稳定燃烧，只有采用直流电源才能维持电弧连续稳定地燃烧。若能在低氢型焊条药皮中加入稳弧剂（如碳酸钾等），也可以在采用交流电源焊接时保持电弧的稳定性。

当药皮的熔点过高或药皮太厚时，就容易在焊条端部形成较长的套筒，致使电弧易于熄灭。

4.2 焊缝成型

良好的焊缝成型要求表面光滑，波纹细密美观，焊缝的几何形状及尺寸正确。焊缝应圆滑地向母材过渡，余高符合标准，无咬边等缺陷。焊缝表面成型不仅影响美观，更重要的是影响焊接接头的力学性能。成型不好的焊缝会造成应力集中，引起焊接部件的早期破坏。

影响焊缝成型的因素除操作原因以外，主要是熔渣凝固温度，高温熔渣的黏度、表面张力及密度等。

熔渣凝固温度是指由焊条药皮熔化所形成的液态熔渣转变为固态时的温度。如果熔渣的凝固温度过高，就会产生压铁水的现象，严重影响焊缝成型，甚至产生气孔。凝固温度过低，致使熔渣不能均匀地覆盖在焊缝表面，也会造成表面成型很差。

高温时熔渣的黏度过大，将使焊接冶金反应缓慢，焊缝表面成型不良，并易产生气孔、夹杂等缺陷。如果熔渣黏度过小，将会造成熔渣对焊缝覆盖不均匀，失去应有的保护作用。因此，焊接时要求熔渣的黏度必须合适。

液态熔渣的表面张力对焊缝成型也有很大的影响。焊接时熔渣的表面张力要适当，一般为 0.3～0.4N/m 即可使熔化状态的熔渣均匀覆盖在焊缝表面上。当熔池结晶时，表面张力急剧增加使焊缝具有良好的成型。

4.3 各种位置焊接的适应性

工艺性能良好的焊条能适应空间全位置焊接。不同类型的焊条在各种位置上焊接的适应性是不同的。几乎所有的焊条都能进行平焊，而横焊、立焊、仰焊就不是所有焊条都能进行焊接。进行横焊、立焊、仰焊时的主要问题：在重力的作用下熔滴不易向熔池过渡；熔池金属和熔渣向下流以致不能形成正常的焊缝。因此，应适当增加电弧和气流的吹力，以便把熔滴送向熔池并阻止金属和熔渣下流。调节熔渣的熔点，黏度及表面张力也是解决焊条全位置焊接的技术措施，这不仅可以阻止熔渣及铁水的下淌，还能使高温熔渣尽快地凝固。

4.4 飞溅

焊接过程中由熔滴或熔池中飞出的金属颗粒称为飞溅。飞溅不仅弄脏焊缝及其附近的部位，增加清理工作量，而且过多的飞溅还会破坏正常的焊接过程，降低焊条的熔敷效率。

熔渣的黏度较大或焊条含水量过多、焊条偏心率过大等均会造成较大飞溅。增大焊接电流及电弧长度，飞溅也随之增加。此外，电源类型、熔滴过渡形态对飞溅也有一定的影响。一般钛钙型焊条电弧燃烧稳定，熔滴为细颗粒过渡，飞溅较小。低氢型焊条的电弧稳定性较差，熔滴多为大颗粒短路过渡，所以飞溅较大。

4.5 脱渣性

脱渣性是指焊接后从焊缝表面清除渣壳的难易程度。脱渣性差的焊条不仅造成清渣的困难，降低焊接生产率，而且在多层焊施工时，往往会产生夹渣的缺陷。影响脱渣性的因素很多，归纳起来有以下三方面：

（1）熔渣的线膨胀系数。熔渣与焊缝金属的线膨胀系数相差越大，冷却时熔渣越容易与焊缝金属脱离。

（2）熔渣的氧化性。降低氧化性，提高焊条脱氧能力就可以明显的改善脱渣性。

（3）熔渣的松脆性。熔渣越松脆就越容易清除。低氢型焊条的脱渣性最不理想。

4.6 焊条熔化速度

焊条熔化速度反映焊接生产率的高低，它可以用焊条的熔化系数 α_p 来表示。考虑飞溅造成的损失，真正反映焊接生产率的指标是焊条的熔敷系数 α_H，即单位时间内单位电流所能熔敷在焊件上的金属质量。α_H 与 α_p 的关系是：

$$\alpha_H = \alpha_p (1-\Psi)$$

式中 Ψ 为损失系数。

表 2 是几种焊条熔化系数与熔敷系数的实测数据。不同类型焊条的熔化系数是不同的。造成这个差别的主要原因是它们的药皮组成不同。

表 2 几种焊条的 α_p 与 α_H 的实测数据

焊条型号	焊条牌号	α_p [g·(A·h)$^{-1}$]	α_H [g·(A·h)$^{-1}$]
E4303	J422	9.16	8.25
E4301	J423	10.1	9.7
E4320	J424	9.1	8.2
E4315	J427	9.5	9.0
E5015	J507	9.06	8.49

焊条药皮成分对焊条熔化系数产生的影响：焊条药皮成分影响电弧电压，电弧气氛的电离电位越低，电弧电压就越低，电弧的热量也就越少，因此焊条的熔化系数就越小；药皮成分影响熔滴过渡形态，调整药皮成分可以使熔滴由短路过渡变为颗粒过渡，从而提高了焊条的熔化系数；当焊条药皮中含有放热反应的物质时，由于化学反应热加速焊条熔化，也提高了焊条的熔化系数。此外，药皮中加入铁粉，可以提高焊条的熔化系数。

4.7 焊条药皮发红的程度

焊条药皮发红，是指焊条在使用到后半段时由于焊条药皮温升过高而导致发红、开裂或焊条药皮脱落的现象。显然，这时焊条药皮就失去保护及冶金的作用。焊条药皮发红引起焊接工艺性能恶化，严重影响焊接质量，同时也造成了材料的浪费。解决不锈钢焊条药皮发红问题是焊条研制中的重要课题。不锈钢焊条药皮发红的原因是不锈钢焊芯的电阻大，焊条的熔化系数小造成了焊条熔化所需的时间长，并且产生的电阻热量多，使得焊条的温升高而导致焊条药皮发红。解决焊条药皮发红的关键技术就是调整焊条药皮配方，改善熔滴过渡形态、提高焊条的熔化系数、减少电阻热以降低焊条的表面温升。目前国内通过调整焊条药皮组成及熔滴过渡的方式，成功解决了不锈钢焊条药皮发红的问题。

4.8　焊接烟尘

在焊接电弧的高温作用下，焊条端部的液态金属和熔渣激烈蒸发。同时，在熔滴和熔池的表面也发生蒸发。由于蒸发而产生的高温蒸气从电弧区被吹出后迅速被氧化和冷凝，变为细小的固态粒子。这些微小的颗粒分散飘浮在空气中，弥散在电弧周围，就形成了焊接烟尘。

低碳钢和低合金钢焊条一般均采用低碳钢焊芯，因此焊接烟尘主要取决于焊接药皮成分。不同药皮类型焊条的发尘量范围各不同。低氢型焊条的发尘速度和发尘量均高于其他类型的焊条。由于烟尘中常含有各种致毒物质，因而污染工作环境，危害焊工健康。

研究结果表明：非低氢型焊条烟尘中不含氟，烟尘的主要成分为氧化铁，占 50%左右；低氢型焊条烟尘中含氟 10%以上，以 CaF_2、NaF、$KCaF_3$等晶状体状态存在，F 与 K、Na 的化合物均为可溶性物质。E5015（J507）焊条烟尘中氧化铁大约在 25%，并且 K、Na 成分含量较高。

为了改善焊接作业环境的卫生状况，许多国家制定了工业卫生的有关标准。1960 年国际焊接学会提出低氢型焊条焊接烟尘的容许浓度为 10mg/m^3，非低氢型焊条为 20mg/m^3。1974 年美国政府工业卫生医师会议统一规定为 5mg/m^3，随后日本、瑞典等国家也采用了这个数值。我国在国家标准《焊接与切割安全》（GB 9448—1999）中规定：锰及其化合物（换算成 MnO_2）最高容许浓度为 0.2mg/m^3，氟化氢及氟化物（换算成氟）最高容许浓度为 1mg/m^3，其他粉尘最高容许浓度为 10mg/m^3，并且还规定了焊接作业场所通风的有关措施及标准。

5　焊条的选择

5.1　选用焊条的基本原则

（1）等强度原则。选用与母材同强度等级的焊条。一般用于焊接低碳钢和低合金钢。

（2）同成分原则。选用与母材化学成分相同或相近的焊条。一般用于焊接耐热钢、不锈钢等金属材料。

（3）抗裂纹原则。选用抗裂性好的碱性焊条，以免在焊接和使用过程中接头产生裂纹。一般用于焊接刚度大、形状复杂、使用中承受动荷载的焊接结构。

（4）抗气孔原则。受焊接工艺条件的限制，如对焊件接头部位的油污、铁锈等清理不便，应选用抗气孔能力强的酸性焊条，以免焊接过程中气体滞留焊缝中，形成气孔。

（5）低成本原则。在满足使用要求的前提下，尽量选用工艺性能好、成本低和效率高的焊条。

5.2　焊条选择的具体方法

（1）对根部要求均匀焊透的 I 形坡口角接、T 形接、搭接焊缝和背面清根封底焊的对接焊缝，焊条直径可根据焊件厚度进行选用。

（2）焊件厚度相同但所处焊接位置不同，应选用不同直径的焊条。如在横焊、立焊焊接时，很少使用直径为 5mm 的焊条。

（3）不同的接头形式应选用不同直径的焊条。如 T 形接头、搭接接头，由于散热条件比对接接头好，所以可选用较粗直径的焊条。

（4）开坡口的接头第一层打底焊时应选用直径较细的焊条，如对接接头打底焊时可选用直径为 3.2mm 的焊条，其余各层可选用直径为 4mm 的焊条。

6　焊条的保管与烘干

6.1　焊条的保管

焊条保管的好坏对焊接质量有直接影响，尤其在野外工作时要特别注意。每个焊工、保管员和技术人员都应知道焊条存储、保管规则。

焊条和其他涂料在很多情况下会遭到破坏：

（1）运输、搬运、使用时受到损伤。

（2）被水浸泡或吸潮。

（3）受油或其他腐蚀介质污染。

① 损伤：虽然焊条在一般情况下具有抗外界破坏能力，但不能忽视由于保管不好很容易遭受损坏。焊条是一种陶质产品，其不能像钢芯那样耐冲击，所以装货和卸货时不能随便摔。用纸盒包装的焊条不能用挂钩搬运。某些型号焊条如特殊烘干要求的碱性焊条涂料比正常焊条更要小心轻放。

② 吸潮：在焊条涂料中含有太高的水分时是很危险的，由于很多工人不了解焊条是湿的，焊完时焊缝表面用肉眼不一定看得见气孔，但是经 X 射线检查就显示出气孔。当焊条出厂时，所有的焊条有某一含水量，它根据焊条的型号而变，这个含水量是正常的，即对形成气孔有一个含水量的安全系数，对焊缝质量没有影响。所有的焊条在空气中都能吸收水分，在相对湿度为 90％时，焊条涂料吸收水分很快，普通碱性焊条露在外面一天受潮湿很严重，甚至相对湿度为 70％时涂料水分增加也较快，只在相对湿度为 40％或更低时，焊条长期储存才不受影响。由于昼夜湿度之间的差别很大，空气水分在早上很容易凝结成露水，很容易潮湿焊条包装。焊条存放时间较长时就很容易受潮，所以最好做到先入库的焊条先使用。在一般情况下焊条由塑料袋和纸盒包装，为了防止吸潮，在焊条使用前，不能随意拆开，尽量做到现用现拆，有可能的话，焊完后剩余的焊条再密封起来。

6.2　简单识别受潮的方法

（1）从不同位置取出几根焊条用拇指和食指之间将焊条支撑轻轻摇动，如果焊条是干燥的就产生硬而脆的金属声，如果焊条受潮，声音发钝。在使用焊条时常做各种试验，干燥过的和受潮焊条之间声音是不同的，这样可以防止误用受潮焊条。

（2）如果用某种型号受潮焊条焊接时发现有裂纹声音和气孔时，这时一定要考虑焊条是否烘干，再考虑其他原因。

（3）用受潮焊条焊接时如果焊条含水量非常高，甚至可以看到焊条表面有水蒸气发出来，或者当焊条烧焊 1 半多时，发现焊条尾部有裂纹现象存在。

6.3　焊条的存储

（1）各类焊条必须分类、分牌号堆放，避免混乱。

（2）焊条必须存放在较干燥的仓库内，建议室温在 10℃以下，相对湿度小于 60％。

（3）各类焊条存储时，必须离地面高 300mm，离墙壁 300mm 以上存放，以免受潮。

（4）一般焊条一次出库量不能超过两天的用量，已经出库的焊条，必须保管好。

6.4　焊条使用前的烘干与保管

（1）酸性焊条对水分不敏感，而有机物金红石型焊条能容许有更高的含水量。所以要根据受潮的具体情况，在 70～150℃烘干 1h，存储时间短且包装良好，一般使用前可不烘干。

（2）碱性低氢型焊条在使用前必须烘干，以降低焊条的含氢量，防止气孔、裂纹等缺陷产生，一般烘干温度为 350℃/h。不可将焊条在高温炉中突然放入或突然冷却，以免药皮干裂。对含氢量有特殊要求的，烘干温度应提高到 400～500℃，1～2h。经烘干的碱性焊条最好放入另一个温度控制在 50～100℃低温烘干箱中存放，并随用随取。图 3 为 YHB-200 型远红外焊条保温箱。

图 3　YHB-200 型远红外焊条保温箱

（3）烘干焊条时，每层焊条不能堆放太厚（一般 1～3 层）以免焊条烘干时受热不均和潮气不易排除。

（4）露天操作时，隔夜必须将焊条妥善保管、不允许露天存放，应该在低温箱中恒温存放，否则次日使用前必须重新烘干。

过期焊条的处理。所谓“过期”并不是指存放时间超过某一时间界限，而是指质量发生了不同程度的变化（变质）。各种类型的焊条存放时间较长，有时在焊条表面发现有白色结晶（发毛）这通常是由水玻璃引起的，这些结晶不是有害的，它意味着焊条存放时间很长而受潮的表现。图 4 为电焊条保温筒（KCT-3）外形。

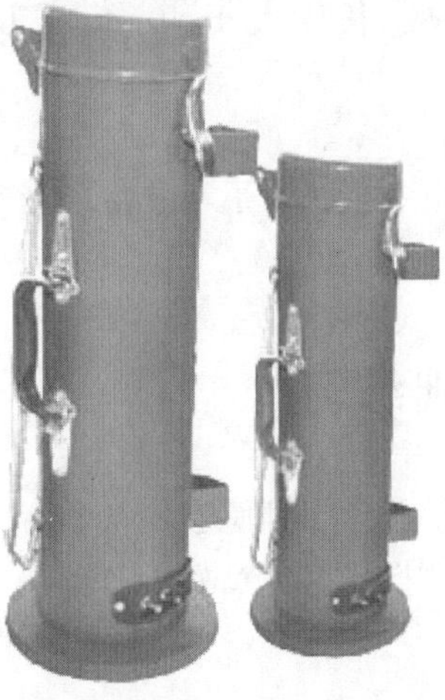

电焊条保温筒(KCT-3)
Portable type electric dryer/oven(KCT-3)

型号	Model	KCT-3	
电焊条容量	Electrode Capacity	5KG	
输入电压	Input Voltage	AC.DC 60V-90V	60V-110V
功率	Power	54W-120W	54W-180W
温度范围	Temperature Range	50℃-150℃	
焊条长度	Electrode Length	450mm　500mm	

图 4　电焊条保温筒

7 焊条的外观检查

焊条的外观质量不仅反映了焊条制造的综合技术水平，还直接影响焊条的使用性能和焊接质量。根据国标的规定，焊条须按批做外观质量检查，检查的主要内容如下：

（1）焊条偏心度：焊条偏心度是指药皮沿焊芯直径方向的偏心程度。对于冷拔焊芯碳钢、低合金钢和不锈钢焊条，偏心度合格标准：直径≤2.5mm 的焊条，偏心度应≤7%；直径 3.2～4.0mm 的焊条，偏心度应≤5%；直径≥5.0mm 的焊条，偏心度应≤4%。

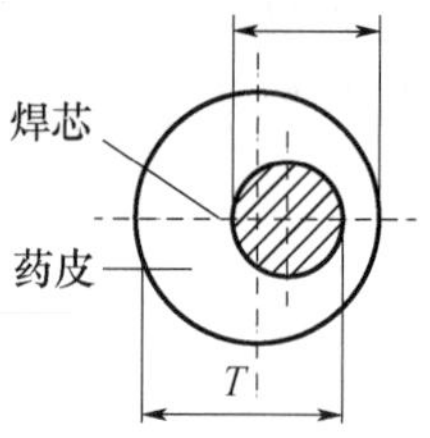

图 5

焊条偏心度应采用专门的仪器来检测，对于具有铁磁性的焊条，主要采用铁磁性焊条偏心测定仪测定；对于无磁性的焊条，主要采用无磁性焊条偏心测定仪测定（图 5）。

（2）焊条药皮强度：焊条药皮应均匀、紧密地包覆在焊芯周围，且应具有足够的强度。其检验方法：将焊条水平横置，使其从一定高度自由落到厚度≥14mm、水平放置光滑且平整的钢板上。对于碳钢、低合金钢和不锈钢焊条，当焊条直径＜4mm 时，试验高度为 1m；当焊条直径＞4mm 时，试验高度为 0.5m。焊条落下后，观察其药皮破裂情况，如果破裂只在两端，且破裂总长度不超过规定值，则视为合格。

（3）焊条药皮的耐潮性：将焊条浸入 15～20℃的水中，4h（铸铁焊条为 0.5h）后观察，药皮不应有胀开、开裂或脱落现象，每次测试 5 根。

（4）焊条尺寸：焊条长度、焊芯直径、夹持端长度、磨头、磨尾等尺寸，应符合有关标准的规定。

（5）焊条的弯曲度：焊条弯曲的最大挠度不大于 1mm，对于非冷拔焊芯的铸铁焊条、堆焊焊条应不大于 1.5mm。

（6）杂质：药皮表面的木屑、竹片、细钢丝头等杂质不允许存在，涂料的颗粒度过大也算杂质，同样也不能存在。

（7）裂纹：药皮纵向裂纹或龟裂纹总长度大于或等于 20mm，或者横向裂纹超过焊条半圆周时，均判为不合格。

（8）损伤：凡属下列情况之一者，可判为该项不合格：

① 擦伤宽度和长度大于焊芯直径。

② 擦伤宽度大于 1mm，有 1 处长度大于 30mm，或总长度大于 40mm 或长度大于 2mm，而深度大于 1/2 药皮厚度。

③ 擦伤宽度小于或等于 1mm，总长度大于 200mm。

④ 药皮表面的凹坑尺寸大于 2mm 超过 1 处，或凹坑尺寸小于或等于 2mm 超过 2 处。

⑤ 除磨头、磨尾部分外，药皮表面露焊芯的。

Ⅲ-1-3 焊条电弧焊基础练习

焊条电弧焊基础练习，是焊工入门训练项目。做好这部分项目训练会使初学者一开始接触焊接操作就能依据“循序渐进”的科学原则，为后续独立操作打下良好的基础。

焊条电弧焊基础练习步骤分为五部分的课程：

1. 训练前的准备； 2. 引弧和熄弧；

3. 直线和摆动；　　　　　　　　　4. 接头和收头；

5. 断弧焊。

1　训练第一节——训练前的准备

1.1　材料：Q235 钢板，规格（长、宽、厚）——300mm×60mm×12mm，无坡口。

1.2　焊接材料：E4303（J422）焊条，规格（直径）——ϕ3.2mm（按要求烘干存放）。

1.3　焊接设备：弧焊电源型号：BX-330（500）或 ZX-400。

注：弧焊电源进接 380V 电源，两根输出电缆线分别附带地线钳和电焊钳（300 型）。

1.4　焊接工具：手持式面罩（附带 9～11 号滤光镜）、清渣用扁铲和榔头、钢丝刷和锉刀。

1.5　焊工劳动防护用品：工作鞋服（棉制、白色、阻燃）、工作鞋（绝缘）、帽子（棉制）、手套（全皮）、口罩（防烟尘和有害气体）、白光护目眼镜。

1.6　焊机的检查：

由专业电工连接好电焊机 380V 进接电源线（一次线），练习者在指导教师的指导下连接好焊机的输出电源线（二次线）。经指导教师检查确认设备连接安全可靠后，练习者合上电源开关，启动焊机，焊接前要确认焊接电缆线的地线连接牢固可靠。

2　训练第二节——引弧和熄弧

练习方法：敲击引弧和划擦引弧

练习目的：具备两种引弧能力

焊接电流：120A

操作过程：

第一步：敲击引弧

练习者将试件钢板水平放置在工作台上，夹持好焊条并戴好面罩，将焊条垂直敲击钢板表面，让焊条与钢板接触短路后迅速提起以便引燃电弧（图 1）。电弧引燃后保持焊条不动，待焊条熔化缩短而电弧越来越长，最后被迫熄灭。

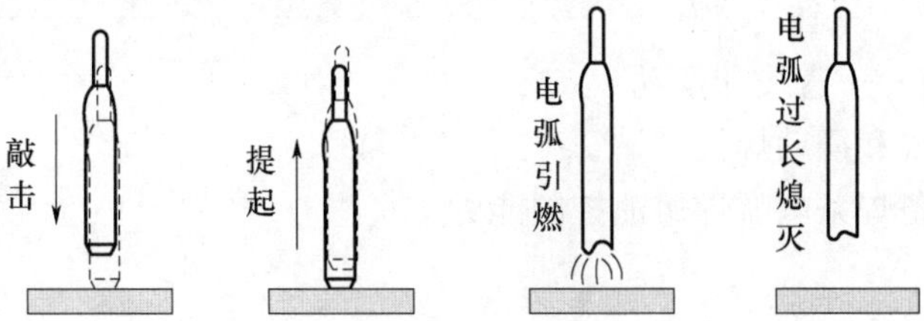

图 1　敲击引弧

注意事项：初学者在引弧前首先要检查焊条端头铁芯的裸露情况，如果铁芯没有外露，可关闭焊机电源用锉刀将焊条端头药皮锉掉直至铁芯裸露。熄弧时观察电弧长度到多少时熄灭。

第二步：划擦引弧

操作者将焊条倾斜一个角度，让焊条端头裸露的铁芯的一边轻轻划擦过钢板表面。随着焊条与钢板接触短路电弧逐渐被引燃（图 2）。电弧引燃后，操作者抓握焊枪的手随着焊条熔化缩短逐渐下压焊条，慢慢尝试着保持稳定的电弧长度 2～4s，最后将手腕向左斜上方甩动（图 3）熄灭电弧。

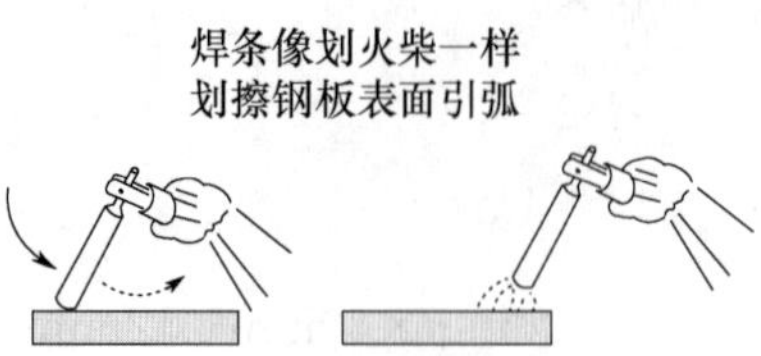

图 2　划擦引弧

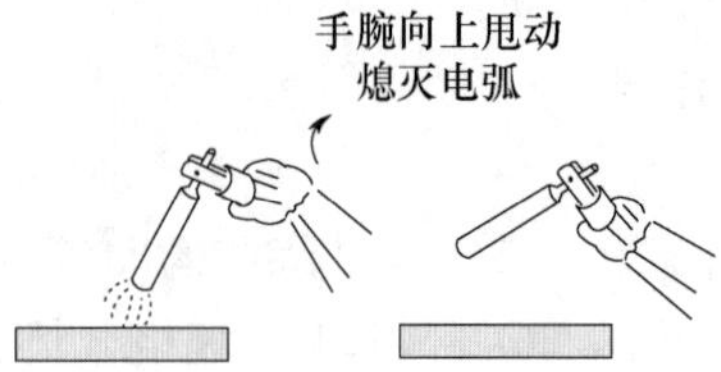

图 3　左斜上方甩动熄弧

注意事项：划擦引弧的过程特别像划火柴，电弧的引燃是一个火苗越来越大的渐进过程。熄弧时强调手腕的动作，小臂尽量少参与。

第三步：热引弧

电弧引燃后保持短弧燃烧 3～4s 后熄弧，随后马上将焊条轻贴在钢板上，于是电弧就会被迅速引燃了。这种借助焊条余热引燃电弧的方法就叫热引弧。

注意事项：热引弧时，钢板与焊条铁芯并没有接触短路，但仅仅依靠焊条（有时是熔池或焊条、熔池二者叠加）余热产生电离，引燃电弧。热引弧方法应用在焊条焊的断弧焊和特殊情况的精准引弧处。

◆第二节练习过程说明：

引弧、收弧是焊条焊的基础动作，也是重点动作，许多焊接缺陷来自引弧动作不规范。因此，重视引弧和收弧的训练，会对操作者后续学习带来良好的收益。

敲击引弧时，敲击钢板的力度要掌握好，要点是有如“蜻蜓点水”般轻盈、实效。

划擦引弧时，随着熟练度加大，划擦的距离应当缩短，以便减少引弧区域的电弧擦伤。

热引弧时，在酸性焊条操作熟练以后，可以选用碱性焊条稍加训练，体会一下焊条、熔池二者叠加余热对引弧的促进。

熄弧后，焊条端头处于红热状态，小心误动焊条触碰钢板造成电弧伤害。

3　训练第三节——直线和摆动

练习方法：直线和摆动焊接

练习目的：具备焊条电弧焊熔池控制能力

焊接电流：120A

操作过程：

第一步：直线焊接

练习者在钢板上引弧后压低电弧，抓握焊枪的手一边随着焊条熔化缩短逐渐下压焊条（以后简称送进动作），一边沿直线匀速拉动焊条（以后简称移动动作）（图 4），焊接 50mm 左右即可熄弧。

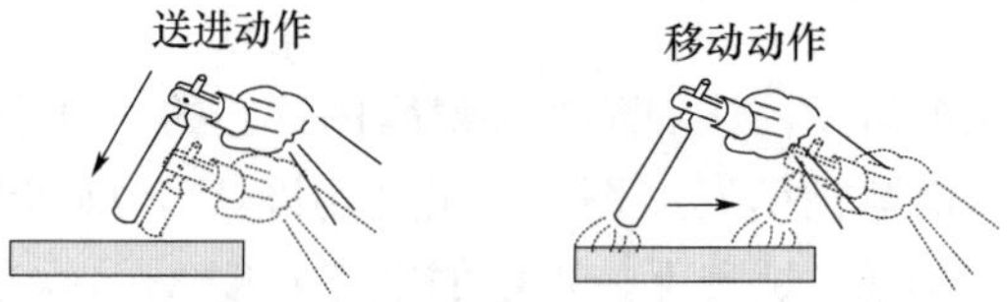

图 4　直线焊接时的两个动作

注意事项：为了焊出笔直的焊道，操作者可以在钢板上用粉笔提前画出直线。

第二步：不同的焊速直线焊接

操作者在钢板上引弧后压低电弧，用较慢的速度焊接，焊接出 8mm 宽、50mm 长的宽厚焊道。动作熟练以后，再用较快的焊速焊出 5mm 宽、50mm 长的窄薄焊道。

注意事项：操作者焊接时注意力逐渐放在观察熔池上，随着焊条移动观察熔池的宽度并能及时根据观察的情况调整移动动作。

第三步：摆动焊接

操作者引燃电弧后压低，将焊条沿着钢板表面左右做锯齿形摆动（图 5），焊接完半根焊条后熄弧。

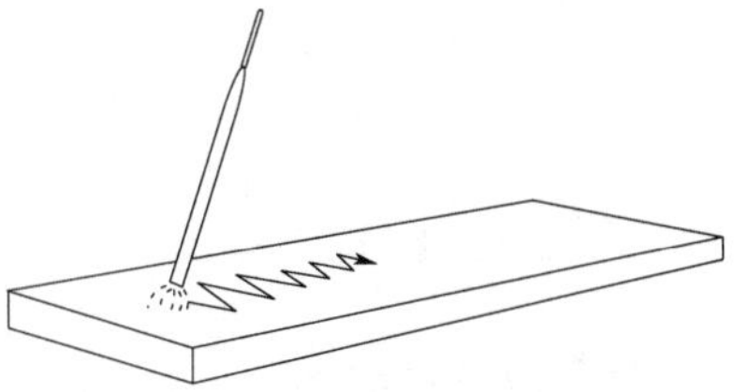

图 5　锯齿形摆动

使用较快的速度沿着钢板横向摆动焊条（以后简称摆动动作），焊接出 20mm 宽、5mm 高的焊道。

使用较慢的速度，加大横向摆动宽度，沿着钢板横向摆动焊条，焊接出 40mm 宽、8mm 高的焊道。

改变焊条角度（40°～50°），使用较慢的速度、减小横向摆动宽度，焊接出 10mm 宽、8mm 高的焊道。

注意事项：通过训练焊接不同宽度、高度的焊道，加强操作者一边焊接一边观察熔池并根据变化调整动作（改变焊速和焊宽）的能力。

◆第三节练习过程说明：

本节需要着重训练操作者的观察、应变能力。

一些好的操作者先天就具备好的感知和动作协调能力，一上来就能做出类似机械一样均匀、连续的动作，焊接出笔直、漂亮的焊道。但是，大多数人不行。他们一开始会因为紧张而出现动作的不均匀、不连续，但即使熟练以后情况也不会有太大的改观。大多数人只有在操作中一边焊接一边观察熔池，并根据熔池变化判断出自己动作的变形，然后及时调整补救（改变焊速和焊宽恢复到变形前）。那么只有具备了在动态变化中不断观察、调整的能力，才能弥补先天感知和动作协调能力的不足，焊接出笔直、漂亮的焊道，这应该是大多数练习者所必经的道路。

4　训练第四节——同向和对向接头

练习方法：画弧接头法和搭接收头

练习目的：具备焊条电弧焊接头和收头能力

焊接电流：120A

操作过程：

第一步：顺向接头

采用摆动焊接 30mm 长的焊道后熄弧，然后敲去敷在焊道上的熔渣。在熄弧处后方 20mm 处引燃电弧，借着电弧的余光发现熄弧处的接头处，拉动电弧后退至接头处，沿着接头处最后一个凝固了的熔池（以后简称弧坑）左侧弧线向前画弧线，使弧线与弧坑后边线重合至右侧，再横摆直线至左侧（画出一个半圆形），然后继续摆动锯齿线焊接（图 6）。此种接头方法称为半圆形接头法。

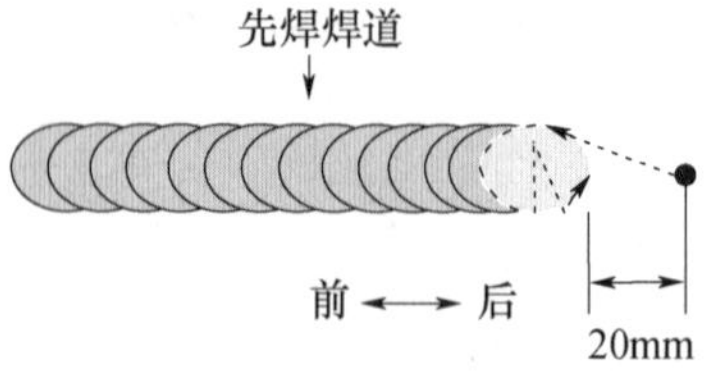

图 6　接头电弧运行轨迹

注意事项：在焊接方向上讲先焊为前，后焊为后。

第二步：逆向接头

采用摆动焊接 30mm 长的焊道后熄弧，然后敲去敷在焊道上的熔渣。在熄弧处前方 50mm 处引燃电弧，摆动焊条以锯齿形运条焊接至前一个焊道的开始端使两个焊道首尾相接，此时适当加大运条锯齿形的齿间距（俗称“迈大步”），继续焊接 20mm 将电弧停顿 1s 后熄弧即可（图 7）。

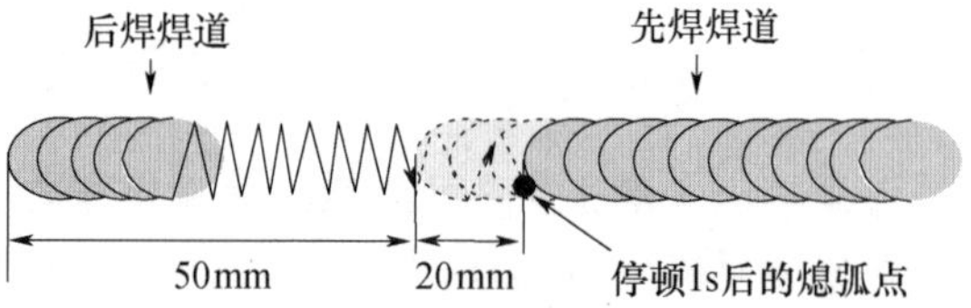

图 7　收头电弧运行轨迹

注意事项：两个焊道首尾相接需要搭接重叠 20mm，以便填满弧坑。

◆第四节练习过程说明：

顺向接头焊是焊条焊更换焊条后遇到的必要操作步骤。接头焊质量影响焊道整体美观，好的接头可以达到不易察觉连贯性。在接头焊练习中常遇到的是接头脱节和接头过高，画半圆接头法可以有效地解决上述两个问题。

逆向接头焊虽然不像顺向接头焊那样常见，但在焊接闭环的圆周焊缝中焊道首尾相接就不可避免。焊接时的要点：①搭接重叠 20mm；②首尾相接后适当加大运条锯齿形的齿间距；③首尾相接后可以把纵向焊条角度变垂直焊接。

5　训练第五节——断弧焊

练习方法：反复断续焊运条法

练习目的：掌握焊条电弧焊断弧焊接能力

焊接电流：120A

操作过程：

第一步：平焊断弧焊

练习者将试件钢板水平放置在工作台上，夹持好焊条并戴好面罩。引燃电弧焊接 20mm 后熄弧，而后在熄弧处热引弧横向摆动焊接 2 个来回熄弧，再引弧焊接 2 个来回熄弧，这样反复焊接直至整根焊条焊接完成（图 8）。

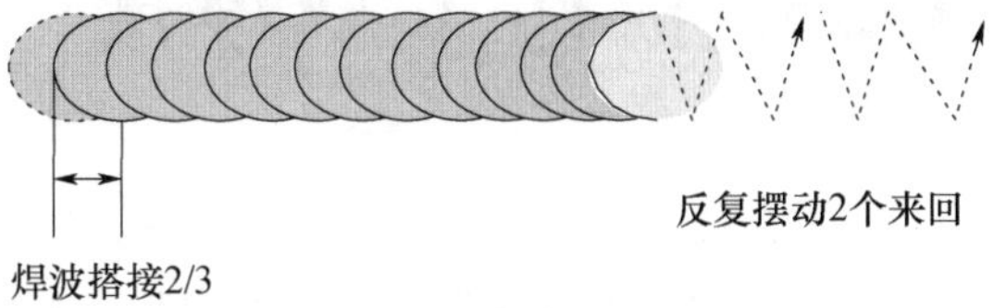

图 8　平焊断弧焊电弧运行轨迹

注意事项：注意反复断续焊再引弧的位置要适当，引弧位置太靠后会造成焊波间脱节。一般断弧焊焊波搭接 2/3 或 4/5 为宜。

第二步：立焊反复断续焊

将试件钢板垂直于水平放置在工作台上，用焊条焊接钢板和工作台 10mm 的焊缝以便固定牢固。在钢板的下边引燃电弧（焊条角度如图 9），焊条适当横向摆动焊接 1 个来回后熄弧，再在熄弧处热引弧横向摆动焊接 1 个来回熄弧，再引弧焊接 1 个来回熄弧，这样反复焊接直至整根焊条焊接完成。

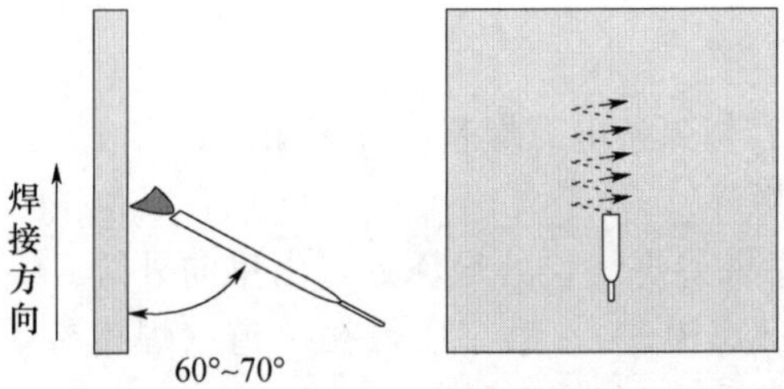

图 9　立焊反复断续焊电弧运行轨迹

注意事项：有条件的话，将 12mm 厚度的钢板换成 2mm 厚度，更能体现断弧焊立焊的优点。

◆第五节练习过程说明：

反复断续焊大量应用在焊件散热条件不佳，焊接熔池不易控制的情况。由于反复断续焊时电弧在中途熄灭后焊接熔池会有一个散热冷却的间隙，因此可有效防止烧穿、焊瘤铁水下坠等难以控制的局面，大大改善焊缝的外观成型美观度。初学者在使用反复断续焊时，细心体会电弧燃烧与熄灭的明灭节奏，用心观察不同断弧频率对熔池成型的影响，会对后续的坡口对接击穿焊产生有益的影响。

本单元模块的课程内容简单，有些 2～3 节内容甚至可以合并在一节内完成。但考虑初学者首次接触焊条焊，一上来就学习组合动作往往会出现顾首不顾尾的慌乱局面。依据“循序渐进”的科学教学原则，将内容按照动作拆分成 5 节，一步一个脚印、一节一个重点地来学习，想必会收到较好的效果。

单元二　手工电弧焊（SMAW）Q235 板件 T 型焊接

Ⅲ-2-1　酸性焊条 Q235 板件 T 型接头平焊（1F）特点及演练

酸性焊条 Q235 板件 T 型接头平焊（1F）特点及演练，是焊工学习焊条焊的入门训练项目。做好这部分项目训练，会使初学者一开始接触焊接操作就能依据“循序渐进”的科学原则，为后续独立操作打下良好的基础。

酸性焊条 Q235 板件 T 型接头平焊（1F）特点及演练按照操作步骤分为五部分的课程：

1. 训练前的准备；
2. 定位焊；
3. 第一层焊接；
4. 第二层焊接；
5. 第三层焊接。

1　训练前的准备

本节 1.1～1.6 步骤内容与弧条电弧焊基础练习相同。

1.7　焊接层道及焊接顺序

焊接操作时的焊接顺序自待焊焊口的最深处，由里向外焊接三层：第一层焊接一道（焊道①），第二层焊接一道（焊道②），第三层焊接一道（焊道③）。如图 1 所示。

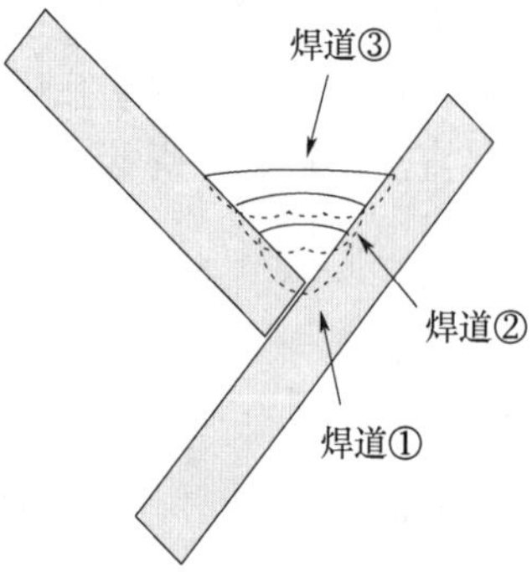

图 1　焊接道数及焊接顺序

1.8　焊接参数（表 1）

表 1　焊接参数表

项目	焊道编号	参数			
		焊条规格（mm）	焊接电流（A）	焊条纵向角度（焊条与焊接方向的角度）	焊条横向角度（焊条与试件左右两块钢板的角度）
定位焊接	无	ϕ3.2	140	45°～60°	45°
第一层焊接	①	ϕ3.2	140	45°～60°	45°
第二层焊接	②	ϕ3.2	130～140	45°～60°	45°
第三层焊接	③	ϕ3.2	130～140	50°～80°	45°

2　训练第一节——定位焊

练习方法：断续焊定位法。

练习目的：具备按要求装配板件 T 型接头焊接练习试件的能力。

焊接电流：140A（酸性焊条 J422，直径 3.2mm）。

操作过程：

练习者将一块试件钢板水平放置在工作台上，另一块垂直放置在前一块的中部，并保持两端对齐。夹持好焊条并戴好面罩，在两块钢板的左右两端分别引燃电弧焊接10mm左右的定位焊段（图2）。

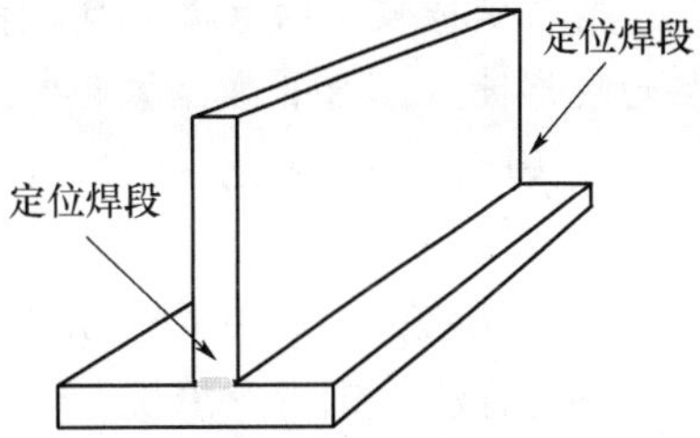

图2 定位焊

注意事项：初学者在引弧前首先要检查是否放置稳定，否则可用一只手压住上边的钢板，另一只手进行定位焊。如果使用碱性焊条，定位焊前，一定要把焊口及周围20mm范围的油、锈、漆等污物清理干净。

3 训练第二节——第一层焊接

练习方法：直线焊接。

练习目的：具备焊条焊T型接头第一层熔池控制能力。

焊接电流：140A。

操作过程：

两块钢板定位焊后连接在一体，就成为一个练习试件了。练习者将试件钢板放置在船型焊专用工作台（图3）上，使试件两个相互垂直的钢板与水平面均保持45°角。夹持好焊条并戴好面罩，在试件焊口（两个钢板垂直组合形成的接缝）左侧起弧焊接。起弧后保持较短的弧长，焊条保持表1推荐的角度（图4），焊接至一根焊条焊接剩余30mm左右时熄弧。待焊道冷却后用尖铲敲去敷在焊道上的熔渣，随后更换焊条接头继续焊接直至整道焊口的尾部即可收头。

焊口的尾部由于散热情况不好，所以最后的20mm改用断弧焊方法，焊一小段熄弧冷却一下，再焊、再冷却，直至焊道①焊完。

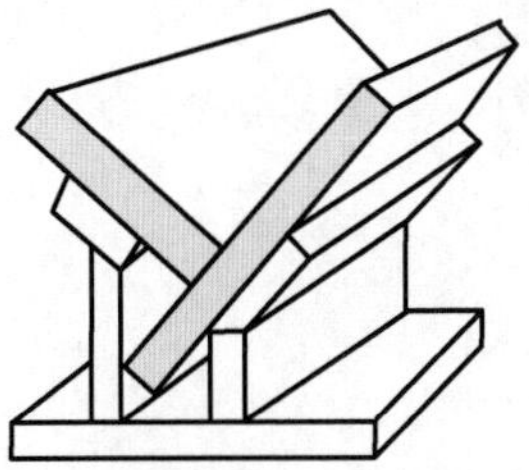
图3 试件放置在专用工作台上

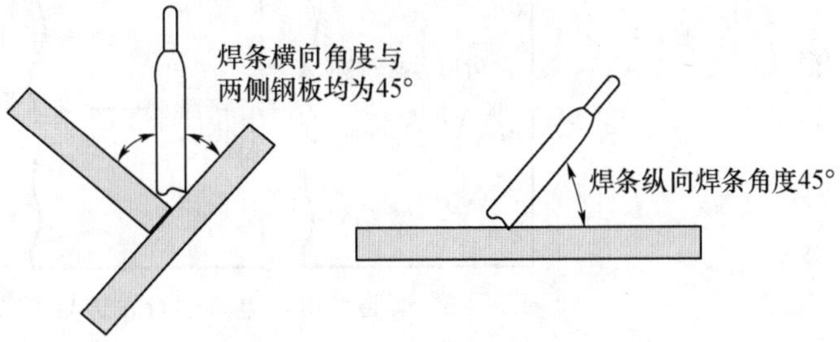

图4 焊道①的焊条角度

注意事项：短弧、匀速、小倾角是焊接焊道①的要诀。

◆第二节练习过程说明：

焊条焊T型接头船型焊第一层容易出现的问题是焊道夹渣。

第一层焊接时，与水平面成45°的两侧钢板阻挡了焊接熔渣的流淌，造成大量熔渣堆积在熔池周围。大量的熔渣产生阻隔焊接电弧热量的作用，容易造成焊口两侧钢板未熔化、夹渣。克服这个问题有两个办法：一是压低电弧、缩短电弧长度，使电弧吹力加大；二是适当减小焊条角度（使焊条倾斜），利于熔渣被电弧吹向熔池前方排开。

为了保持较短的电弧长度，操作者焊接时可以把焊条前端的药皮熔化形成的套筒轻轻贴在两块钢板上，随着熔化柔和完成送进动作和移动动作。

接头时，一定要先敲去熔渣，再按照焊条电弧焊基础练习里的方法操作即可。

4　训练第三节——第二层焊接

练习方法：锯齿形焊接。

练习目的：具备单道摆动焊能力。

焊接电流：130～140A。

操作过程：

第一层焊道①焊接完成以后，敲去敷在焊道上的熔渣，清理干净后即可进行第二层焊接。

第二层采用锯齿形运条法，焊接一个焊道（焊道②）。

焊道②焊接时，焊条角度见表 1，焊条在焊道①的前端起弧，电弧运行轨迹为反复锯齿形（锯齿形运条法）。焊条左右摆动时以焊道①的左右两个边线为基准，摆动焊条到左侧时让焊条药皮左边与焊道①的左边冲齐并停顿熔化 1s；摆动焊条到右侧时让焊条药皮右边与焊道①的右边冲齐并停顿熔化 1s。这样，焊条在焊道①的中央以正常速度运行（甚至稍快），在焊道①的左右两次停顿的运条手法俗称“两停一快”（或称“两慢一快”）。

焊接至一根焊条焊接剩余 30mm 左右时熄弧。冷却后用尖铲敲去敷在焊道上的熔渣，随后更换焊条接头焊至整道焊口的尾部即可收头。接头方法详见焊条电弧焊基础练习，在此不再赘述。

焊口的尾部由于散热情况不好，所以最后的 20mm 改用断弧焊方法，焊一小段熄弧冷却一下，再焊、再冷却，直至整个焊道焊完（图 5）。

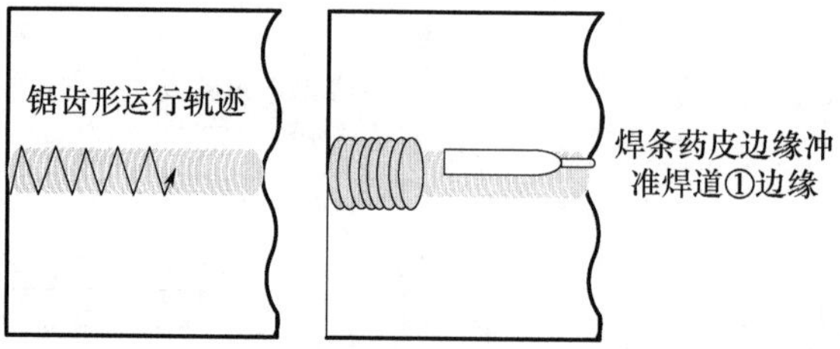

图 5　焊道②焊接电弧运行轨迹与焊条冲准位置

注意事项：焊道②焊接时的接头与前一道的接头要错开 10～20mm。

◆**第三节练习过程说明：**

焊条焊 T 型接头船型焊第二层焊接容易出现两个问题：一是焊道偏斜不平齐，二是焊道表面中凸。

问题一的主要原因是在进行第二层焊接时，焊条左右摆动药皮左右边缘没有分别冲准焊道①的左右边线，甚至作为基准线的焊道①左右边线居然都不平齐。前者纠正冲准就行，后一种情况操作者只能在焊道①不平齐的基础上去修正。焊到焊道①过宽的地方就适当收窄焊条横向摆动宽度；碰到焊道①过窄的地方就适当加宽焊条横向摆幅，并且进行不断验证、调整。

第二个问题的出现是因为焊条在焊道①左右两侧停顿时间不足或没有横向摆动到位。纠正措施是适当延长左右两侧停顿时间和横向摆动到左右两侧时让焊条药皮轻贴两侧钢板与焊道①组成的夹角（这样既有利于防止焊道中凸，还会减小咬边的概率）。

5　训练第四节——第三层焊接

练习方法：锯齿形焊接。

练习目的：具备单道摆动焊能力。

焊接电流：130～140A。

操作过程：

第二层焊道②焊接完成以后，敲去敷在焊道上的熔渣，清理干净后即可进行第三层焊接。

第三层同样采用锯齿形运条法，焊接一个焊道（焊道③）。

焊条在焊道②的前端起弧，电弧运行轨迹为反复锯齿形（锯齿形运条法）。焊条左右摆动时采用“两停一快”运条手法，即以焊道②的左右两个边线为基准，摆动焊条到左侧时让焊条药皮左边与焊道②的左边冲齐并停顿熔化 1s；摆动焊条到右侧时让焊条药皮右边与焊道②的右边冲齐并停顿熔化 1s。

焊口的尾部由于散热情况不好，所以最后的 20mm 改用断弧焊方法，焊一小段熄弧冷却一下，再焊、再冷却，直至整个焊道焊完。

注意事项：注意层道间接头要错开。

◆第四节练习过程说明：

T 型接头船型焊第三层容易出现的问题除了与第二层两个相同外，还有一个是咬边。

咬边是焊接过程中钢板（母材）表面被电弧熔化成液体铁水且跟随电弧流走后在焊道边缘形成的凹坑（图 6）。它的危害是本身处于焊接接头的最薄弱区——熔合区，此处的母材截面面积减薄、应力高度集中，往往会导致焊接裂纹的产生。咬边产生原因有两个：一个是电弧横向运行速度过快且母材一侧停顿时间不够；另一个是后续填充材料跟进不足（填充铁水没到位）。克服咬边问题的根本方法是采用“两停一快”运条手法，电弧运行到左右两侧时切记短弧操作。

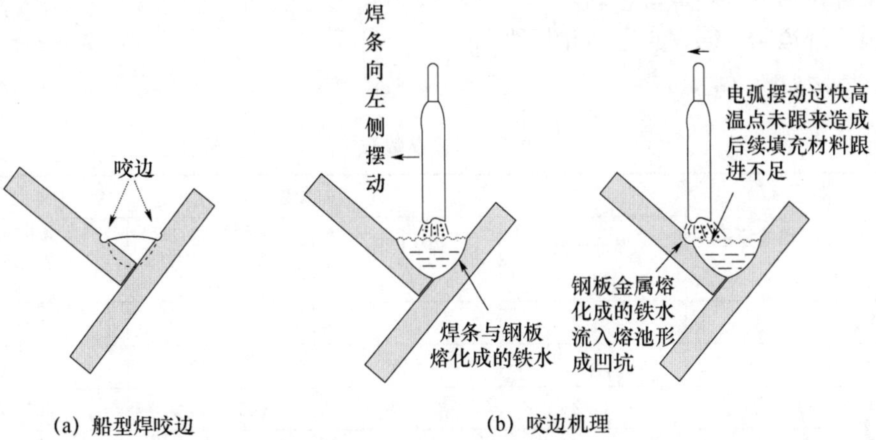

(a) 船型焊咬边　　(b) 咬边机理

图 6　船型焊的咬边与形成机理

单道焊焊条冲准是本节练习的重点内容。每层焊道焊接时均有基准线，焊条移动时冲准基准线或停顿或移动，否则难以保证焊道平齐。

此时，操作者除了不断观察并调整焊接熔池的形状之外（保持焊道宽窄、高低），还要同时兼顾焊条与基准线对准，因此，在练习过程中的反向训练就显得尤为重要。

所谓反向训练就是初学者在练习过程中，焊接完焊道后，敲开药皮发现焊道偏左了，那么下次练习时就有意识地反向向偏右方向焊接，结果焊完又过于偏右了，那么下次再重新反向偏左，这样在反复左右反向训练中最后找准中心的正确位置。这种看似左右摇摆的试错训练要比一直停滞在偏向一边不敢大胆纠正的踌躇不前的训练方法更有效果。因此训练中大胆使用反向训练会收到较好的效果。

本单元模块的课程内容看似简单，但由于T型接头在整个焊接中占有非常大的比重，因此不容轻视，认真训练、严格要求，会收到较好的效果。

Ⅲ-2-2　酸性焊条Q235板件T型接头平焊（2F）特点及演练

酸性焊条Q235板件T型接头平焊（2F）特点及演练，是焊工学习焊条焊的入门训练项目。做好这部分项目训练会使初学者一开始接触焊接操作就能依据“循序渐进”的科学原则，为后续独立操作打下良好的基础。

酸性焊条Q235板件T型接头平焊（2F）特点及演练按照操作步骤分为四部分的课程：

1. 训练前的准备；　　2. 第一层焊接；
3. 第二层焊接；　　4. 第三层焊接。

1　训练前的准备

本节1.1～1.6步骤内容与焊条电弧焊基础练习相同。

1.7　焊接层道及焊接顺序

焊接操作时的焊接顺序：自待焊焊口的最深处，由里向外焊接三层：第一层焊接一道（焊道①），第二层下、上焊接两道（焊道②、③），第三层下、中、上焊接三道（焊道④、⑤、⑥）。如图1所示。

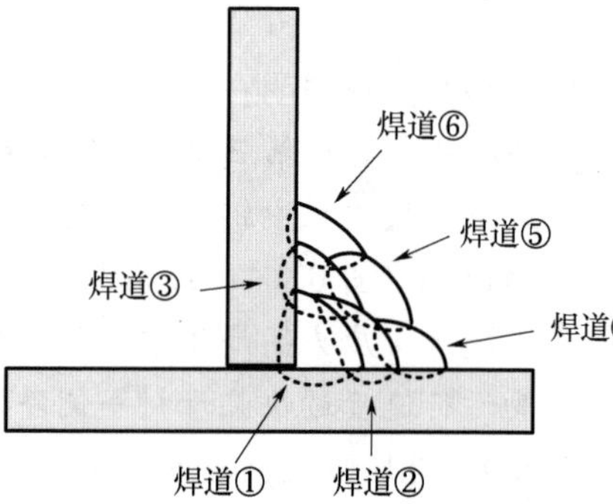

图1　焊接道数及焊接顺序

1.8　焊接参数（表1）

表1　焊接参数表

项目	焊道编号	参数			
		焊条规格（mm）	焊接电流（A）	焊条纵向角度（焊条与焊接方向的角度）	焊条横向角度（焊条与试件水平面的角度）
定位焊接	无	ϕ3.2	140	45°～60°	60°
第一层焊接	①	ϕ3.2	140	45°～60°	60°～70°
第二层焊接	②	ϕ3.2	140	45°～60°	60°～70°
	③	ϕ3.2	130	50°～80°	45°～60°

续表

项目	焊道编号	参数			
		焊条规格（mm）	焊接电流（A）	焊条纵向角度（焊条与焊接方向的角度）	焊条横向角度（焊条与试件水平面的角度）
第三层焊接	④	ϕ3.2	130	45°～60°	60°～70°
	⑤	ϕ3.2	120	50°～80°	50°～60°
	⑥	ϕ3.2	120	50°～80°	45°～60°

2 训练第一节——第一层焊接

练习方法：直线焊接。

练习目的：具备焊条焊 T 型接头第一层熔池控制能力。

焊接电流：140A。

操作过程：

定位焊的步骤、方法与 T 型接头平焊（1F）相同，在此不再赘述。

两块钢板定位焊后连接在一体，就成为一个练习试件。练习者将试件钢板依照定位焊时情况水平放置在工作台上，夹持好焊条并戴好面罩，在试件焊口（两个钢板垂直组合形成的接缝）左侧起弧焊接。起弧后保持较短的弧长，焊条保持表 1 推荐的角度（图 2），焊接至一根焊条焊接剩余 30mm 左右时熄弧。待焊道冷却后用尖铲敲去敷在焊道上的熔渣，随后更换焊条接头继续焊接直至整道焊口的尾部即可收头。

焊口的尾部由于散热情况不好，所以最后的 20mm 改用断弧焊方法，焊一小段熄弧冷却一下，再焊、再冷却，直至焊道①焊完。

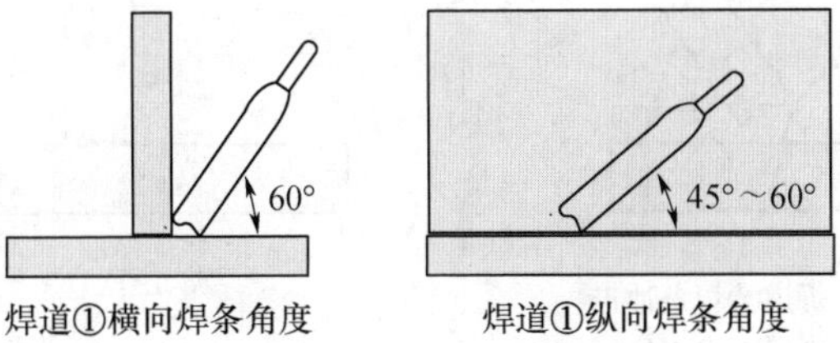

图 2 焊道①的焊条角度

注意事项：保持较短的电弧长度是焊接焊道①的要诀。

◆第一节练习过程说明：

本节训练的重点在于细心观察两个钢板的熔化。

T 型接头平焊位置第一层焊接时，垂直水平面的钢板阻挡了焊接熔渣的流淌，造成大量熔渣堆积在熔池和水平钢板一侧。大量的熔渣产生阻隔焊接电弧热量的作用，容易造成焊口两侧钢板未熔化、水平侧钢板未熔化。克服这个问题有两个办法：一是压低电弧、缩短电弧长度，使电弧吹力加大；二是适当减小焊条角度（使焊条倾斜），利于熔渣被电弧吹向熔池前方排开。

为了保持较短的电弧长度，操作者焊接时可以把焊条前端的药皮熔化形成的套筒轻轻贴在两个钢板上，随着熔化柔和完成送进动作和移动动作。

接头时，一定要先敲去熔渣，再按照焊条电弧焊基础练习里的方法操作即可。

3　训练第二节——第二层焊接

练习方法：直线焊接。

练习目的：具备焊条焊多个焊道结合能力。

焊接电流：130～140A。

操作过程：

第一层焊道①焊接完成以后，敲去敷在焊道上的熔渣，清理干净后即可进行第二层焊接。

第二层焊接一下一上两个焊道（焊道②、③），先焊焊道②，后焊焊道③。

焊道②焊接时，焊条角度见表1，焊条中心冲准焊道①的下边线，电弧以焊道①的下边线为基准匀速直线焊接，此时的焊接熔池下边比焊道①下边增宽2mm，熔池上边熔化到焊道①上边线靠下1mm处（图3）。

焊道③焊接时，焊条角度见表1，焊条中心冲准焊道①的上边线，电弧以焊道②的中心线为基准匀速直线焊接，此时的焊接熔池下边熔化覆盖焊道②中心线靠下1mm处，熔池上边比焊道①上边增宽2mm（图3）。

焊口的尾部由于散热情况不好，所以最后的20mm改用断弧焊方法，焊一小段熄弧冷却一下，再焊、再冷却，直至整个焊道焊完。

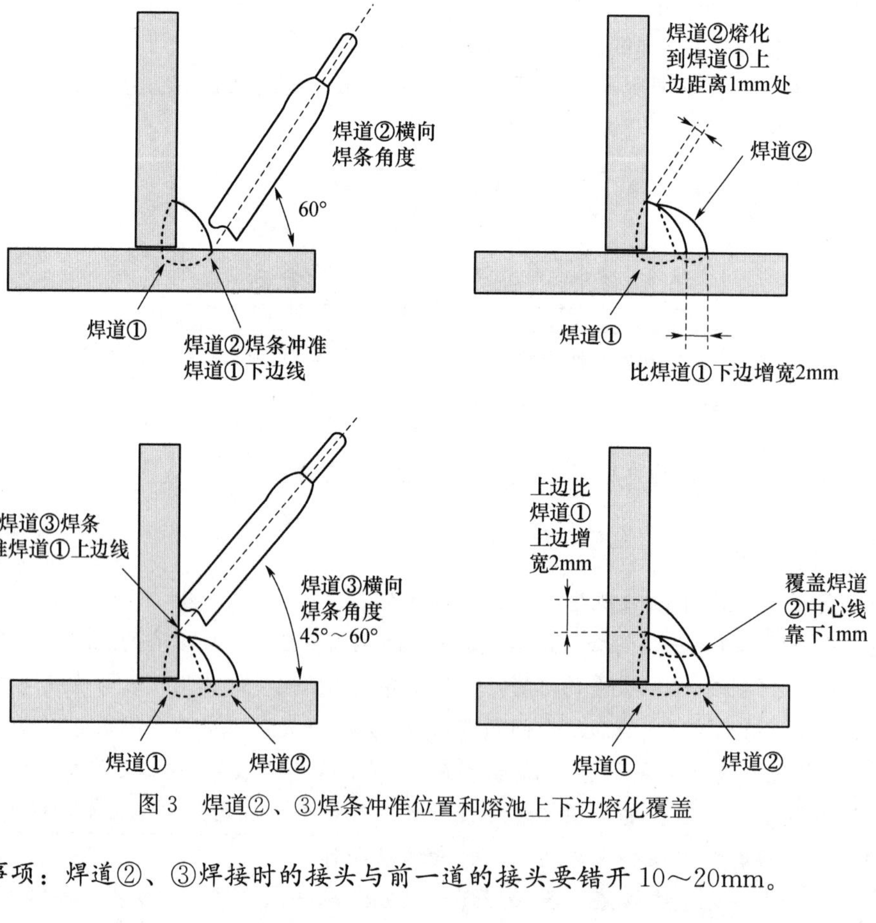

图3　焊道②、③焊条冲准位置和熔池上下边熔化覆盖

注意事项：焊道②、③焊接时的接头与前一道的接头要错开10～20mm。

◆**第二节练习过程说明：**

焊条焊T型接头多道焊容易出现的问题是焊道整体下坠，即焊肉偏向水平板一侧。合格的T型接头的焊缝横截面应该是一个等腰三角形，水平板侧的焊脚尺寸与垂直板侧相等。出现上述问题的主要原因是在进行第二层焊接时，焊道②的位置偏下，即焊道②焊接电弧运行时没有冲准焊道①的下边线作为基准线，焊接熔池上边仅仅熔化到焊道①中心线，而不是将其覆盖。

第二个问题是同一层焊道间脱节，即同层焊道②、③焊接完成后，道与道处于分离状态，并且之间还有明显的沟槽，没有实现紧密结合、平滑过渡。主要原因是焊道③位置偏上，焊接时熔池下边没有覆盖到焊道②的最高点。

4　训练第三节——第三层焊接

练习方法：直线焊接。

练习目的：具备焊条焊多个焊道结合能力。

焊接电流：120～130A。

操作过程：

第二层焊道②、③焊接完成以后，敲去敷在焊道上的熔渣，清理干净后即可进行第三层焊接。

第三层焊接一下一中一上三个焊道（焊道④、⑤、⑥），先焊焊道④，然后焊焊道⑤，最后焊焊道⑥。

焊道④焊接时，焊条角度见表1，焊条中心冲准焊道②的下边线，电弧以焊道②的下边线为基准匀速直线焊接，此时的焊接熔池下边比焊道②下边增宽2mm，熔池上边熔化到焊层二的中心线靠下1mm处（图4）。

焊道⑤焊接时，焊条角度见表1，焊条中心冲准焊层二的中心线，电弧以中心线为基准匀速直线焊接，此时的焊接熔池下边熔化覆盖焊道④中心线靠下1mm处，熔池上边熔化到焊层二的上边（图4）。

焊道⑥焊接时，焊条角度见表1，焊条中心冲准焊层二的上边，熔池下边熔化覆盖焊道⑤中心线靠下1mm处，熔池上边比焊层二的上边增宽2mm（图4）。

焊口的尾部由于散热情况不好，所以最后的20mm改用断弧焊方法，焊一小段熄弧冷却一下，再焊、再冷却，直至整个焊道焊完。

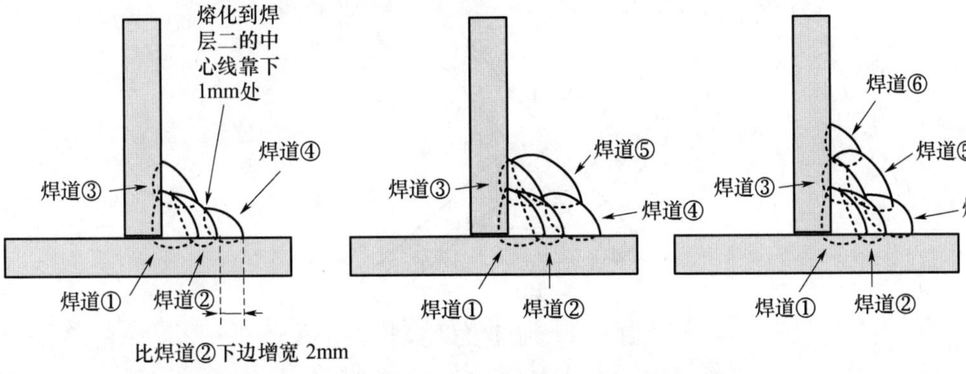

图4　焊道④、⑤、⑥熔池上下边熔化覆盖

注意事项：注意层道间接头要错开。

◆第三节练习过程说明：

多道焊焊道间的结合是本节练习的重点内容。每层焊道结合原则是后一道熔池下边覆盖前一道的最高点，上边根据不同，也有自己的基准。

焊接时，操作者除了不断观察并调整焊接熔池的形状之外（保持焊道宽窄、高低），还要同时兼顾焊接熔池上下的相对位置和焊接电弧的基准线对准（保持焊道上下的平齐）。因此，在练习过程中的反向训练就显得尤为重要。

所谓反向训练就是初学者在练习过程中，焊接完焊道后，敲开药皮发现焊道偏左了，那么下次练习时就有意识地反向向偏右方向焊接，结果焊完又过于偏右了，那么下次再重新反向偏左，这样在反复左右反向训练中最后找准中心的正确位置。这种看似左右摇摆的试错训练要比一直停滞在偏向一边不敢大胆纠正的踌躇不前的训练方法更有效果。

本单元模块的课程内容针对的是现场钢结构焊接作业，认真训练、严格要求，会收到较好的效果。

Ⅲ-2-3　酸性焊条 Q235 板件 T 型接头立焊（3F）特点及演练

酸性焊条 Q235 板件 T 型接头立焊（3F）特点及演练，是焊工学习焊条焊的入门训练项目。做好这部分项目训练会使初学者一开始接触焊接操作就能依据“循序渐进”的科学原则，为后续独立操作打下良好的基础。

酸性焊条 Q235 板件 T 型接头立焊（3F）特点及演练按照操作步骤分为四部分的课程：

1. 训练前的准备；　　2. 第一层焊接；

3. 第二层焊接；　　4. 第三层焊接。

1　训练前的准备

本节 1.1～1.6 步骤内容与焊条电弧焊基础练习相同。

1.7　焊接层道及焊接顺序

焊接操作时的焊接顺序：自待焊焊口的最深处，由里向外焊接三层，第一层一道（焊道①），第二层一道（焊道②），第三层一道（焊道③）。如图 1 所示。

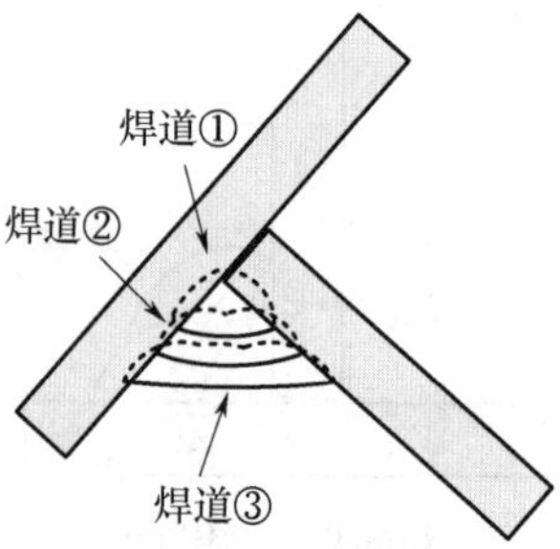

图 1　焊接道数及焊接顺序

1.8　焊接参数（表 1）

表 1　焊接参数表

项目	焊道编号	参数			
		焊条规格（mm）	焊接电流（A）	焊条纵向角度（焊条与焊接方向的角度）	焊条横向角度（焊条与试件左右两块钢板的角度）
定位焊接	无	ϕ3.2	140	45°～60°	45°
第一层焊接	①	ϕ3.2	120	60°～80°	45°
第二层焊接	②	ϕ3.2	90～110	60°～80°	45°
第三层焊接	③	ϕ3.2	90～110	60°～80°	45°

2　训练第一节——第一层焊接

练习方法：反复断续锯齿形焊接。

练习目的：具备焊条焊 T 型接头立焊第一层熔池控制能力。

焊接电流：120A。

操作过程：

定位焊的步骤、方法与 T 型接头平焊（1F）相同，在此不再赘述。

两块钢板定位焊后连接在一体，就成为一个练习试件。练习者将试件钢板竖直放置在水平工作台上，让两块钢板以及形成的焊口均与水平面垂直。夹持好焊条并戴好面罩，在试件焊口下端起弧焊接。起弧后保持较短的弧长，焊条保持表 1 推荐的角度（图 2），焊接使用反复断续焊方法，焊条引燃横向摆动（摆动宽度在 2～3 倍焊条外径）2 个来回熄弧，再引燃摆动再熄弧，直至一根焊条焊接剩余 30mm 左右时熄弧。待焊道冷却后用尖铲敲去敷在焊道上的熔渣，随后更换焊条接头继续焊接直至焊道①焊完。

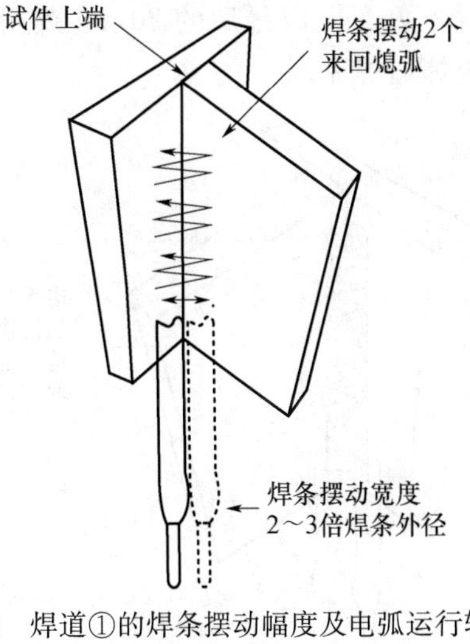

图 2　焊道①的焊条摆动幅度及电弧运行轨迹

注意事项：准确的引弧位置、均匀的横向摆动是焊接焊道①的要诀。

◆第一节练习过程说明：

让我们先思考一个问题，为什么T型接头立焊位置第一层焊接时不采用连弧焊？

如果采用连弧焊，使用较大的焊接电流（130～140A），焊口钢板的熔化会与平焊位、船型焊位一样充分，但焊接熔池此时基本没有依托，在重力作用下容易流淌下坠形成焊瘤；使用较小的焊接电流（80～90A），焊接熔池体积减小，受重力影响焊口流淌下坠形成焊瘤的概率减小，但是又会出现焊口钢板间的熔化不充分，最终造成左右两难的局面。当然，在熟练者操作时，他们选择适合自己的电流，采用连弧焊能够轻松焊出兼顾成型和熔合的好焊道，但初学者不行。因此，为了照顾初学者能力水平，既能保证充分熔化的同时又能得到较好的成型，反复断续焊应该是个不错的选择。反复断续焊方法在焊条电弧焊基础练习中有过训练，在此需要注意的依然是“再引弧的位置要适当，引弧位置太靠后会造成焊波间脱节。一般断弧焊焊波搭接2/3或4/5为宜”。第一层焊接焊层不宜过厚，控制焊道宽度在20mm以下。

3　训练第二节——第二层焊接

练习方法：连弧锯齿形焊接。

练习目的：掌握焊条焊T型接头立焊第二层焊接能力。

焊接电流：100A。

操作过程：

第一层焊道①焊接完成以后，敲去敷在焊道上的熔渣，清理干净后即可进行第二层焊道②焊接。

焊道②焊接时，焊条角度见表1，焊条左右摆动中心冲准焊道①的左右边线，电弧匀速连续运行锯齿形轨迹，运弧中也采取“两停一快”的原则（图3）。

一根焊条焊接至剩余30mm左右时熄弧。待焊道冷却后用尖铲敲去敷在焊道上的熔渣，随后更换焊条接头继续焊接直至焊道②焊完。

焊口的尾部由于散热情况不好，所以最后的20mm改用断弧焊方法，焊一小段熄弧冷却一下，再焊、再冷却，直至焊道焊完。

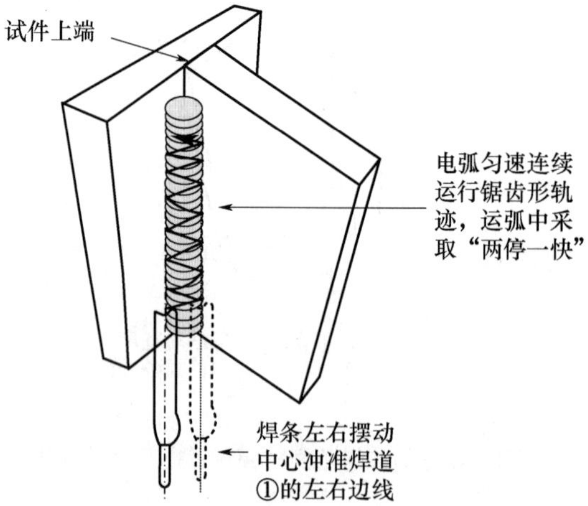

图3　焊道②焊条冲准位置和电弧运行情况

注意事项：焊道②、③焊接时的接头与前一道的接头要错开10～20mm。

◆**第二节练习过程说明：**

焊条焊 T 型接头船型焊第二层焊接容易出现两个问题：一是焊道偏斜不平齐，二是焊道表面中凸。

发生问题一的主要原因是在进行第二层焊接时，焊条中心在摆动时没有分别冲准焊道①的左右边线，甚至作为基准线的焊道①左右边线居然都不平齐。前者纠正冲准就行，后一种情况操作者只能在焊道①不平齐的基础上去修正。遇到焊道①过宽的地方就适当收窄焊条横向摆动宽度；遇到焊道①过窄的地方就适当加宽焊条横向摆幅，并且进行不断验证、调整。

第二个问题的出现是因为焊条在焊道①左右两侧停顿时间不足或没有横向摆动到位。纠正措施是适当延长左右两侧停顿时间和横向摆动到左右两侧时让焊条药皮轻贴两侧钢板与焊道①组成的夹角（这样既有利于防止焊道中凸，还会减小咬边的概率）。

4　训练第三节——第三层焊接

练习方法：连弧锯齿形焊接。

练习目的：掌握焊条焊 T 型接头立焊第三层焊接能力。

焊接电流：100A。

操作过程：

第二层焊道②焊接完成以后，敲去敷在焊道上的熔渣，清理干净后即可进行第三层焊道③焊接。

焊道③焊接时，焊条角度见表 1，焊条左右摆动中心冲准焊道②的左右边线，电弧匀速连续运行锯齿形轨迹。

一根焊条焊接至剩余 30mm 左右时熄弧。待焊道冷却后用尖铲敲去敷在焊道上的熔渣，随后更换焊条接头继续焊接直至焊道③焊完。

焊口的尾部由于散热情况不好，所以最后的 20mm 改用断弧焊方法，焊一小段熄弧冷却一下，再焊、再冷却，直至各焊道焊完。

注意事项：注意层道间接头要错开。

◆**第三节练习过程说明：**

T 型接头立焊第三层焊接容易出现的问题也是焊道偏斜不平齐、焊道表面中凸和咬边。解决方法详见 T 型接头平焊，在此不再赘述。

除了以上三点之外，立焊还有一个常见问题是接头夹渣（图 4）。它的产生原因是：接头时，焊接熔池温度低，覆盖在熔池上的熔渣黏度大、流动性差，电弧横向运行速度过快，焊道中央区域熔渣堆积阻挡电弧热量，造成未充分熔化而夹渣。解决问题的方法有两个：一是热接头法，即在前一根焊条焊接完成后不敲去敷在焊道上的熔渣，趁着停弧处还未曾冷却到室温，迅速更换焊条引弧焊接接头；二是长弧预热法，即在敲去熔渣冷却到室温的接头处引弧后，将电弧拉长弧（弧长在 10mm 左右），让电弧对接头处预热 2～3s，然后压低电弧使用半圆形接头法接头。注意电弧运行半圆形时速度一定要慢（图 5）。

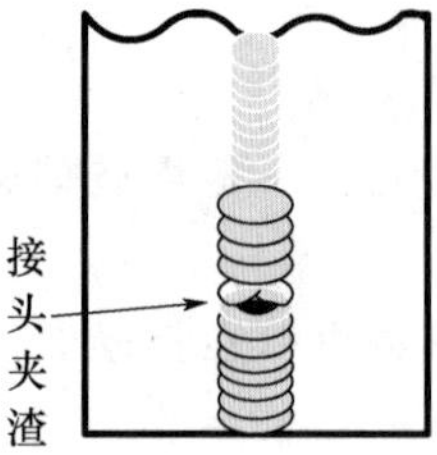

图 4　焊道接头夹渣

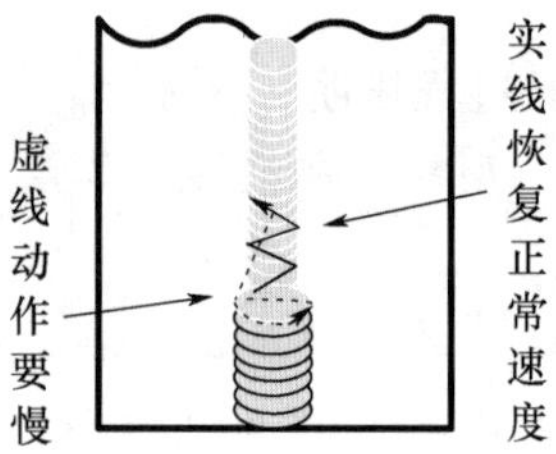

图 5　半圆形接头法

钢结构现场焊接安装时大量遇到的是 T 型接头立焊，因此应重视本单元模块的课程内容，认真训练、严格要求，会对今后的工作产生较大的帮助。

Ⅲ-2-4　酸性焊条 Q235 板件 T 型接头仰焊（4F）特点及演练

酸性焊条 Q235 板件 T 型接头仰焊（4F）特点及演练，是焊工学习焊条焊的入门训练项目。做好这部分项目训练会使初学者一开始接触焊接操作就能依据“循序渐进”的科学原则，为后续独立操作打下良好的基础。

酸性焊条 Q235 板件 T 型接头仰焊（4F）特点及演练按照操作步骤分为四部分的课程：

1. 训练前的准备；　2. 第一层焊接；

3. 第二层焊接；　4. 第三层焊接。

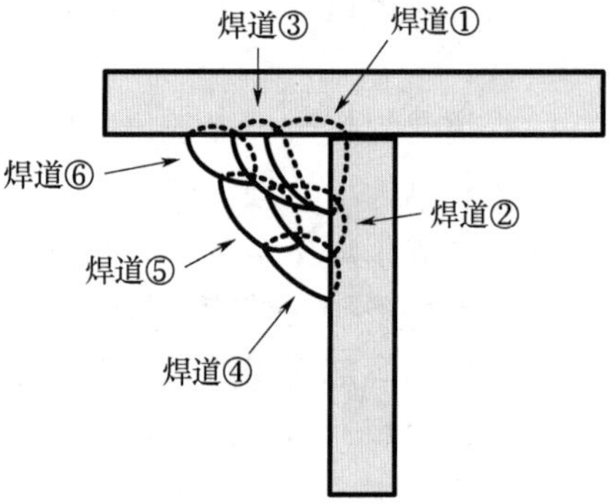

图 1　焊接道数及焊接顺序

1　训练前的准备

本节 1.1～1.6 步骤内容与焊条电弧焊基础练习相同。

1.7　焊接层道及焊接顺序

焊接操作时的焊接顺序：自待焊焊口的最深处，由里向外焊接三层，第一层焊接一道（焊道①），第二层下、上焊接两道（焊道②、③），第三层下、中、上焊接三道（焊道④、⑤、⑥）。如图 1 所示。

1.8　焊接参数（表 1）

表 1　焊接参数表

项目	焊道编号	参数			
		焊条规格（mm）	焊接电流（A）	焊条纵向角度（焊条与焊接方向的角度）	焊条横向角度（焊条与水平面的角度）
定位焊接	无	ϕ3.2	120	45°～60°	60°
第一层焊接	①	ϕ3.2	100～110	45°～60°	45°～60°
第二层焊接	②	ϕ3.2	100～110	45°～60°	45°～60°
	③	ϕ3.2	100～110	50°～80°	70°～80°

续表

项目	焊道编号	参数			
		焊条规格（mm）	焊接电流（A）	焊条纵向角度（焊条与焊接方向的角度）	焊条横向角度（焊条与水平面的角度）
第三层焊接	④	ϕ3.2	100～110	45°～60°	45°～60°
	⑤	ϕ3.2	100～110	50°～80°	45°～60°
	⑥	ϕ3.2	100～110	50°～80°	70°～80°

2　训练第一节——第一层焊接

练习方法：直线焊接。

练习目的：具备焊条焊 T 型接头第一层熔池控制能力。

焊接电流：100～110A。

操作过程：

定位焊的步骤、方法与 T 型接头平焊（1F）相同，在此不再赘述。

两块钢板定位焊后连接在一体，就成为一个练习试件。练习者将试件钢板翻转 180°用焊条点固在工作台的边缘上（图 2），夹持好焊条并戴好面罩，在试件焊口左侧起弧焊接。起弧后在原地拉长弧电弧预热 2～3s 后再压短电弧，焊条前端的药皮套筒轻轻顶住焊口上下两块钢板并保持表 1 推荐的角度（图 3），焊接至一根焊条剩余 30mm 左右时熄弧。待焊道冷却后用尖铲敲去敷在焊道上的熔渣，随后更换焊条接头继续焊接直至整道焊口的尾部即可收头。

焊口的尾部由于散热情况不好，所以最后的 20mm 改用断弧焊方法，焊一小段熄弧冷却一下，再焊、再冷却，直至焊道①焊完。

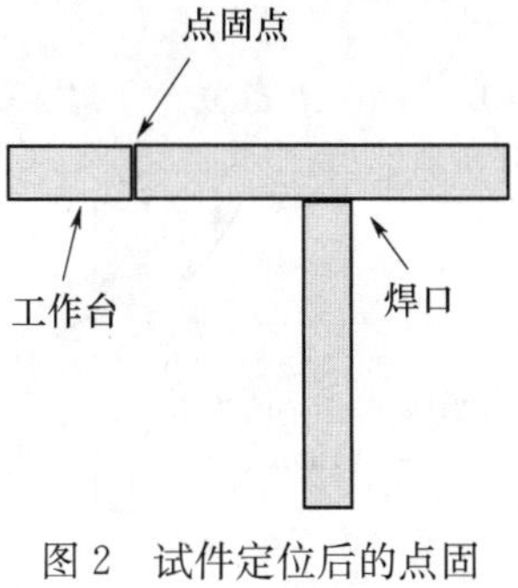

图 2　试件定位后的点固

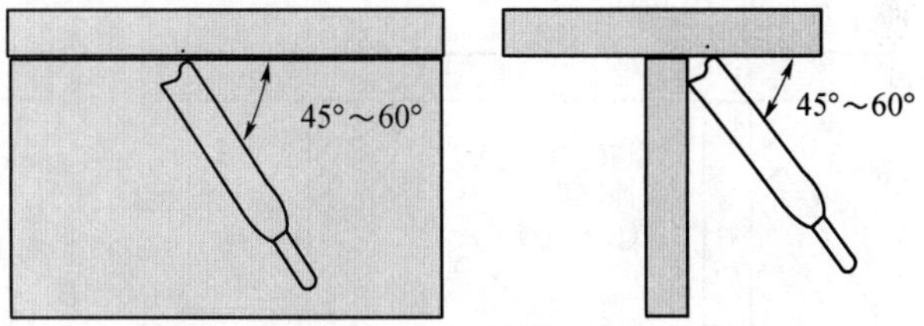

焊道①纵向焊条角度　　焊道①横向焊条角度

图 3　焊道①的焊条角度

注意事项：保持较短的电弧长度和较薄的焊层是焊接焊道①的要诀。

◆第一节练习过程说明：

本节训练的重点在操作者克服重力向上做均匀的送进动作。

T 型接头仰焊位置焊接时，完成送进动作需要克服焊条、焊枪、把线的重力，初学者如果身体、手臂肌肉不能协调动作的话很容易产生僵硬而过早疲劳。也就是焊条前 1/3 还能勉强坚持，而后疲劳导致动作变形，焊条不能自始至终保持正确的位置，产生焊道偏下的问题。克服这个问题的办法是：焊条的前 1/2 燃烧时仅仅依靠小臂与手腕的动作来完成，肘部与大臂尽量轻贴身体作为依托节省肌肉消耗。待到焊条燃烧缩短到后 1/2 的时候再让肘部与大臂脱离身体依托和小臂及手腕一起参与剩下的送进动作。所有焊接操作动作有一个共同的规律，那就是参与动作的肌肉越少越省力，并且动作的稳定性、连续性反而越好。初学者在项目训练时应该注意细心体会动作完成时的肌肉与呼吸等细节，慢慢磨炼成熟。

由于仰焊使用的焊接电流较小，钢板在开始焊接前同样需要一定的预热过程，酸性焊条的预热推荐使用长弧预热法［详见Ⅲ-2-4 酸性焊条 Q235 板件 T 型接头仰焊（4F）特点及演练］。

接头时，一定要先敲去熔渣，再按照焊条电弧焊基础练习里的方法操作即可。

3　训练第二节——第二层焊接

练习方法：直线焊接。

练习目的：具备焊条焊多个焊道结合能力。

焊接电流：100～110A。

操作过程：

第一层焊道①焊接完成以后，敲去敷在焊道上的熔渣，清理干净后即可进行第二层焊接。

第二层焊接一下一上两个焊道（焊道②、③），先焊焊道②，然后焊焊道③。

焊道②焊接时，焊条角度见表 1，焊条中心冲准焊道①的下边线，电弧以焊道①的下边线为基准匀速直线焊接，此时的焊接熔池下边比焊道①下边增宽 2mm，熔池上边熔化到焊道①上边线靠下 1mm 处（图 4）。

焊道③焊接时，焊条角度见表 1，焊条中心冲准焊道①的上边线，电弧以焊道②的中心线为基准匀速直线焊接，此时的焊接熔池下边熔化覆盖焊道②中心线靠下 1mm 处，熔池上边比焊道①上边增宽 2mm（图 4）。

焊口的尾部由于散热情况不好，所以最后的 20mm 改用断弧焊方法，焊一小段熄弧冷却一下，再焊、再冷却，直至各焊道焊完。

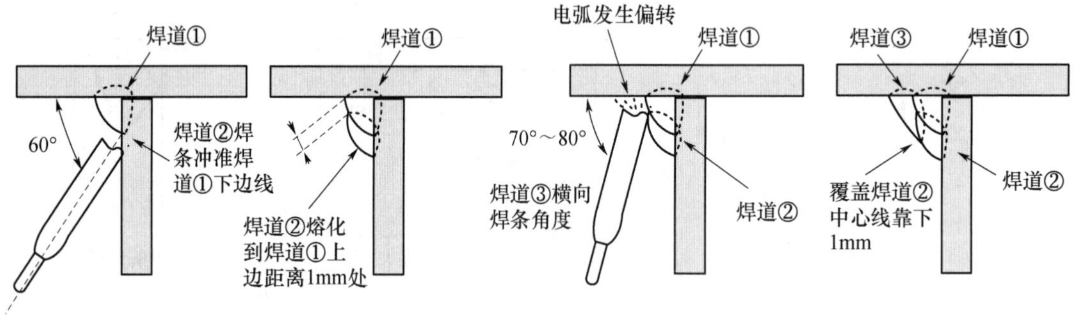

图 4　焊道②、③焊条冲准位置和熔池上下边熔化覆盖

注意事项：焊道②、③焊接时的接头与前一道的接头要错开 10～20mm。

◆**第二节练习过程说明：**

焊条焊 T 型接头仰焊同样容易出现的问题是焊道整体下坠，即焊肉偏向垂直板一侧。合格的 T 型接头的焊缝横截面应该是一个等腰三角形，水平板侧的焊脚尺寸与垂直板侧相等。出现上述问题的主要原因是在进行第二层焊接时，焊道②的位置偏下，即焊道②焊接电弧运行时没有冲准焊道①的下边线作为基准线，焊接熔池上边仅仅熔化到焊道①中心线，而不是将其覆盖。还有就是一根焊条的不连续动作造成后半段焊道向下偏斜，操作时注意冲准基准，坚持动作不变形。

第二个问题是同一层焊道间脱节，即同层焊道②、③焊接完成后，道与道处于分离状态，并且之间还有明显的沟槽，没有实现紧密结合、平滑过渡。主要原因是焊道③位置偏上，焊接时熔池下边没有覆盖到焊道②的最高点。

焊道③焊接时，焊条前段药皮下部轻贴焊道②的上部，焊条前段药皮上部离开水平钢板2mm左右的距离，在保持焊条与水平面保持80°夹角的情况下，焊接电弧会出现向上偏转的“神奇现象”。在这个电弧偏转作用下，大量铁水克服重力顺畅地填充到水平钢板与焊道②之间形成的“空当”中，从而形成的焊道③既与焊道②紧密结合又与水平钢板平滑过渡，避免了焊道中凸和咬边等问题的出现，操作者慢慢体会。

4　训练第三节——第三层焊接

练习方法：直线焊接。

练习目的：具备焊条焊多个焊道结合能力。

焊接电流：100～110A。

操作过程：

第二层焊道②、③焊接完成以后，敲去敷在焊道上的熔渣，清理干净后即可进行第三层焊接。

第三层焊接一下一中一上三个焊道（焊道④、⑤、⑥），先焊焊道④，然后焊焊道⑤，最后焊焊道⑥。

焊道④焊接时，焊条中心冲准焊道②的下边线，电弧以焊道②的下边线为基准匀速直线焊接，此时的焊接熔池下边比焊道②下边增宽2mm，熔池上边熔化到焊层二的中心线靠下1mm处（图3）。

焊道⑤焊接时，焊条中心冲准焊层二的中心线，电弧以中心线为基准匀速直线焊接，此时的焊接熔池下边熔化覆盖焊道④中心线靠下1mm处，熔池上边熔化到焊层二的上边（图3）。

焊道⑥焊接时，焊条中心冲准焊层二的上边，熔池下边熔化覆盖焊道⑤中心线靠下1mm处，熔池上边比焊层二的上边增宽2mm（图5）。

焊口的尾部由于散热情况不好，所以最后的20mm改用断弧焊方法，焊一小段熄弧冷却一下，再焊、再冷却，直至各焊道焊完。

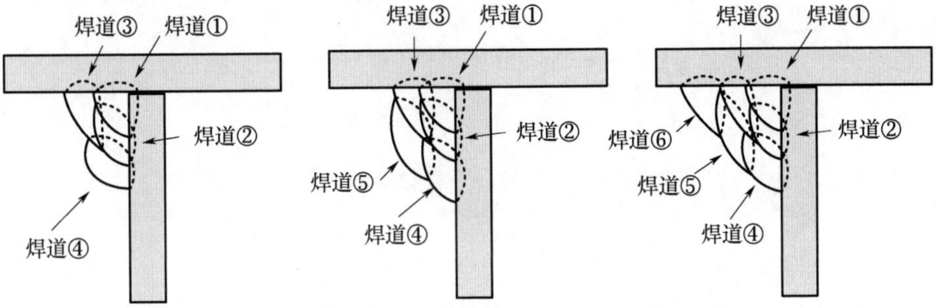

图5　焊道④、⑤、⑥熔池上下边熔化覆盖

注意事项：注意层道间接头要错开。

◆**第三节练习过程说明：**

多道焊焊道间的结合是本节练习的重点内容。每层焊道结合原则是后一道熔池下边覆盖前一道的最高点，上边根据不同，也有自己的基准。

焊接时，操作者除了不断观察并调整焊接熔池的形状之外（保持焊道宽窄、高低），还要同时兼顾焊接熔池上下的相对位置和焊接电弧的基准线对准（保持焊道上下的平齐）。因此，在练习过程中的反向训练就显得尤为重要。

所谓反向训练就是初学者在练习过程中，焊接完焊道后，敲开药皮发现焊道偏左了，那么下次练习时就有意识地反向向偏右方向焊接，结果焊完又过于偏右了，那么下次再重新反向偏左，这样在反复左右反向训练中最后找准中心的正确位置。这种看似左右摇摆的试错训练要比一直停滞在偏向一边不敢大胆纠正的踌躇不前的训练方法更有效果。

反向训练的另一个应用是：在仰焊操作中经常会遇到前一个焊道由于动作不连续造成的焊道高低不平影响下一道或下一层的焊接。此时，初学者应该学着去训练一下修正能力，就是焊接遇到前一道高点就适当加快焊速少贴皮、遇到低点就适当减慢焊速多填肉，这样焊完的焊道会适当修正之前的问题，达到平整的效果。

再有就是如果遇到焊接三层6道完成后焊道焊脚尺寸不够，可以再增加一层（4道）或两层（5道），从而不被推荐的规范所拘泥，灵活对待焊接层次。

本单元模块的课程内容是于T型接头中难度最大的训练项目，坚持不懈、认真训练、严格要求，会收到较好的效果。

单元三　手工电弧焊（SMAW）Q235 板件对接焊

操作教学要求

1. 掌握酸性焊条电弧焊焊接板件对接平焊操作技术要领。

2. 认真选定规范，掌握板件对接焊接操作打底、填充、盖面三个环节的完成。认真观察熔池和溶孔的形状，力求控制均匀。

3. 掌握接头起头技术，焊道保持平直。

4. 掌握板件 Y 型坡口对接酸性焊条电弧焊打底击穿方法。

5. 表面光滑平整，焊道无咬边、弧坑、气孔、夹渣等缺陷。

6. 使学员培训结束后能按考规规定考核取证。

操作工艺规范参数

规范参数 操作项目	焊接方法	电源极性	焊条直径（mm）	焊接电流（A）	电弧电压（V）	焊接速度（cm/s）
对口定位焊	SMAW	直流反接	ϕ3.2	110～130	24	
根层（第一层）打底焊	SMAW	直流反接	ϕ3.2	110～130	24	
中间层（第二、三、四层）填充焊	SMAW	直流反接	ϕ3.2	130～150	24	
盖面层（第五层）施焊	SMAW	直流反接	ϕ3.2	120～130	24	

实际操作工艺要领

1. 对口定位焊

两块板件平行组对，间隙一端 3.2mm、另一端 4.0mm。而后将两端头点固牢并将板件保持与水平面平行放置牢固（图 1）。对口要求平直无错边，坡口型式如图 2、图 3 所示。

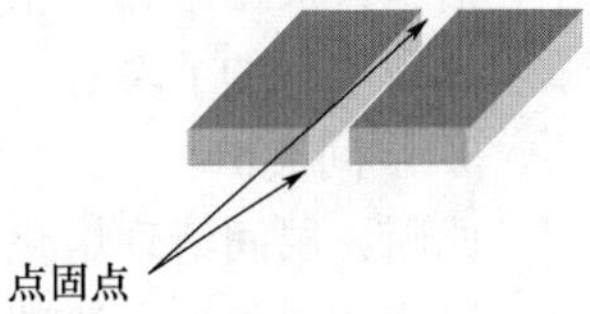

图 1

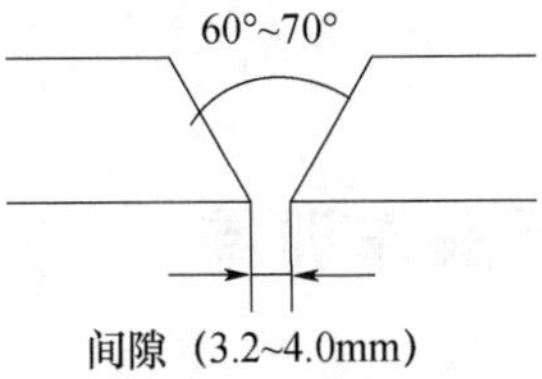

图 2

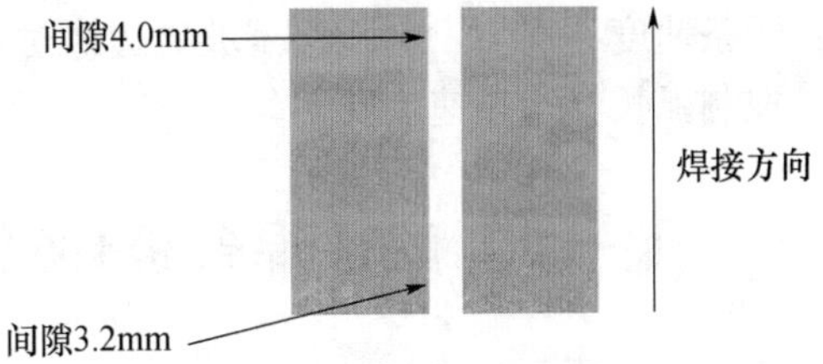

图 3

2. 焊接顺序

各层焊接方向均为由左至右，焊接层次如图 4 所示依次为 1、2、3、4、5。

3. 根层焊（第 1 焊道）

焊条角度与焊接方向（纵向）成 50°～70°（图 5），左右两侧板成 90°，电弧对准左右坡口沿斜线由上至下反复断续焊接。焊接过程始终保持清晰的熔孔。一根焊条焊完收弧时应先将弧坑填满，然后敲去药皮，更换焊条，在收头后 10～15mm 处引燃电弧左右，摆动预热熔化并引至收头处接头后开始正常焊接。

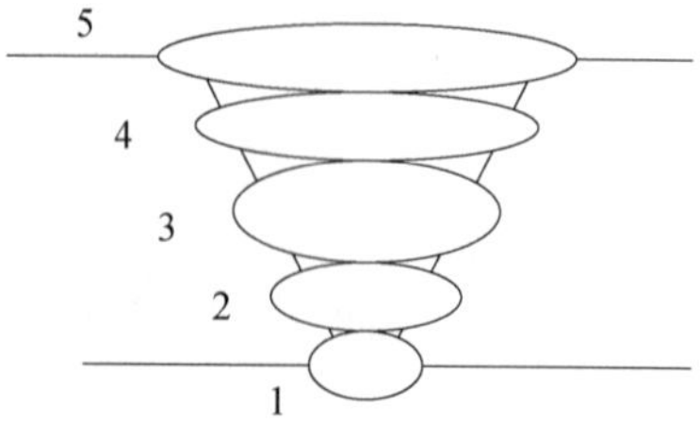

图 4

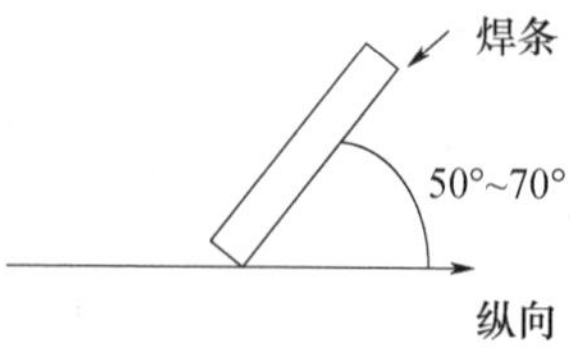

图 5

4. 填充层焊接（第 2、3、4 焊道）

焊条角度为与纵向成 70°～80°，运条方法为锯齿形运条法。焊条摆动幅度要左右一致且坚持两侧稍停、中间稍快的原则，层间接头要错开。

5. 盖面层焊接（第 5 焊道）

焊条角度运条手法同上一层，注意控制此层的焊层厚度符合标准要求。

容易出现的缺陷及防止措施

1. 未焊透

原因：运条中溶孔不清晰及接头动作不正确。

措施：运条中保持清晰熔孔，接头时要预热充分并保证击穿。

2. 根部透度不均匀

原因：电弧深入位置太深或太浅，熔化时间太长或太短。

措施：根据熔孔大小正确判断电弧深入的深浅，并且打底焊采用断弧时要掌握好一个电弧燃烧和停歇的节奏。

3. 层间夹渣

原因：层间清理熔化不充分。

措施：层间彻底清理、充分熔化。

4. 盖面咬边

原因：运条速度不均匀，电弧移至坡口边缘时弧长太长。

措施：控制弧长，运条速度要均匀。

Ⅲ-3-1　酸性焊条板件对接平焊操作训练

焊条电弧焊酸性焊条板件对接平焊焊接操作训练，是焊工掌握焊条电弧焊单面焊双面成型操作技能必须经过的基础项目。初学者要想具备独立操作的能力就必须经历一个系统的训练过程。在训练过程中依据“循序渐进”的原则，将训练的内容分为五节，逐步进行操作动作学习，会使初学者的练习收到良好的效果。

焊条电弧焊酸性焊条板件对接平焊焊接操作训练按照操作步骤分为五部分的课程：

1. 训练前的准备；　　2. 练习试件的定位焊接；

3. 练习试件的打底层焊接；　　4. 练习试件的填充层（填充 1、2、3）的焊接；

5. 练习试件的盖面层焊接。

1　训练第一节——训练前的准备

1.1　材料：Q235 钢板，规格 300mm×60mm×12mm（长、宽、厚），坡口加工尺寸如图 1 所示。

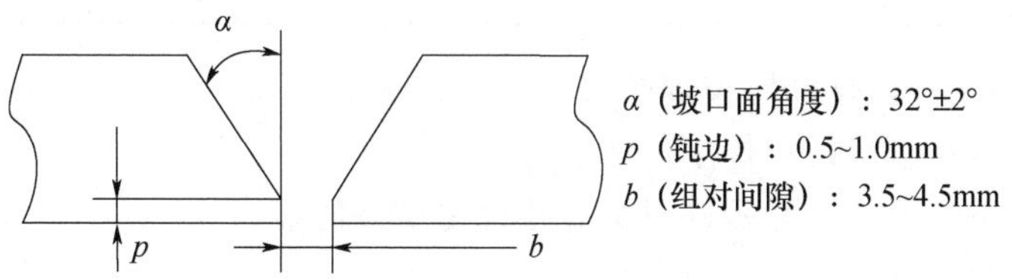

图 1　坡口加工尺寸

1.2　焊接材料：E4303（J422）焊条，规格 ϕ3.2mm（按要求烘干存放）。

1.3　焊接设备：弧焊电源型号 BX-330（500）或 ZX-400。

注意事项：弧焊电源进接 380V 电源，两根输出电缆线分别附带地线钳和电焊钳（300 型）。

1.4　焊接工具：手持式面罩（附带 9～11 号滤光镜）、清渣用扁铲和榔头、钢丝刷和锉刀。

1.5　焊工劳动防护用品：工作鞋服（棉制、白色、阻燃）、工作鞋（绝缘）、帽子（棉制）、手套（全皮）、口罩（防烟尘、有害气体）、白光护目眼镜。

1.6　焊机的检查：由专业电工连接好电焊机 380V 进接电源线（一次线），练习者在指导教师的指导下连接好焊机的输出电源线（二次线）。经指导教师检查确认设备连接安全可靠后，练习者合上电源开关，启动焊机，焊接前要确认焊接电缆线的地线连接牢固可靠。

1.7　焊接层道及焊接顺序：焊接操作时的焊接顺序自坡口最根部的深处，由里向外焊接五层，每层焊接一道，如图 2 所示。

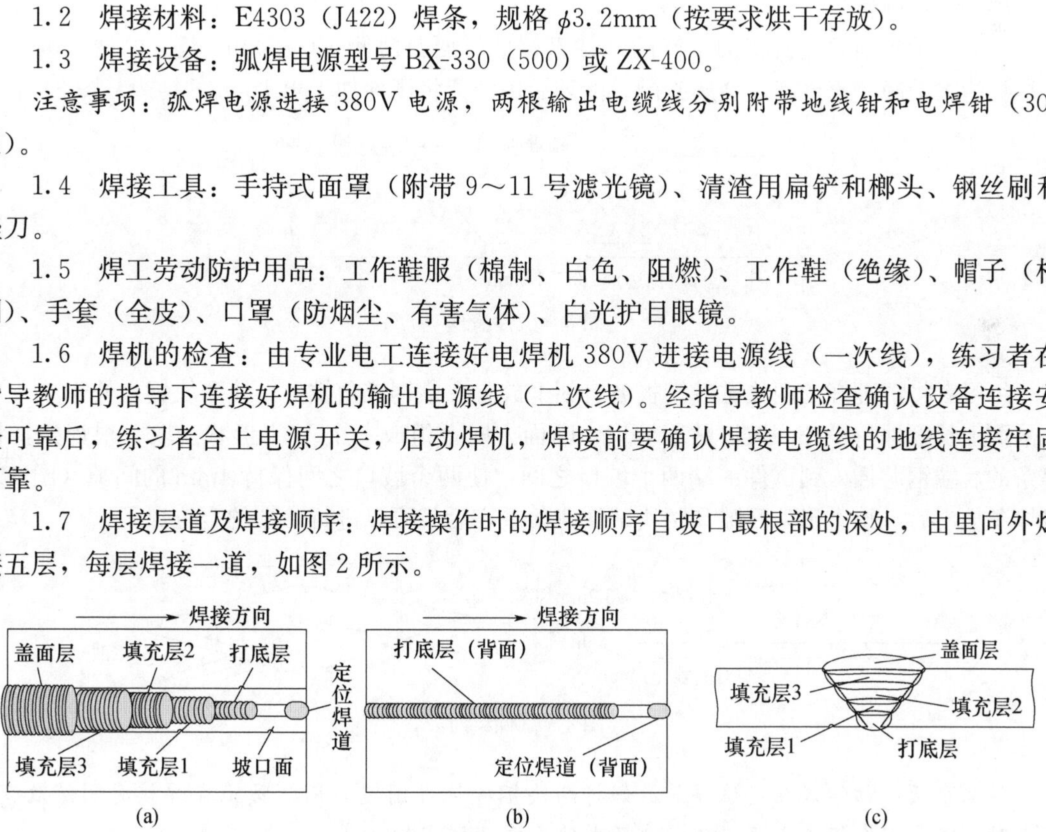

图 2　焊接层道及焊接顺序

（a）板件正面；（b）板件背面；（c）焊缝的剖面图

1.8 焊接参数（表1）

表1 焊接参数表

项目	参数			
	焊条规格（mm）	焊接电流（A）	焊条纵向角度（焊条与焊接方向的角度）	焊条横向角度（焊条与试件宽度方向的角度）
定位焊	ϕ3.2	100	65°～80°	90°
打底层焊接	ϕ3.2	120	65°～80°	90°
填充层1焊接	ϕ3.2	130	45°～80°	90°
填充层2焊接	ϕ3.2	130	45°～80°	90°
填充层3焊接	ϕ3.2	120	65°～80°	90°
盖面层焊接	ϕ3.2	110	65°～80°	90°

2 训练第二节——试件的定位焊接

练习方法：反复断续搭桥点焊定位法。

练习目的：具备按要求装配板件对接焊接练习试件的能力。

焊接电流：100A。

操作过程：

第一步：准备

练习者用角向磨光机将加工好的试件钢板坡口面及两侧10～20mm范围的油、锈、漆等污物清除干净，直至露出金属光泽。清理后用锉刀将试件加工出1mm的钝边（图3）。

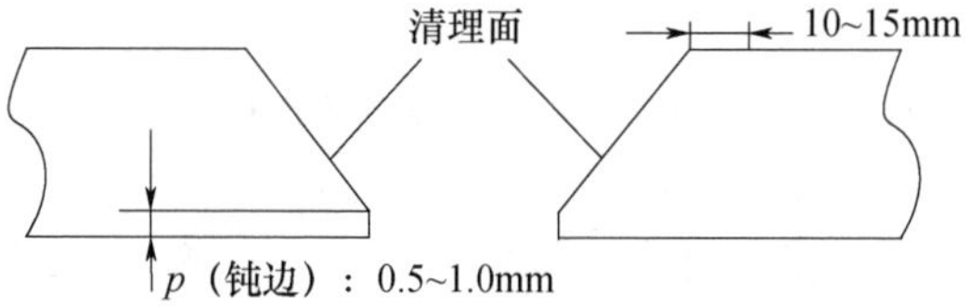

图3 试件清理

练习者将清理好的两块试件钢板坡口朝上放置在槽钢或角铁上，使两块钢板处于同一个水平面上长度保持平齐，坡口贴着坡口，断面方向上组成一个V字形状。取一根焊条，将焊条的后端钢芯插入到试件一端两个坡口之间，使两个坡口之间保持4mm的间隙（图4）。将焊条抽出后，检查确认间隙和两块试件背面平齐后就可以进行一端的定位焊了。

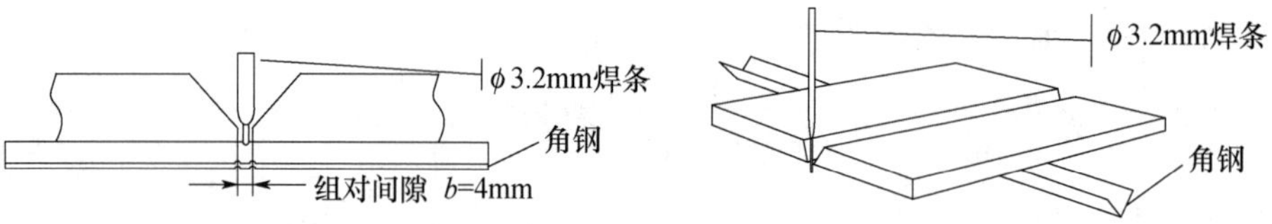

图4 试件组对

注意事项：初学者在定位焊前最好将两块钢板试件固定牢固，防止在焊接时间隙改变。固定时可以采用在钢板上压重物、自己或他人手压固定的方法。

第二步：引弧

定位焊时，起弧位置应在组对好间隙的一端钢板边缘的坡口上，引燃电弧后向里焊接出10～15mm的定位焊段。引弧采用划擦法，将焊条的前端钢芯轻轻划擦左侧坡口。划擦时焊条自坡口面下部向上部接触轻划，使电弧在左侧坡口面的上部引燃。如图 5 所示。

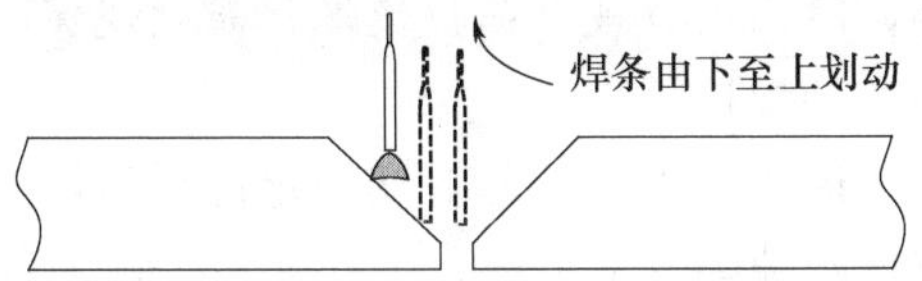

图 5　坡口面上引燃电弧

注意事项：初学操作者取一根焊条，确认焊条的前端钢芯裸露在药皮之外，否则应使用锉刀将焊条前端包裹的药皮锉去。

第三步：左右焊点堆敷搭桥

引燃电弧后将焊条的前端下压至左侧坡口中下部并保持电弧长度适中，待电弧燃烧 1s 后迅速将电弧横移至右侧坡口的相同位置停顿 1s 后熄灭电弧。待坡口两侧焊点变暗后，将焊条轻贴在坡口左侧焊点上借助余热引燃电弧，电弧燃烧并在坡口左侧焊点上又堆敷一层焊肉后熄弧。熄弧后待左侧焊点稍变暗时在右侧坡口焊点上引燃电弧，在右侧焊点上又堆敷一层焊肉后熄弧。这样反复左右堆敷 2～4 次，左右两侧坡口上的焊点逐渐变厚、变宽，焊点的熔渣会在坡口间隙中间连接成一体。此时，将焊条轻贴在两侧焊点的中间引燃电弧，并下压电弧熔化两侧焊点的中间缝隙，使坡口两侧焊点搭桥——两侧焊点的焊肉连接成一体并形成一个完整的焊接熔池。如图 6 所示。

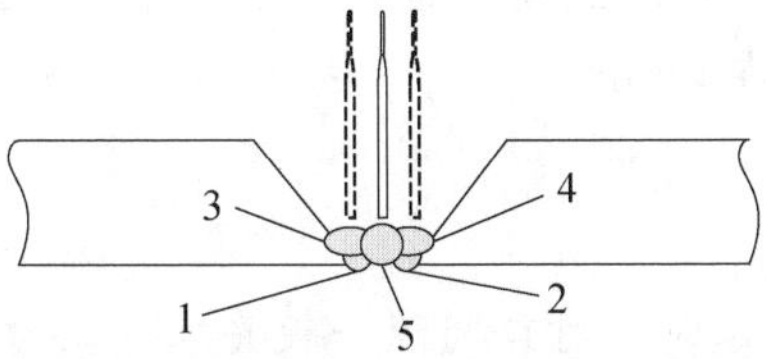

图 6　左右两侧坡口焊点搭桥

1—第一个焊点；2—第二个焊点；3—第三个焊点；4—第四个焊点；5—第五个焊点

注意事项：操作者引燃电弧后应将焊条的前端下压至左侧坡口的中下部，而不是下压至左侧坡口的最下部——根部，防止坡口被电弧快速熔化而被烧穿和产生焊瘤。在坡口两侧形成左右两个焊点后，电弧熄灭后的停弧时间应稍长，给焊点充分时间冷却凝固，防止焊点未凝固前由于后续电弧的熔化使点固焊道产生背面焊瘤甚至将坡口烧穿。

第四步：左右反复断续焊接定位焊道

当定位焊接坡口一端形成一个完整的熔池后应将电弧立即熄灭，使熔池稍加冷却。然后，将焊条轻贴在紧邻熔池的左侧坡口处借助余热引燃电弧，并立即将焊条前端轻贴坡口向右后方拉动使电弧下压至坡口中间的根部后快速熄灭。熄弧待熔池稍加冷却后立即将焊条轻贴在紧邻熔池的右侧坡口处借助余热引燃电弧，并立即将焊条前端轻贴坡口向左后方拉动使电弧下压至坡口中间的根部后快速熄灭。这样反复 3～4 个来回的焊接动作后，定位焊道的长度就达到 10～15mm 的要求了。如图 7 所示。

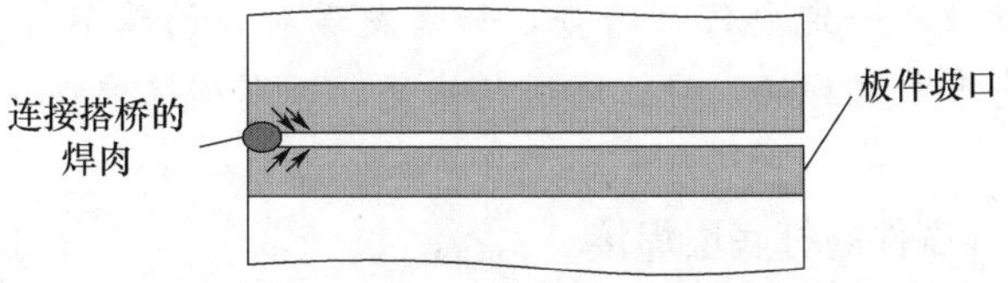

图 7　定位焊焊条运条动作

注意事项：操作者引燃电弧后应将焊条的前端下压至左侧坡口的中下部，而不是下压至左侧坡口的最下部——根部，防止坡口被电弧快速熔化而被烧穿和产生焊瘤。

第五步：另一端定位焊道的焊接

先进行定位焊接的一端焊道叫起焊端。起焊端的定位焊道焊接完成后，检查定位焊道的质量是否符合要求，确认坡口间隙为（3.5±0.2）mm，背面无错边现象，否则应进行及时修复校正。检查完毕后用焊条的后部钢芯插入到坡口另一端，并用焊条钢芯左右撬动钢板，使两块钢板的间隙保持在 5mm，检查钢板背面平齐后，用相同的方法焊接出 10～15mm 的定位焊道。后点固焊接的一端焊道叫后焊端。定位焊接完成后的后焊端坡口间隙应保持在（4.5±0.2）mm，并确认定位焊道的质量是否符合要求，钢板背面无错边。如图 8 所示。

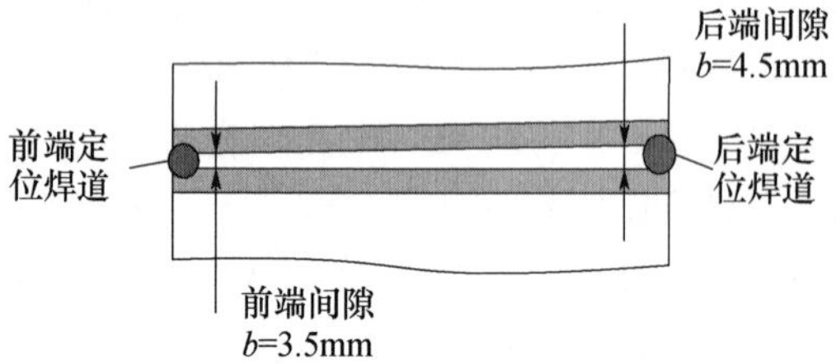

图 8　试件组对要求

注意事项：进行前端定位焊道后应趁焊道温度未完全冷却至室温，及时用焊条的钢芯左右撬动钢板的间隙，使之保持在 5mm。

◆定位焊练习过程说明：

板件 V 形坡口对接试件定位时，对口间隙一般要求一端为 3mm、另一端为 4mm（一头小一头大），焊接时焊接方向由小向大。这样，焊接前人为地做出一定量的反变形，克服了焊接过程中因板件产生的横向收缩变形使坡口间隙越来越小而无法正常焊接的问题，以便保证在焊接过程中坡口间隙始终保持在 3mm。在实际练习中，由于试件在进行定位焊接时也要产生收缩变形，因此定位焊之前的坡口组对时应该考虑到这一点，将定位焊之前的对口间隙适当加大成一端为 4mm、另一端为 5mm，在定位焊接后保证对口间隙不小于要求。另外，由于初学者在进行训练时打底层的焊接速度较慢，焊接中途停弧清理检查时间较长，因此打底层焊接时板件产生的横向收缩变形量要比熟练操作者更大，所以定位焊接后坡口组对间隙应保持一端为 3.5mm、另一端为 4.5mm。

板件 V 形坡口对接试件的定位焊道要求处于板件的两个端头，因此在进行焊接时试件和焊接熔池的散热条件差，如果采用连续焊经常会出现烧穿和焊瘤，采用断续点焊时第一点的焊接位置也不能处于坡口最根部，否则也容易产生烧穿缺陷。现场焊接施工对定位焊的焊接质量要求与正式打底层焊接一样严格。但在训练情况下板件的定位焊一般不要求背面全焊透，但练习者应该通过训练逐步做到全焊透，以便适应现场焊接施工的要求。

初学者在定位焊完成后一定要仔细检查，如果发现对口间隙不符合要求、板件有错边时，不应采取将就的态度勉强施焊，应立即进行修复，否则训练难以取得好的效果。

3　训练第三节——试件的打底层焊接

练习方法：两点断续击穿焊接法。

练习目的：具备焊条电弧焊对接平焊单面焊双面成型能力。

焊接电流：120A。

操作过程：

第一步：准备

练习者将练习试件定位焊道的熔渣、飞溅清理干净，做出适当的横向反变形量（克服试件横向的角变形），再固定在支架上，坡口面朝上水平放置。操作者站在试件长度方向上的一侧，保证放置的试件小间隙的一端在左、大间隙的一端在右，焊接方向由小间隙的一端的起焊端向大间隙一端的后焊端进行施焊。操作者取一根焊条，用电焊钳将焊条夹持牢固，左手持面罩，右手轻握焊钳，使焊钳夹持的焊条倾斜一定的角度（图 9），并保持焊条距离工件前端定位焊道表面 10～20mm。

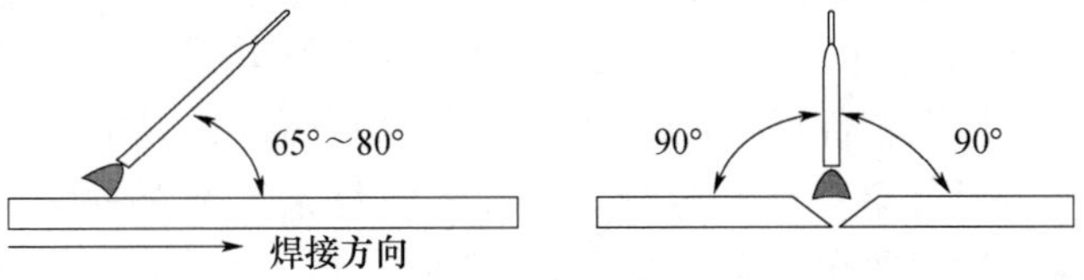

图 9　打底层焊条角度

注意事项：操作者放置焊接练习试件时应确认好起焊、后焊两个定位焊道的摆放次序与焊接方向一致，在放置前一定要仔细检查试件有无错边，确认间隙符合要求，否则应立即进行修复。

第二步：引弧

操作者左手将面罩罩好，身体向左侧倾斜，右手轻轻下压使焊条的前部端头接触试件前端定位焊段表面，采用划擦引弧法引燃电弧（图 10）。

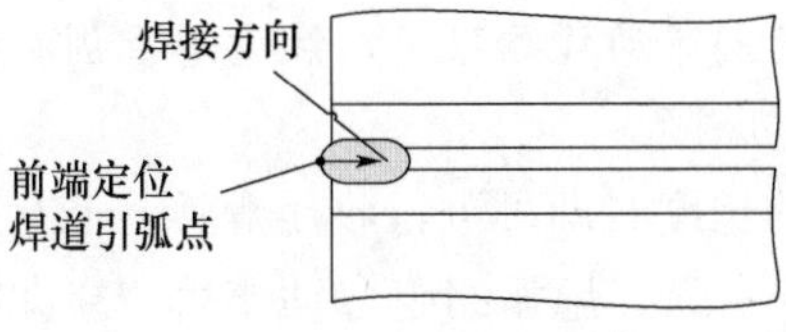

图 10　焊条在定位焊段引弧

注意事项：一般引弧的位置应在试件起焊端定位焊道的最左边。

第三步：起头处的焊接

电弧引燃后，操作者将焊条轻压，保持适当的电弧长度。同时，将焊条沿着定位焊段表面左右做锯齿形摆动 1～2 个来回，再沿点固焊道的中部将焊条向前（这里是指焊接方向）下压至坡口根部停顿 1s 左右熄弧（图 11）。

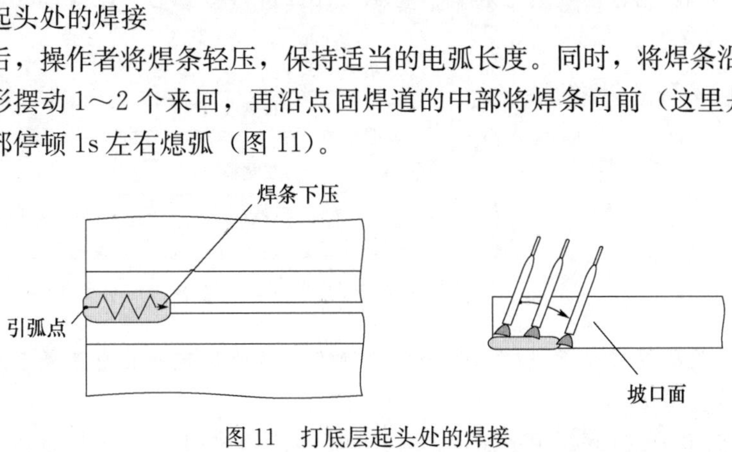

图 11　打底层起头处的焊接

注意事项：焊条沿点固焊道的中部将焊条向前（焊接方向）做下压动作时，下压至坡口根部的位置应适当。图 12 表示正确与错误的位置。

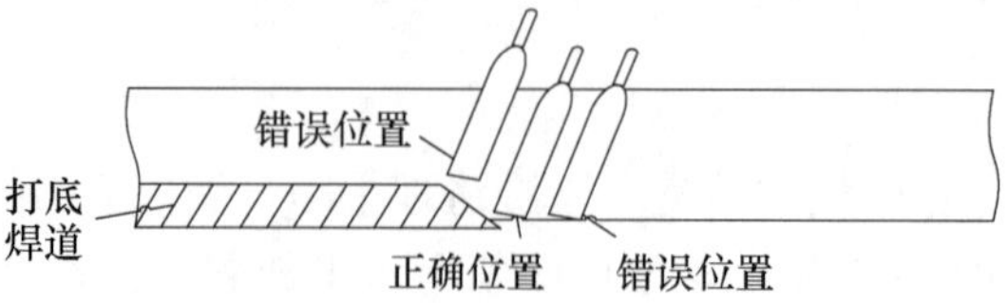

图 12　打底层焊条下压位置

第四步：左右两点击穿焊接

熄弧后立即在左侧坡口与前一个熔池中部的接合处引燃电弧，将焊条沿坡口向右下方下压至坡口中心的根部。压至根部后不做停顿，立即将焊条向左上方甩动熄灭电弧。熄弧停顿 0.5s 后又立即在右侧坡口与前一个熔池中部的接合处引燃电弧，将焊条沿坡口向左下方下压至坡口中心的根部。压至根部后不做停顿，立即将焊条向左上方甩动熄灭电弧，熄弧停顿 0.5s 后又立即在坡口左侧重新引弧。这样，操作者将焊条进行左右反复引弧、熄弧的组合动作，直至焊条燃烧完即可收尾焊接。如图 13 所示。

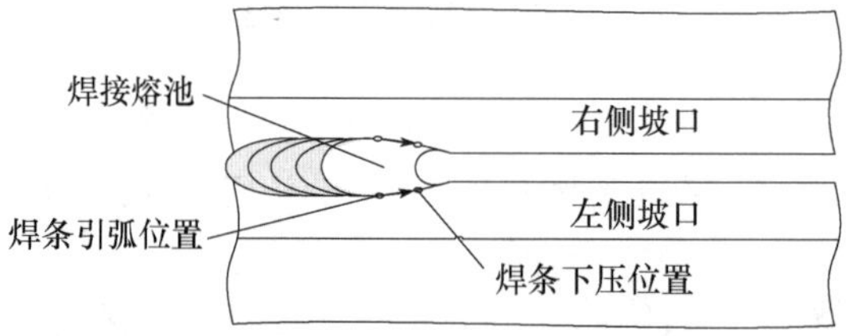

图 13　焊条左右两点击穿运条动作

注意事项：初学者在进行击穿动作练习时，注意着重训练焊条引弧的位置准确度。

第五步：一根焊条的收尾焊接

焊条焊接至剩余 30mm 的长度时即可进行收尾焊接。收尾焊接采用反复断续 3～4 点的收弧方法。正常焊接最后一次引弧、熄弧的组合动作后，立即将焊条压至打底焊道熔池的中部引燃电弧，燃烧 0.5s 后熄弧（第 1 点）。熄弧后立即在焊接熔池与左侧坡口的结合处引燃电弧，燃烧 0.5s 后熄弧（第 2 点）。再在熄弧后立即在熔池边缘的左侧坡口上引燃电弧，燃烧 0.5s 后熄弧（第 3 点）即可。如图 14 所示。

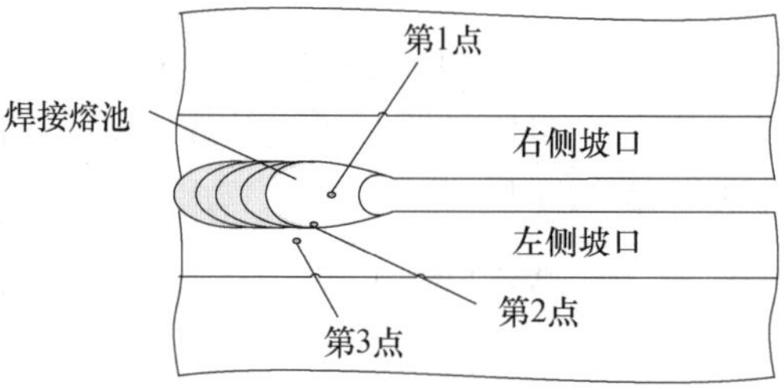

图 14　打底层焊接收尾动作

注意事项：收尾焊接时三点的动作一定要连贯，并使用较短的电弧长度进行操作。

第六步：接头焊接

接头前先将前一段打底焊道的熔渣清除干净。采用划擦引弧法将焊条在工件的先焊段打底焊道的收尾处 10～15mm 的表面引燃电弧。电弧引燃后，操作者将焊条轻压，保持适当的电弧长度。同时，将焊条沿着打底焊道的表面左右做锯齿形摆动 2～3 个来回，再向前（焊接方向）沿打底焊道收尾处的中部将焊条下压至坡口根部停顿 1s 左右熄弧，即可进行正常的击穿焊接（图 15）。

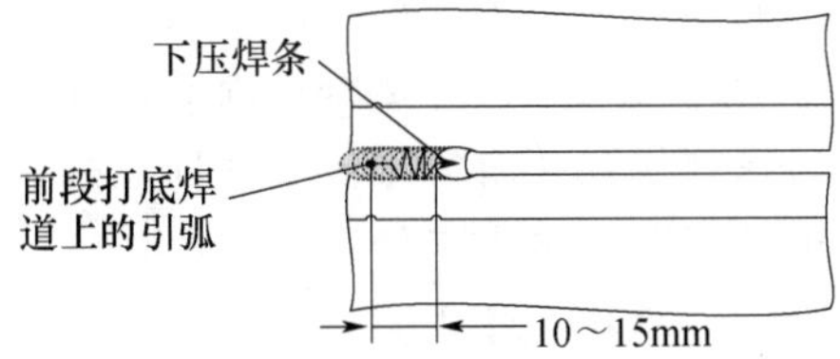

图 15 打底层接头焊接动作

注意事项：焊条沿前一段打底焊道的中部将焊条向后做下压动作时，下压至坡口根部的位置应适当。图 16 表示正确与错误的位置。焊条接头焊接动作完成后应快速进行后续的击穿焊接。

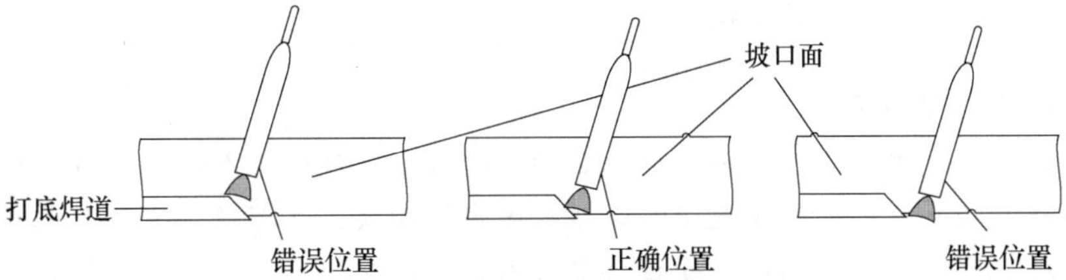

图 16 接头焊接时焊条的位置

第七步：试件尾端焊接

焊接到距离试件的后焊端定位焊道 5～10mm 时就要进行试件的尾端焊接了。尾端焊接采用连续划圈焊接方法。在使用两点击穿断续焊接到距离试件的后焊端定位焊道 5～10mm 时不熄灭电弧，而是将焊条沿着右侧坡口划弧线移动至后焊端定位焊道上，然后将焊条从定位焊道上沿着左侧坡口划弧线移回至刚才的打底焊道上，再将焊条移动至刚才左右划出的圆弧的中心并用力下压，然后迅速提起向右连续焊接至后端定位焊道的最右端，采用反复断续法将右端熔池填满即可熄弧。如图 17 所示。

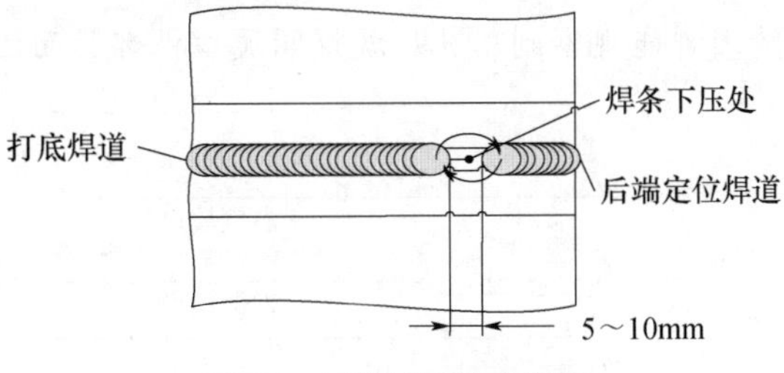

图 17 打底层尾端的焊接

注意事项：焊条沿左右坡口进行弧线运动的弧度和速度要控制适当。焊条在圆弧的中心用力下压后不做停留动作，要迅速提起，并且立即向右连续焊接定位焊道的最右端。

◆打底层练习过程说明：

操作者在一侧坡口引燃电弧后，通过焊条的下压动作将焊接电弧深入到板件坡口的根部

（正面和背面）熔化，同时送给熔滴后立即熄弧，再在另一侧坡口引弧后下压焊条将电弧深入坡口的根部熔化并送给熔滴后立即熄弧，这样重复左右两个动作完成单面焊双面成型焊道焊接的操作过程，称为两点断续击穿焊接法。

操作者在坡口中央前一个凝固的焊肉上引燃电弧后通过焊条的下压动作将焊接电弧深入到板件坡口的根部（正面和背面）熔化，同时送给熔滴后立即熄弧，再在凝固的焊肉上引弧后下压焊条将电弧深入坡口的根部熔化并送给熔滴后立即熄弧，这样重复一个动作完成单面焊双面成型焊道焊接的操作过程，称为单点断续击穿焊接法。

以上两种焊接操作方法对比，单点断续击穿焊接法对操作者的反应能力、动作节奏和准确度要求较高，初学者不易掌握；而两点断续击穿焊接法对操作者动作节奏和准确度要求相对较低，适合初学者训练使用。另外，由于两点断续击穿焊接法操作时，焊条引弧在两侧坡口上，电弧引燃后焊条沿坡口向下拉动过程中使熔敷金属与坡口充分熔合，有效防止采用单点断续击穿焊接法时容易产生的熔敷金属与坡口熔合不良的现象。

采用两点断续击穿焊接法进行单面焊双面成型打底层焊道焊接的难点有两个：一是坡口根部的熔化，二是背面焊道的成型。

◆难点一：坡口根部的熔化

打底层焊接时，由于操作者面向坡口正面，视线无法到达背面，因此坡口根部背面的熔化情况无法观察到。不过，由于采用两点断续击穿焊接法，在电弧熄灭再引燃的瞬间，操作者可以通过观察熔孔准确地判断出坡口根部背面是否熔化。

熔孔是熔化焊接时在热源的作用下工件坡口根部熔化形成的豁口。由于在打底焊接时，工件两侧坡口根部熔化形成的豁口紧邻着焊接熔池，与熔池的边缘一起形成一个类似孔洞一样的形状，因此称之为熔孔（图 18）。打底焊接时，焊条下压至坡口根部使电弧熔化坡口根部背面后就形成熔孔，但此时由于焊条和电弧阻挡了视线，操作者无法观察到，只有在电弧熄灭后才能看到它。焊条电弧焊对接打底焊接时熔孔的横向宽度一般控制在 4.5mm 左右（比坡口组对间隙大 1mm）。操作时要细心观察熔孔的大小，如果熄弧后再引弧之前观察不到熔孔说明刚才电弧燃烧时焊条没有下压到坡口根部，那么下一次电弧引燃后焊条下压的位置一定要紧靠坡口根部；如果再引弧之前观察到熔孔明显变大，说明刚才焊条下压到坡口太深，那么下一次电弧引燃后焊条下压的位置要靠上一点，不必下压到坡口根部。只要在操作中每次熄弧后再引弧的瞬间都能观察到熔孔，就说明坡口根部背面已经充分熔化了。

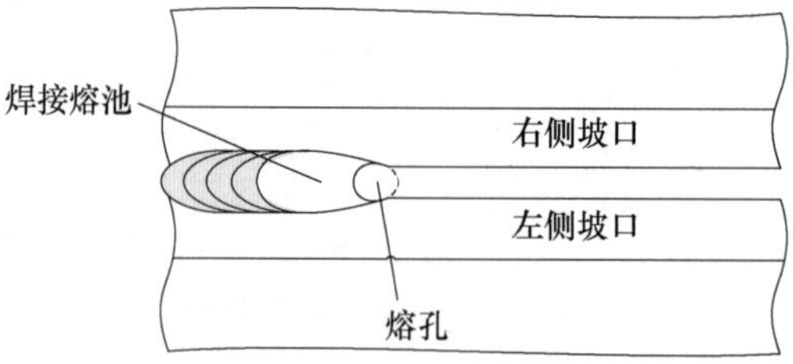

图 18　打底焊接时的熔孔

◆难点二：背面焊道的成型

初学者在进行打底焊接操作时，同样是由于视线对坡口背面的不可见性造成焊道成型高低难以控制，焊瘤、烧穿经常出现。此时，操作者可以通过观察熔孔和焊接熔池的状态来间接地判断出焊道背面成型，并针对具体情况进行及时的动作调整，以便保持背面成型的均匀性。

操作者观察熔孔和焊接熔池的状态同样也是在熄弧后再引弧之前的很短的时间内。采用正常的电弧燃烧、熄灭频率进行操作时，发现熔孔逐渐变大、焊接熔池变薄，说明背面焊道的高度在增加。此时应该调整电弧燃烧、熄灭的频率，使电弧燃烧时间缩短、熄灭停弧时间延长。同时，操作者还可以调整焊条下压动作，使电弧位于坡口根部偏上一些的位置燃烧。待熔孔和焊接熔池恢复正常的状态后，操作者的焊条下压位置及电弧燃烧、熄灭的频率即可恢复如初。

采用两点断续击穿焊接法焊接平焊位打底时的成型机理是：打底焊道由前前后后许多个焊接熔池相互依托、搭接、重叠和堆积后形成的。第一根焊条在定位焊道上引燃电弧，焊条下压至坡口根部形成第一个焊接熔池，这个熔池的4/5部分受到定位焊道的依托，只有1/5部分的铁水通过熔孔流动到坡口背面形成第一个焊波。电弧熄灭后，停弧0.5s，第一个焊接熔池迅速冷却凝固后，电弧又重新引燃，焊条下压形成了第二个焊接熔池。第二个熔池的4/5部分也是在第一个焊接熔池的依托下形成的，有1/5部分的铁水通过熔孔流动到坡口背面形成第二个焊波。这样，随着电弧反复熄灭、引燃、再熄灭产生了相互重叠的焊接熔池，冷却后像瓦房屋顶上堆积的瓦片一样形成第三个、第四个、第五个……焊波，并最终形成整条打底焊道（图19）。

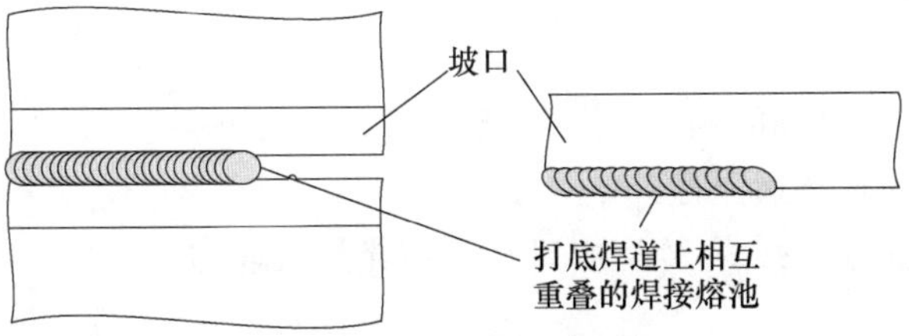

图19　像瓦片一样堆积的焊波

初学者在进行打底操作的时候，由于不熟练，焊条引弧位置不准确，经常出现跳跃式动作——跳弧（图20）。所谓跳弧就是焊条的引弧位置在前一个焊接熔池后方的坡口上，电弧燃烧形成的焊接熔池与前一个熔池搭接部分小于2/3。偶尔的一两次跳弧动作不会造成太大的问题，但是多次的跳弧动作会因为连续性的焊接熔池搭接重叠过少，引起焊道表面和内部气孔等缺陷的产生。同时，由于焊接熔池之间搭接过少，后一个熔池缺乏足够的依托，容易产生打底焊道的烧穿和焊瘤现象。因此，初学者在操作时一定要注意引弧的位置要准，要在前一个焊接熔池中部与坡口结合处的地方引燃电弧。初学者在开始练习时还可以采用引弧、后拉和压条三步走的方法（图21），先在焊接熔池的前部引弧，将焊条沿着一侧坡口与熔池的结合处向后拉动，再向下压焊条至坡口根部。但要注意随着练习动作的熟练，操作者作焊条后拉动作的幅度越来越小，最后逐渐变成引弧、压条两步走的方法。

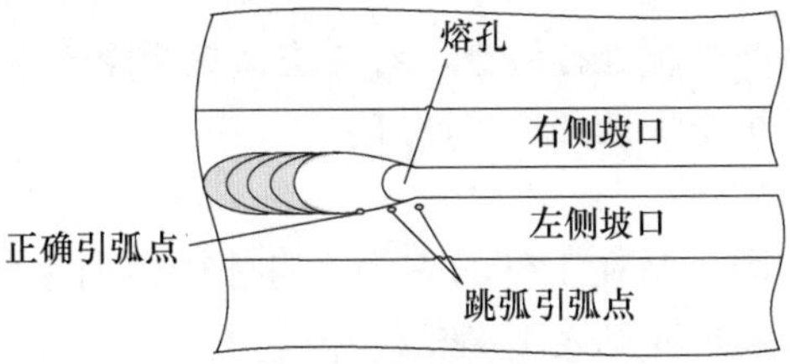

图20　跳弧

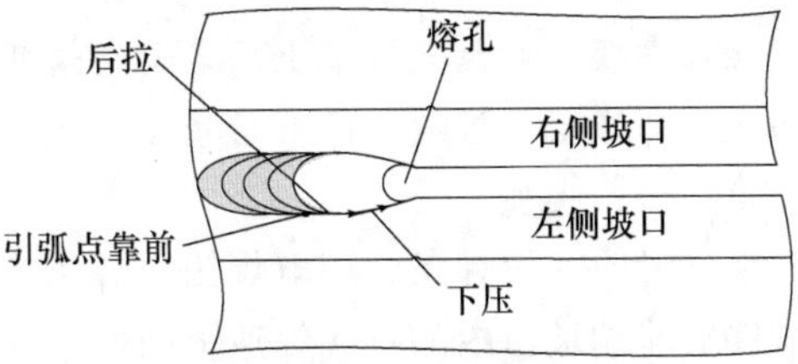

图21　三步走操作

需要说明的是，上面一段话所说的焊接熔池的前和后是相对焊接方向来说，在焊接方向所指向的为前，背向的为后。它与先焊焊道、后焊焊道相反。如图 22 所示。

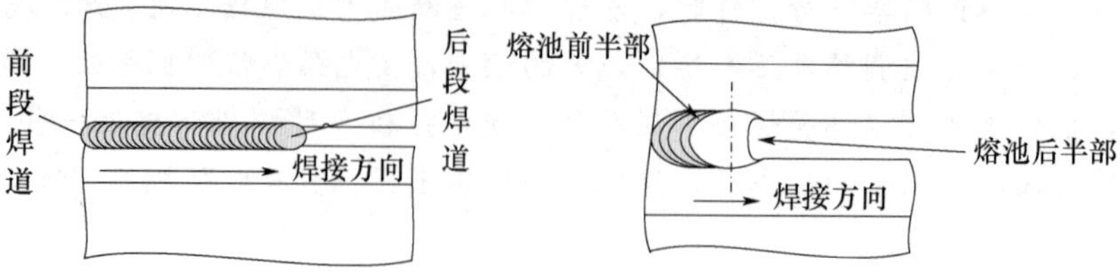

图 22　焊道的先焊、后焊和熔池的前与后

打底层焊接焊条引弧后进行接头和后续的 2～3 次击穿焊接时，虽然电弧引燃后焊条进行了横向摆动预热，但由于焊接熔池刚刚形成，熄弧后冷却速度快，在停弧的瞬间熔池表面覆盖的熔渣黏度大，会将熔孔覆盖，使操作者无法正常判断坡口背面的熔化情况。正是由于接头和前 2～3 次击穿焊接时焊接熔池冷却速度快、熔池铁水的流动性差，打底焊道的背面一般不会出现焊瘤和烧穿，所以此时操作者应该大胆地将焊条压条至坡口的最根部并使电弧持续燃烧 1s，再快速进行后续的 2～3 次击穿焊接。这样既保证了接头处背面焊道熔合良好，同时也使焊接熔池温度升高，覆盖在熔孔上的熔渣流向坡口背面，露出清晰的熔孔。

4　训练第四节——试件的填充层（填充 1、2、3）的焊接

练习方法：锯齿形连续运条法。

练习目的：具备焊条电弧焊 V 型坡口平焊填充焊接能力。

焊接电流：120～130A。

操作过程：

第一步：准备

填充层焊接前，应将焊道表面及背面的熔渣清除干净，用尖铲将打底焊道表面的飞溅和接头处凸出的焊肉铲净、清平，并用钢丝刷把焊道的与坡口表面刷净、刷亮。检查打底焊道表面是否有表面夹渣，如果存在，应采用机械方法进行修磨，修磨后再进行补焊，并将补焊处再修磨平整。如图 23 所示。

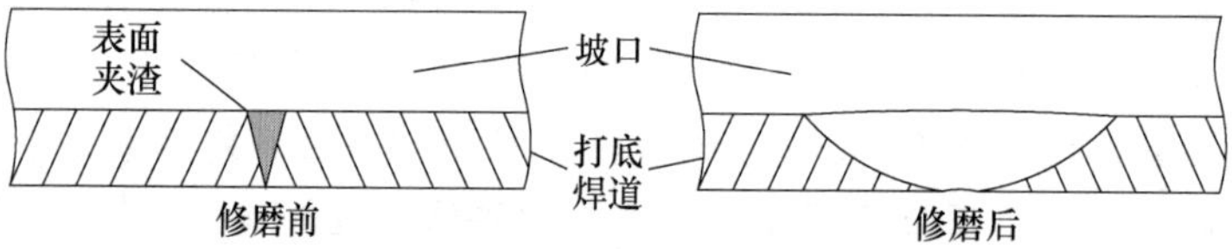

图 23　表面加渣的处理

注意事项：对打底焊道上的表面夹渣用角向磨光机进行修磨，将夹渣彻底清除干净并将表面夹渣处修磨成缓坡，修磨后用断续点焊的焊接手法进行补焊即可。

第二步：引弧

练习者取一根焊条，用电焊钳将焊条夹持牢固。站在工件的一侧，身体微微向左倾斜，在试件最前端坡口内的打底焊道上引燃电弧。焊条角度见表 1（图 24）。

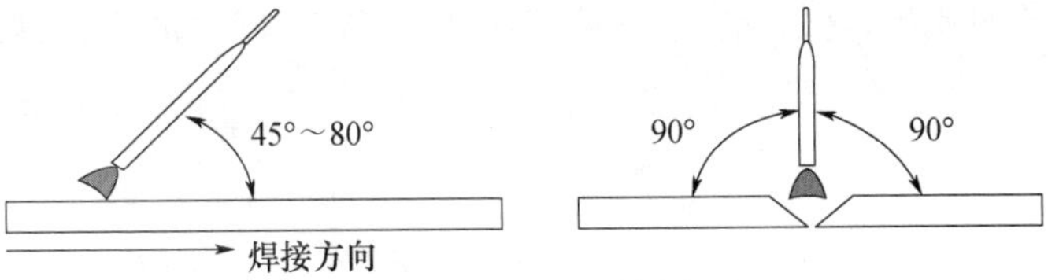

图 24 填充层焊条角度

注意事项：填充层焊接时焊条角度与打底焊接时有所区别。

第三步：起头处的焊接

电弧引燃后，操作者将焊条轻压，保持适当的电弧长度。同时，将焊条沿着打底焊道的最前端表面左右摆动一个来回熄灭电弧，然后在熄弧处引燃电弧并将焊条沿着打底焊道表面再左右摆动一个来回熄灭，这样反复 2～4 个来回后即可进行连续焊接（图 25）。

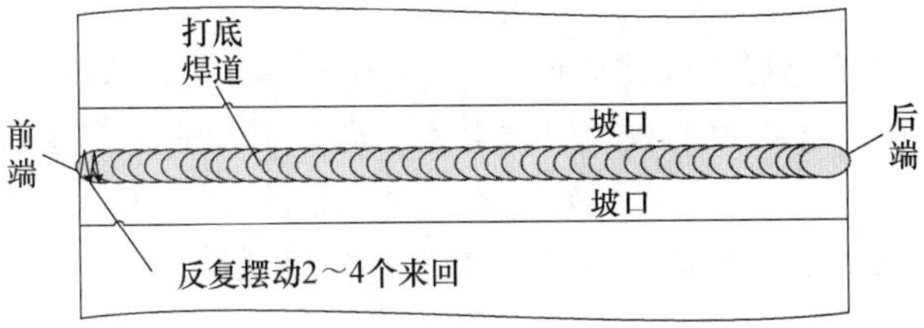

图 25 填充层起头焊接

注意事项：焊条在左右摆动一个来回熄弧后不用做停顿，应立即引燃电弧。

第四步：连续运条焊接

起头焊接完成后电弧不熄灭，焊条由后向前沿打底焊道保持连续燃烧，直至焊条用完。连续焊接时，焊条在打底层焊道表面沿着一条锯齿线进行运动（图 26）。焊条运动时坚持“两慢一快”的原则，即焊条运动到打底层焊道与两侧坡口结合处时，焊条的药皮边缘轻靠在左右两侧坡口上（锯齿的齿尖）做 1～2s 的停顿（慢），在打底层焊道表面进行横向摆动时（左右倾斜线）运动速度要快（快）。如图 27 所示。

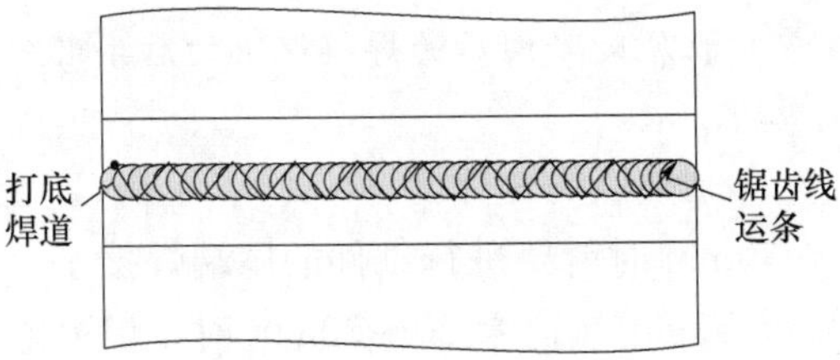

图 26 锯齿线运条

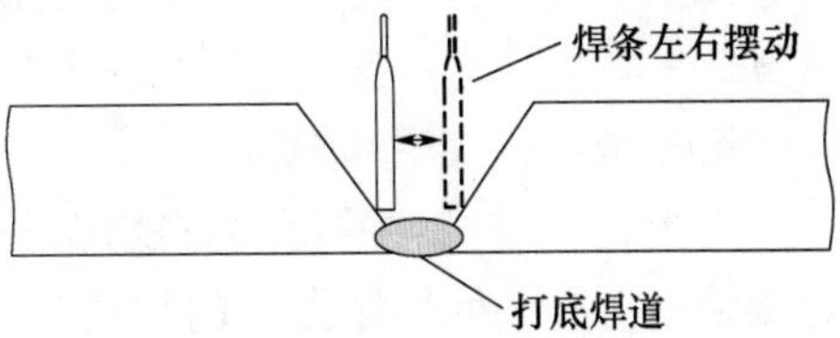

图 27 焊条两侧坡口停顿

注意事项：焊条沿左右坡口进行横向摆动时，电弧长度不宜过长。焊层厚度不宜太厚。

第五步：一根焊条的收尾焊接

焊条焊接燃烧剩余 30mm 的长度时即可进行收尾焊接。收尾焊接采用反复断续 3～4 点的收弧方法。正常焊接焊条剩余 30mm 的长度时熄弧，熄弧前将焊条带到坡口左侧压低电弧燃烧 1s，停弧 0.5s 后将焊条在填充焊道熔池的中部引燃电弧，燃烧 1～2s 后熄弧（第 1 点）。停弧

0.5s后在焊接熔池左侧引燃电弧，燃烧1～2s后熄弧（第2点）。再在停弧0.5s后在焊接熔池左边与左侧坡口结合处引燃电弧，燃烧1～2s后熄弧（第3点）。如图28所示。

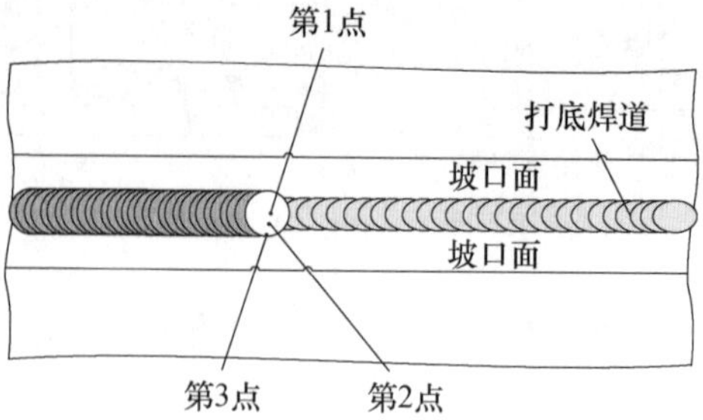

图28　填充层收尾焊接

注意事项：填充层收尾处注意要与打底层的接头处错开，并且断续焊接时电弧的燃烧时间要比打底层长。

第六步：接头焊接

接头前先将前一段填充焊道收尾处向20～30mm长度的熔渣清除干净。在填充焊道的收尾处10～15mm处的打底焊道的表面引燃电弧。电弧引燃后，焊条保持适当的电弧长度。同时，将焊条沿着打底焊道的表面退回到刚才填充焊道的收尾处，沿收尾处凝固的熔池右侧向前划半圆弧至熔池左侧，再将焊条沿直线移动至右侧停顿1s，即可正常地进行锯齿形摆动焊接了（图29）。

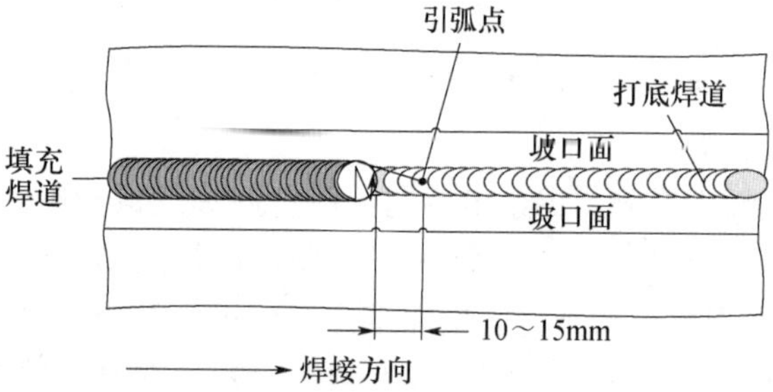

图29　填充层接头焊接

注意事项：操作者将焊条划半圆弧的弧度要和收尾处凝固后的焊接熔池的后半部分弧度重合。

第七步：试件尾端焊接

焊接到距离试件的尾端打底焊道边缘20～30mm时就要进行试件的尾端焊接了。尾端焊接采用与起头处焊接类似的焊接方法。连续焊接至尾端边缘20～30mm时，熄灭电弧停顿1s后立即在熄弧处引燃电弧锯齿形摆动焊接1～2个来回后再熄弧，然后引弧—摆动焊接—熄弧，反复重复动作至尾端边缘处，再采用反复断续点焊3～4次将右端熔池填满即可熄弧。如图30所示。

注意事项：操作者焊接尾端最后一根焊条时注意站位，以免焊至打底焊道的尾端最边缘处时因流动的熔渣从焊道中滴落下来烫伤脚。

第八步：试件填充层2的焊接

填充层2焊接前，应将刚才焊完的填充层1焊道表面的熔渣清除干净，并用钢丝刷把焊

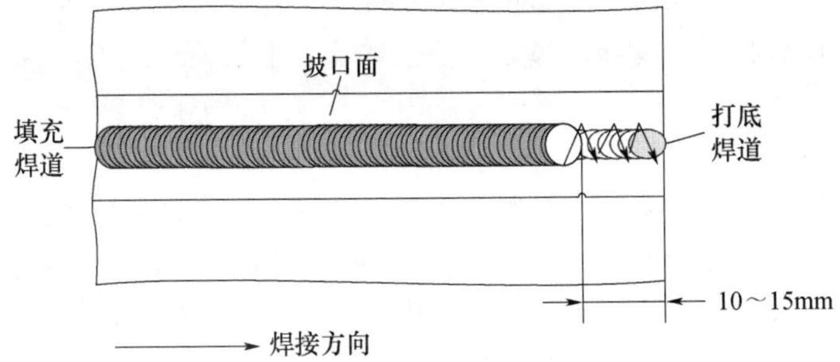

图 30　填充层尾端焊接

道与坡口表面刷净、刷亮。检查填充层 1 焊道表面是否有表面夹渣，如果存在，应采用机械方法进行修磨，修磨后再进行补焊，并将补焊处再修磨平整。

清理干净后按照填充层 1 的动作步骤进行焊接。运条时，焊条在填充层 1 焊道表面沿锯齿线运动，锯齿线型比填充层 1 齿间距小、线型密、斜齿线距离更长。如图 31 所示。

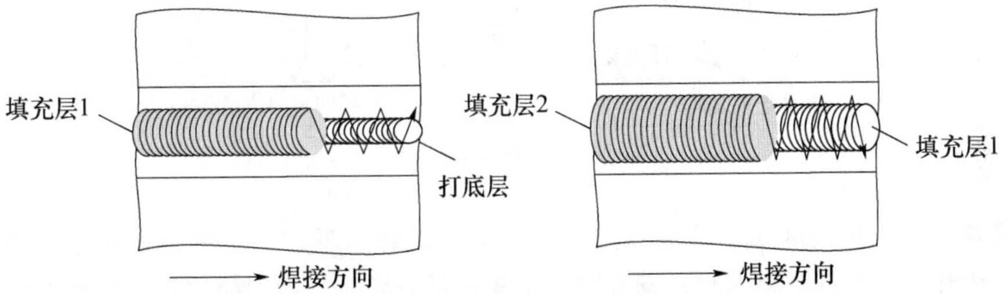

图 31　填充层 1、2 的对比

注意事项：填充层 2 焊接时，焊条横向摆动的速度比填充层 1 要慢，焊层厚度明显加厚。

第九步：试件填充层 3 的焊接

填充层 3 焊接前，应将刚才焊完的填充层 2 焊道表面的熔渣清除干净，并用钢丝刷把焊道与坡口表面刷净、刷亮。检查填充层 2 焊道表面是否有表面夹渣，如果存在，应采用机械方法进行修磨，修磨后再进行补焊，并将补焊处再修磨平整。

清理干净后按照填充层 2 的动作步骤进行焊接。运条时，焊条在填充层 2 焊道表面沿锯齿线运动，锯齿线型比填充层 2 齿间距要小、斜齿线距离要长。如图 32 所示。

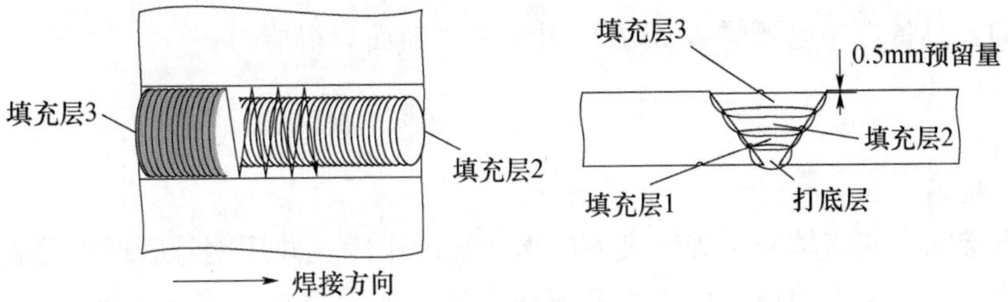

图 32　填充层 3 的焊接

注意事项：填充层 3 的焊接时焊条角度与前两层有所不同（表 1）。焊条在做锯齿形运条时左右摆动速度放慢，摆动斜线密度加大，左右坡口边缘停顿燃烧时间变短。焊条轻贴左右坡口燃烧时应保持焊接熔池的边缘熔化至坡口边缘，甚至可以将左右坡口轻微熔化，以便保证填充层焊接完成后将坡口填满，给盖面层预留量小于0.5mm（图32）。

◆填充层练习过程说明：

打底层焊接时操作者的主要操作意图是击穿，而填充层焊接时的主要操作意图是熔化。

在填充层1焊接时，由于打底焊道正面宽度较窄（10～15mm），焊条在摆动时因坡口的阻挡使其摆动幅度很小，如果采用一般的匀速锯齿形运条法焊接，形成的焊道会出现表面凸度过大的现象，并且对打底层焊道与填充层之间的充分熔合会产生不利影响。因此，填充层1焊接采用的是“两慢一快”的大幅度锯齿形运条方法。焊条横向摆动到一侧坡口时应轻贴坡口稍加停顿，充分熔化坡口与打底焊道结合处。同时，由于焊条在停顿过程中燃烧时间缩短，会出现电弧由打底焊道表面向坡口一侧偏转的现象（图33），从而使填充层焊道表面的凸度减小，有效防止填充层1与两侧坡口结合处出现夹角。

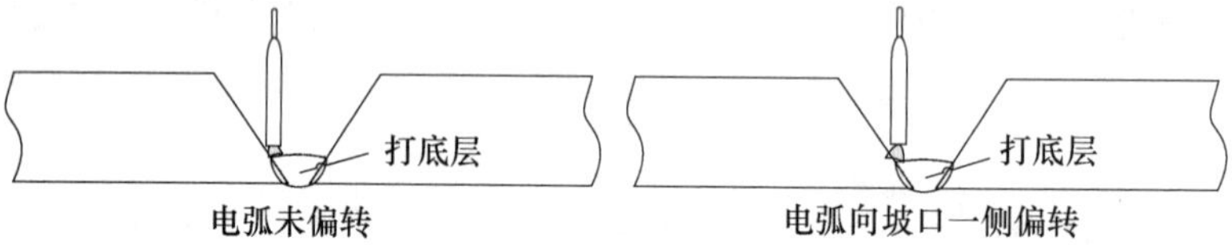

图33　电弧的偏转

填充层焊接时，焊接熔池不易观察，熔池除了电弧的正下方一小部分外几乎全部被熔渣覆盖。因此，操作者进行焊条横向摆动动作时一定要选择好将要摆动到的位置，做到心中有数。

填充层1焊接时，由于焊层厚度较薄，焊条做大锯齿形横向摆动，每一次摆动到当时熔池覆盖熔渣的前沿即可（俗话讲“躲着熔渣走”）。填充层2、3焊接时，由于焊层厚度加厚，焊条横向摆动锯齿形齿线间距较小，每一次应使焊条借助电弧的吹力拔开覆盖在熔池前沿上熔渣持续燃烧即可（俗话讲“挤着熔渣走”）。

填充层3焊接时，操作者要规划好每一层的焊层厚度，填充层1、2焊接完成后在进行填充层3焊接后要将坡口填满（预留0.5mm的深度）。此时的焊接熔池表面覆盖的熔渣会从坡口两侧边缘溢出，造成焊道过高的假象，操作者一定要细心识别。

5　训练第五节——试件的盖面层焊接

练习方法：密锯齿形连续运条法。

练习目的：具备焊条电弧焊V形坡口对接平焊盖面焊接能力。

焊接电流：110A。

操作过程：

第一步：准备

盖面层焊接前，应将填充层焊道表面的熔渣清除干净，并用钢丝刷把焊道表面及坡口边缘刷净、刷亮。检查填充焊道表面是否有表面夹渣，如果存在，应采用机械方法进行修磨，修磨后再进行补焊，并将补焊处再修磨平整。

第二步：引弧

练习者取一根焊条，用电焊钳将焊条夹持牢固。站在工件的一侧，身体微微向左倾斜，在试件最前端坡口内的填充焊道上引燃电弧。焊条角度见表1（图34）。

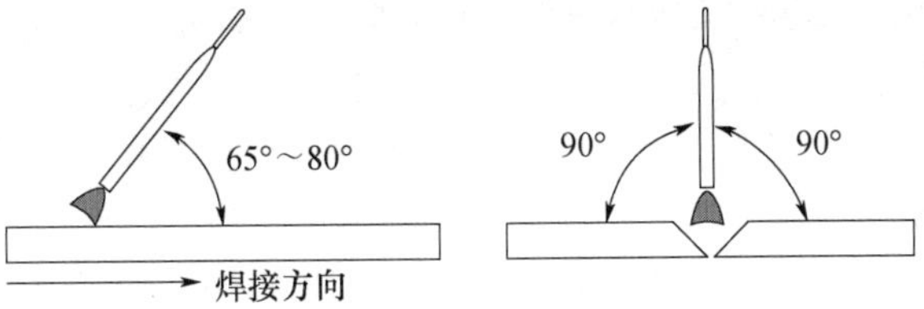

图 34　盖面层焊条角度

第三步：起头处的焊接

电弧引燃后，操作者将焊条轻压，保持适当的电弧长度。同时，将焊条沿着填充焊道的最前端表面左右摆动一个来回熄灭电弧，然后在熄弧处引燃电弧并将焊条沿着填充焊道表面再左右摆动一个来回熄灭，这样反复 2～4 个来回后即可进行连续焊接了。

第四步：连续运条焊接

起头焊接完成后电弧不熄灭，焊条沿焊接方向在填充层 3 焊道保持连续燃烧，直至焊条用完。连续焊接时，焊条在填充层 3 焊道表面沿着一条密锯齿线进行运动（图 35）。焊条运动到两侧坡口边缘处时，焊条药皮的下边缘轻贴填充层焊道表面，左右边缘分别冲齐左右两侧坡口边缘线（锯齿的齿尖）并压低电弧停顿 0.5s。

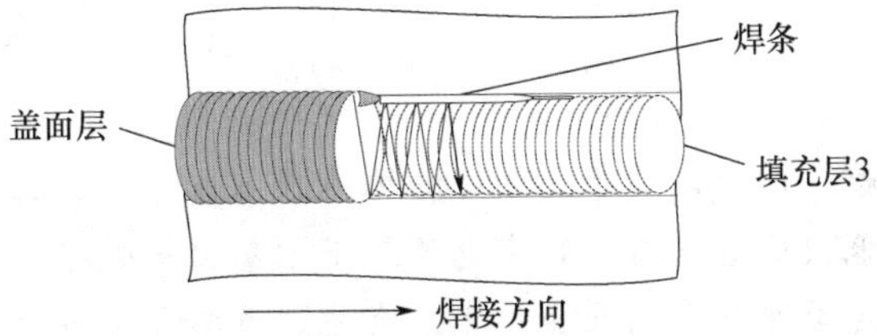

图 35　盖面层焊条运条动作

第五步：一根焊条的收尾焊接

焊条焊接燃烧剩余 30mm 的长度时即可进行收尾焊接。收尾焊接采用反复断续 3～4 点的收弧方法。正常焊接焊条剩余 30mm 的长度时熄弧，熄弧前将焊条带到坡口左侧压低电弧燃烧 1s，停弧 0.5s 后将焊条在盖面焊道熔池的中部引燃电弧，燃烧 1s 后熄弧（第 1 点）。停弧 0.5s 后在焊接熔池中心偏左侧引燃电弧，燃烧 1s 后熄弧（第 2 点）。再在停弧 0.5s 后在焊接熔池左半部引燃电弧，燃烧 1s 后熄弧（第 3 点）。

注意事项：盖面层收尾断续焊接时的电弧燃烧时间应比填充层短。防止盖面焊道收尾处过高影响接头焊接。

第六步：接头焊接

接头前先将前一段盖面焊道收尾处向 20～30mm 长度的熔渣清除干净。在收尾处 10～15mm 处的填充焊道的表面引燃电弧。电弧保持适当长度的同时，将焊条沿着填充层 3 焊道的表面退回到刚才盖面层焊道的收尾处，沿收尾处凝固的熔池右侧向前划圆弧至熔池左侧，再将焊条沿直线移动至右侧，即可进行正常的锯齿形摆动焊接了。

第七步：试件尾端焊接

焊接到距离试件的后端填充焊道边缘 20～30mm 时就要进行试件的尾端焊接了。尾端焊接采用与起头处焊接类似的焊接方法。连续焊接至尾端边缘 10～20mm 时，熄灭电弧停顿 1s 后立即在熄弧处引燃电弧，锯齿形摆动焊接 1～2 个来回后熄弧，然后引弧—摆动焊接一熄弧，反复重复动作至尾端边缘处，再采用反复断续点焊 3～4 次将右端熔池填满即可熄弧。

◆**盖面层练习过程说明：**

盖面层焊接时，操作者的主要操作意图是保持良好的焊道外观平直度。

填充层 3 焊接完成后，焊道表面两侧坡口整齐的边线就是盖面层焊接时的基准线。焊条在左右横向摆动到坡口边缘线时，保持焊条药皮的左侧外边缘与左侧坡口边线冲齐。因为保持正常的电弧长度时，电弧正下方受热熔化的区域直径要比焊条直径增宽 1mm 左右，所以保持焊条药皮的左侧外边缘与左侧坡口边线冲齐就能轻松地做到盖面焊道的宽度比坡口宽度每侧增宽小于 2mm，并有效地防止坡口边缘的未熔合现象。如图 36 所示。

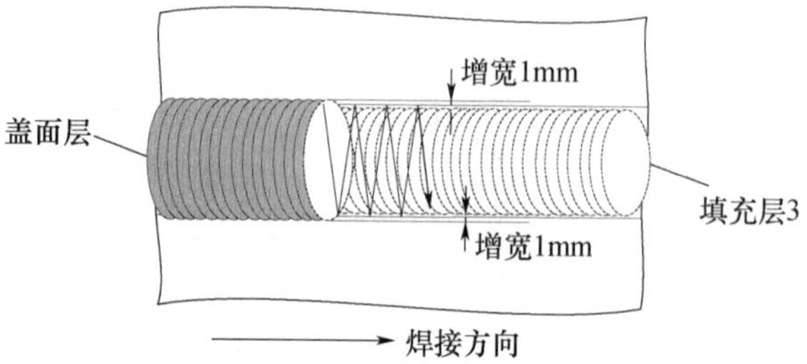

图 36　盖面层的增宽

焊条横向摆动到坡口一侧时，由于大量焊接熔渣覆盖在焊接熔池上，焊条边缘周围大部分的焊接熔池和坡口边缘被熔渣覆盖，只有电弧正下方露出一小部分熔池，无法准确地观察到焊条药皮与坡口边线是否冲齐，因此操作者只有通过观察焊条与坡口边缘线的平齐情况间接地判断控制好运条动作，以保持焊条正确的摆动位置。

最后，待焊接完成的试件自然冷却至室温后，将焊缝正面、背面及周围的焊渣、飞溅彻底清除干净。清理时一般不使用电动工具，而是使用扁铲、榔头铲除焊渣、飞溅后再用钢丝刷将焊缝表面周围刷净即可。清理时注意不要破坏焊缝的原始状态，同时注意做好自己和他人的安全防护工作。清理完成后在试件上做好标记，为后续的检验、评定做好准备。

酸性焊条板件对接平焊操作训练指导教案

<table>
<tr><td colspan="2">教案编号</td><td colspan="2">JA-Ⅲ-7-1</td><td colspan="2">指导书编号</td><td colspan="2">HKH19-001</td></tr>
<tr><td colspan="2">培训类别</td><td colspan="2">Ⅲ</td><td colspan="2">培训类号</td><td colspan="2">初级</td></tr>
<tr><td colspan="2" rowspan="2">项目名称</td><td colspan="2" rowspan="2">板件对接平焊</td><td rowspan="2">项目代号</td><td>电力</td><td colspan="2">SMAW-AI-1G-12-S</td></tr>
<tr><td>特种设备</td><td colspan="2"></td></tr>
<tr><td>位置代号</td><td>1G</td><td colspan="2">障碍类型</td><td>无</td><td>坡口形式</td><td colspan="2">Y 型</td></tr>
<tr><td rowspan="2">焊接方法</td><td>打底层</td><td colspan="2">SMAW</td><td colspan="2" rowspan="2">焊机型号</td><td colspan="2" rowspan="2">ZX7—500</td></tr>
<tr><td>中间盖面层</td><td colspan="2">SMAW</td></tr>
<tr><td rowspan="2">试件
材质</td><td>类级号</td><td>AI</td><td rowspan="2">试件
规格</td><td>一般范围</td><td>δ≥12</td><td rowspan="2">焊接
材料</td><td>E4303</td></tr>
<tr><td>牌号</td><td>Q235B</td><td>实际规格</td><td>300×60×12</td><td>J422</td></tr>
<tr><td>焊前准备</td><td colspan="7">用机械或化学方法清理坡口内外 10～20mm 范围，确保干净无污染。焊条焊前正确烘干后放入保温筒内随拿随用</td></tr>
</table>

Ⅲ-3-2　酸性焊条板件对接横焊操作训练要领

焊条电弧焊酸性焊条板件对接横焊操作训练，是焊工掌握焊条电弧焊单面焊双面成型操作技能必须掌握的基础项目。初学者要想具备独立操作的能力就必须经历系统的训练。本教材依据“循序渐进”的原则，将本章训练的内容分为五节。学员通过操作动作学习，可收到良好的效果。

焊条电弧焊酸性焊条板件对接横焊操作训练分为六个操作步骤：

1. 训练前的准备；　　　　　　2. 试件的定位焊接；
3. 试件的打底层焊接；　　　　4. 试件的填充层 1 焊接；
5. 试件的填充层 2 焊接；　　　6. 试件的盖面层焊接。

1　训练前的准备

1.1～1.6　步骤同酸性焊条板件对接平焊操作训练要领。

1.7　焊接层道及焊接顺序

焊接操作时的焊接顺序：自坡口最深根部处，由里向外焊接四层，第一层焊接一道（焊道①），第二层下、上焊接两道（焊道②、③），第三层下、中、上焊接三道（焊道④、⑤、⑥），第四层下、中、中、上焊接四道（焊道⑦、⑧、⑨、⑩），如图 1 所示。

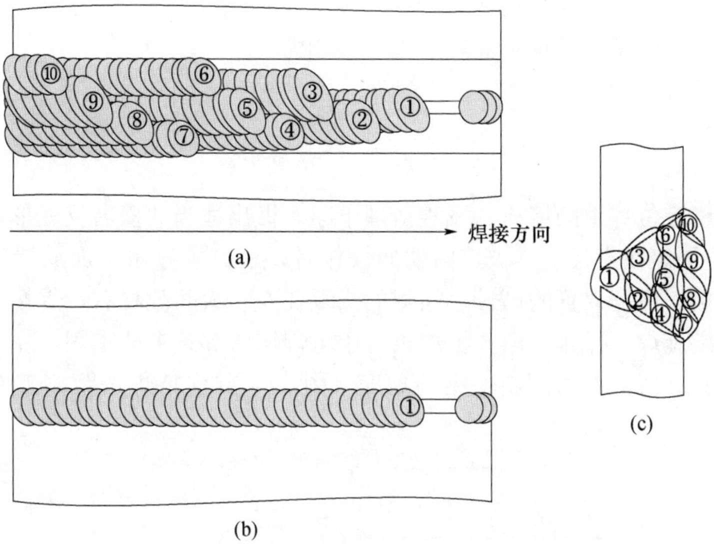

图 1　焊接层道及焊接顺序

（a）正面焊道；（b）背面焊道；（c）焊缝的剖面图

1.8　焊接参数（表 1）

表 1　焊接参数表

项目	焊道编号	参数			
		焊条规格（mm）	焊接电流（A）	焊条纵向角度（焊条与焊接方向的角度）	焊条横向角度（焊条与试件下侧板件的角度）
定位焊接	无	ϕ3.2	100	65°～80°	90°
打底层焊接	①	ϕ3.2	115	65°～80°	70°～80°

续表

项目	焊道编号	参数			
		焊条规格（mm）	焊接电流（A）	焊条纵向角度（焊条与焊接方向的角度）	焊条横向角度（焊条与试件下侧板件的角度）
填充层 1 焊接	②	ϕ3.2	130	50°～80°	100°～120°
	③	ϕ3.2	120	50°～80°	45°～60°
填充层 2 焊接	④	ϕ3.2	130	50°～80°	100°～120°
	⑤	ϕ3.2	120	50°～80°	70°～80°
	⑥	ϕ3.2	120	50°～80°	45°～60°
盖面层焊接	⑦	ϕ3.2	110	65°～80°	100°～120°
	⑧	ϕ3.2	110	65°～80°	70°～80°
	⑨	ϕ3.2	110	65°～80°	70°～80°
	⑩	ϕ3.2	120	65°～80°	70°～80°

2　训练第一节——试件的定位焊接

本节训练内容同酸性焊条板件对接平焊焊接操作训练要领。

3　训练第二节——试件的打底层焊接

练习方法：两点断续击穿焊接法

练习目的：具备焊条电弧焊单面焊双面成型能力

焊接电流：115A

操作过程：

第一步：准备

练习者将试件定位焊道的熔渣、飞溅清理干净，做出适当的横向反变形量（克服试件横向的角变形），再固定在支架上，坡口面朝向操作者，板件垂直水平面放置。操作者站在试件长度方向的一侧，保证放置的试件小间隙的一端在左，大间隙在右，焊接方向由小间隙的一端向大间隙一端施焊。操作者取一根焊条，用电焊钳将焊条夹持牢固，左手持面罩，右手轻握焊钳，使焊钳夹持的焊条倾斜一定的角度（图 2），并保持焊条距离工件前端定位焊道表面 10～20mm。

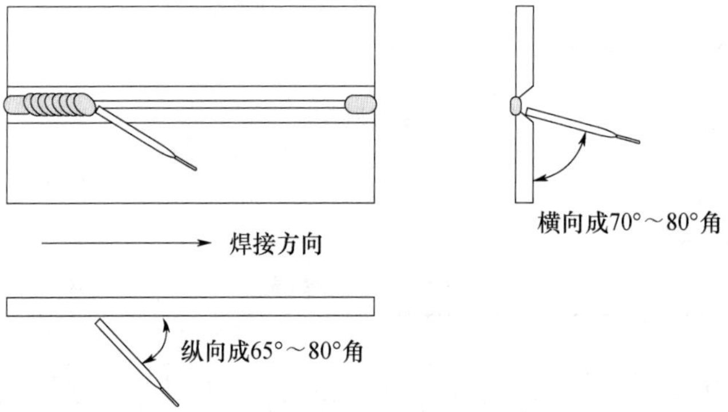

图 2　打底层焊条角度

注意事项：操作者放置焊接练习试件时应确认好先后两个定位焊道的摆放次序与焊接方向一致，在放置前要仔细检查试件有无错边，确认间隙符合要求，否则应立即进行修复。

第二步：引弧

操作者左手将面罩戴好，身体向左侧倾斜，右手轻轻下压使焊条的前部端头接触试件前端定位焊段表面，采用划擦引弧法引燃电弧（图 3）。

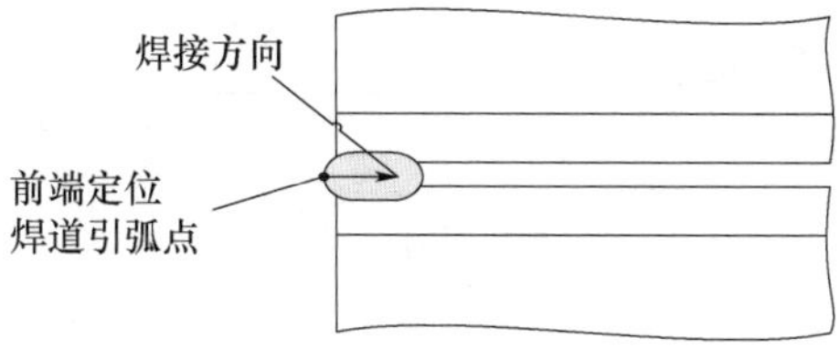

图 3 焊条在定位焊段引弧

注意事项：操作者引弧的位置一般应在试件起焊端定位焊道的最左边。

第三步：起头处的焊接

电弧引燃后，操作者适当拉长电弧的长度，将焊条沿着定位焊段上半部分的表面由左至右拉至定位焊道尾部，再沿点固焊道的中部将焊条向前（这里是指焊接方向）下压至坡口根部使电弧燃烧 1s 左右熄弧（图 4）。

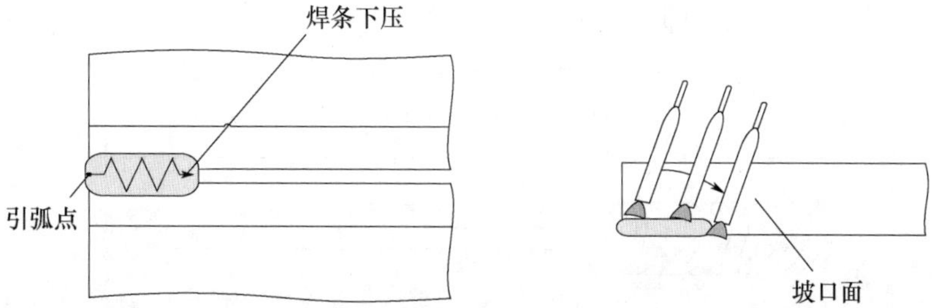

图 4 打底层起头处的焊接

注意事项：焊条沿点固焊道的中部将焊条向前（焊接方向）做下压动作时，下压至坡口根部的位置应适当。

第四步：上下两点击穿焊接

熄弧后立即在前一个熔池中上部引燃电弧，将焊条向坡口内侧下压至坡口中心的根部，压至根部后电弧保持燃烧 1s，立即将焊条向左下方甩动熄灭电弧（上一点）。熄弧停顿 0.5s 后又立即在熔池下部与下侧坡口的接合处重新引燃电弧（此时焊条距离坡口根部 3mm 左右），电弧燃烧 0.5s，立即将焊条向左下方甩动熄灭电弧（下一点）。熄弧停顿 0.5s 后又立即在前一个熔池中上部引燃电弧，将焊条向坡口内侧下压至坡口中心的根部。压至根部后电弧保持燃烧 1s，立即将焊条向左下方甩动熄灭电弧（上一点）。熄弧停顿 0.5s 后又立即在熔池中下部与下侧坡口的结合处重新引燃电弧（此时焊条距离坡口根部 3mm 左右），电弧保持燃烧 0.5s 后，立即将焊条向左下方甩动熄灭电弧（下一点）。这样，操作者将焊条进行上下反复引弧、熄弧的组合动作直至焊条燃烧完即可收尾焊接了，如图 5 所示。

注意事项：初学者在进行击穿动作练习时，着重训练焊条引弧的位置准确度，并注意上下两点击穿坡口根部的位置深浅不同。

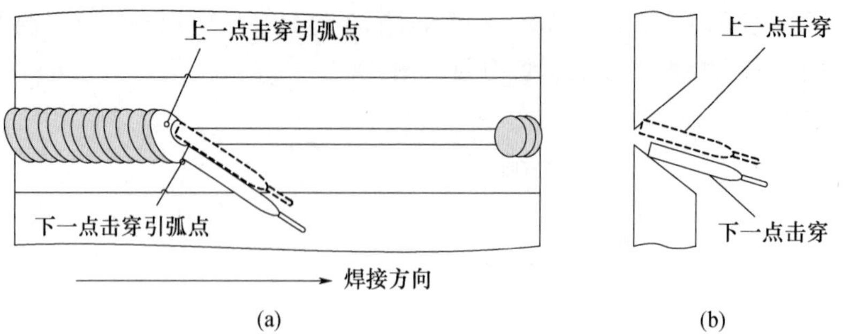

图 5　焊条左右两点击穿运条动作

（a）正面焊道；（b）焊缝剖面图

第五步：一根焊条的收尾焊接

焊条焊接燃烧剩余 30mm 的长度时即可进行收尾焊接。收尾焊接采用反复断续 3～4 点的收弧方法。正常焊接最后一次引弧、熄弧的组合动作后，立即将焊条压至打底焊道熔池的中部引燃电弧，燃烧 0.5s 后熄弧（1 点）。熄弧后立即在焊接熔池与上侧坡口的结合处引燃电弧，燃烧 0.5s 后熄弧（2 点）。再在熄弧后立即在距离焊接熔池上边的上侧坡口引燃电弧，燃烧 0.5s 后熄弧（3 点）即可，如图 6 所示。

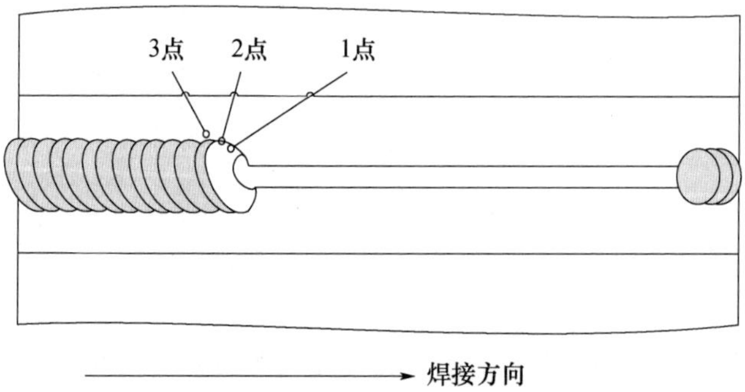

图 6　打底层焊接收尾动作

注意事项：收尾焊接时 3 点的动作一定要连贯，最后一点点在上侧坡口上，并使用较短的电弧长度进行操作。

第六步：接头焊接

接头焊接前先将前一段打底焊道的熔渣清除干净。采用划擦引弧法将焊条在工件的前段打底焊道的收尾处前 10～15mm 的表面上部引燃电弧。电弧引燃后，操作者保持较长的电弧长度，将焊条沿着打底焊道的表面上半部分由左至右水平移动至收尾处，再向后沿打底焊道收尾处的中部将焊条下压至坡口根部，电弧保持燃烧 1s 左右熄弧（接头 1），弧后立即在前一个熔池的中部迅速引燃电弧，将焊条压至坡口根部持续燃烧 1s 后形成第二个熔池后熄弧（接头 2），弧后立即再在前一个熔池的中部迅速引燃电弧，将焊条压至坡口根部持续燃烧 1s 后形成第三个熔池后熄弧（接头 3），这样连续重复 2～3 个动作后，焊接熔池温度升高，覆盖在熔池和熔孔上的熔渣流向坡口正面或背面，露出清晰的熔池和熔孔，然后就可以进行正常的上下两点击穿焊接了（图 7）。

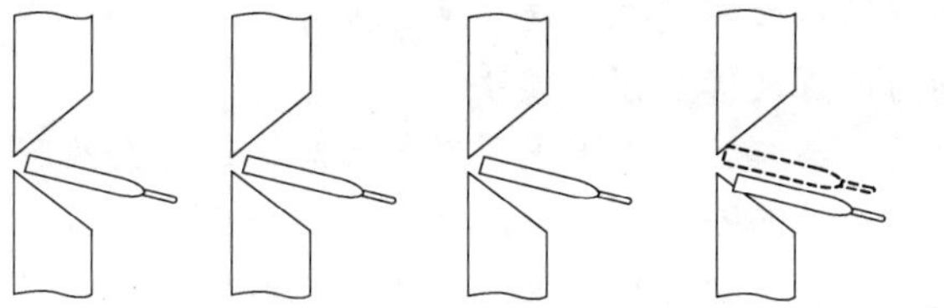

图 7　打底层接头与正常焊接时焊条位置对比

注意事项：焊条沿前一段打底焊道的中部将焊条向后做下压动作时，下压至坡口根部的位置应适当。图 8 表示正确与错误的位置。焊条接头焊接动作完成后应快速进行后续的击穿焊接。

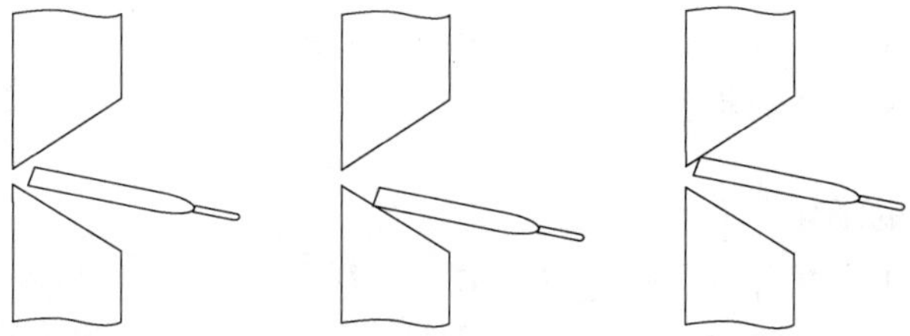

图 8　接头时焊条的正确、错误位置对比

第七步：试件尾端焊接

焊接到距离试件的后端定位焊道 5～10mm 时就要进行试件的尾端焊接了。尾端焊接采用连续焊接方法。在使用两点击穿断续焊接到距离试件的尾端定位焊道 5～10mm 时不熄灭电弧，而是将焊条沿着两侧坡口上下摆动焊接至尾端定位焊道上，然后采用反复断续法将右端熔池填满即可熄弧，如图 9 所示。

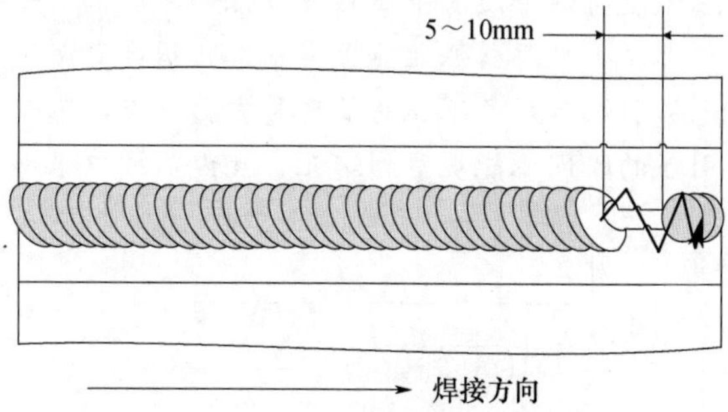

图 9　打底层尾端的焊接

注意事项：为了保证收尾焊道与尾端定位焊道的充分熔合，在焊接前应将尾端定位焊道左侧修磨出缓坡。

◆练习过程说明：

操作者在一侧坡口引燃电弧后通过焊条的下压动作将焊接电弧深入到板件坡口的根部熔化坡口正面和背面，同时送给熔滴后立即熄弧，再在另一侧坡口引弧后下压焊条将电弧深入坡口的根部熔化并送给熔滴后立即熄弧，这样反复重复左右两个动作完成单面焊双面成型焊道焊接的操作过程，称为两点断续击穿焊接法。

操作者在坡口中央前一个凝固的焊肉上引燃电弧后通过焊条的下压动作将焊接电弧深入到板件坡口的根部熔化坡口正面和背面，同时送给熔滴后立即熄弧，再在凝固的焊肉上引弧后下压焊条将电弧深入坡口的根部熔化并送给熔滴后立即熄弧，这样重复一个动作完成单面焊双面成型焊道焊接的操作过程，称为单点断续击穿焊接法。

以上两种焊接操作方法对比：单点断续击穿焊接法对操作者的反应能力、动作节奏和准确度要求较高，初学者不易掌握；而两点断续击穿焊接法对操作者动作节奏和准确度要求相对较低，适合初学者训练使用。另外，由于两点断续击穿焊接法操作时，焊条引弧在两侧坡口上，电弧引燃后焊条沿坡口向下拉动过程中使熔敷金属与坡口充分熔合，有效防止单点断续击穿焊接法易产生的熔敷金属与坡口熔合不良的现象。

采用两点断续击穿焊接法进行单面焊双面成型打底层焊道焊接的难点有两个：一是坡口根部的熔化，二是背面焊道的成型。

◆难点一：坡口根部的熔化

打底层焊接时，由于操作者面向坡口正面，视线无法到达背面，因此坡口根部背面的熔化情况无法观察到。不过，由于采用两点断续击穿焊接法，在电弧熄灭再引燃的瞬间，操作者可以通过观察熔孔准确地判断出坡口根部背面是否熔化。

熔孔是熔化焊接时在热源的作用下工件坡口根部熔化形成的豁口。由于在打底焊接时，工件两侧坡口根部熔化形成的豁口紧邻着焊接熔池，与熔池的边缘一起形成一个类似孔洞一样的形状，因此称之为熔孔（图 10）。打底焊接时，焊条下压至坡口根部使电弧熔化，坡口根部背面后就形成熔孔，但此时由于焊条和电弧阻挡了视线，操作者无法观察到，只有在电弧熄灭后才能看到它。焊条电弧焊对接打底焊接时熔孔的横向宽度一般控制在 4.5mm 左右（比坡口组对间隙大 1mm）。操作时要细心观察熔孔的大小，如果熄弧后再引弧之前观察不到熔孔了，说明刚才电弧燃烧时焊条没有下压到坡口根部，那么下一次电弧引燃后焊条下压的位置一定要紧靠坡口根部；如果再引弧之前观察到熔孔明显变大了，说明刚才焊条下压到坡口太深，那么下一次电弧引燃后焊条下压的位置要靠上一点，不必下压到坡口根部。只要操作中在每次熄弧后再引弧的瞬间都能观察到熔孔，就说明坡口根部背面已经充分熔化了。

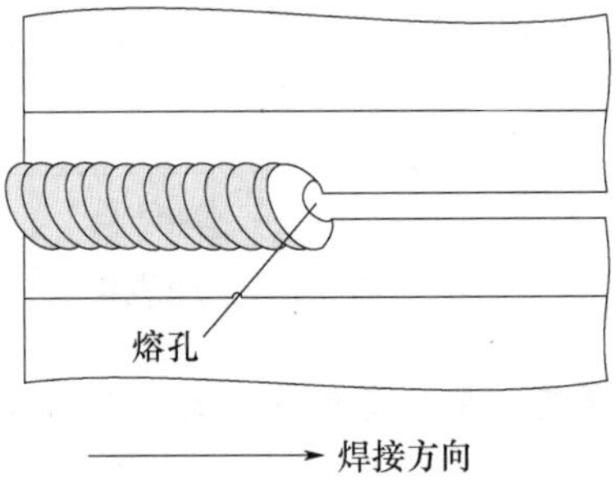

图 10　打底焊接时的熔孔

在进行横焊位置的两点击穿操作时，焊接熔池不会像平焊、立焊和仰焊位置一样呈现一个对称的月牙形状，它会是一个带有一定斜度的不对称形状。此时，焊接熔孔与熔池的情况类似，上侧坡口的豁口大且位置靠后，下侧坡口的豁口小且位置靠前。打底操作时，如果熔池的斜度过大，熔孔上下豁口前后位置距离过远，可以连续在上侧坡口进行两次击穿动作，然后在下侧坡口进行一次击穿动作，这样就可使焊接熔池和熔孔恢复正常的形状。

◆难点二：背面焊道的成型

初学者在进行打底焊接操作时，同样是由于视线对坡口背面的不可见性造成焊道成型高低难以控制，焊瘤、烧穿经常出现。此时，操作者可以通过观察熔孔和焊接熔池的状态来间接地判断焊道背面的成型情况，并针对具体情况进行及时的动作调整，以便保持背面成型的均匀性。

操作者观察熔孔和焊接熔池的状态同样也是在熄弧后再引弧之前的很短的时间内。采用正常的电弧燃烧、熄灭频率进行操作时，发现熔孔逐渐变大、焊接熔池变薄，说明背面焊道的高度在增加。此时应该调整电弧燃烧、熄灭的频率，使电弧燃烧时间缩短、熄灭停弧时间延长。同时，操作者还可以调整焊条下压动作，使电弧位于坡口根部偏外一些的位置燃烧。待熔孔和焊接熔池恢复正常的状态后，操作者的焊条下压位置及电弧燃烧、熄灭的频率即可恢复如初。

采用两点断续击穿焊接法焊接横焊位打底时的成型机理是：打底焊道是由许许多多个焊波由左至右堆积形成的。而每一个焊波又是由焊条分别在上下两侧坡口的两个击穿动作产生的两个焊接熔池冷却凝固堆积后形成的。

打底操作时，焊条在接头动作完成后形成的第一个熔池中部与下坡口的结合处引燃电弧，保持电弧持续 0.5s 的燃烧后熄弧，这就完成了焊条在下侧坡口的击穿动作。由于焊条在下侧坡口击穿动作的引弧位置在前一个熔池中部与下坡口的结合处（位置靠外），电弧引燃后焊条不做向坡口根部的送进，仅仅在距离坡口根部 3mm 左右的地方原地进行熔化，并且电弧持续燃烧的时间也比较短（0.5s）。上一点的击穿操作产生的焊接熔池体积小，熔池凝固后的铁水几乎全部堆敷在下侧坡口上，起到了一个衬垫作用，为下一点的焊条击穿动作打好了基础。

在电弧熄灭停顿 0.5s 后，焊条在前一个熔池中上部引燃电弧，将焊条向坡口内侧下压至坡口中心的根部，压至根部后电弧保持燃烧 1s，立即将焊条向左下方甩动熄灭电弧，这就完成了焊条在上侧坡口的击穿动作。虽然焊条在上侧坡口击穿动作的引弧位置也靠外，但电弧引燃后焊条立即送进到坡口的根部，并且电弧持续燃烧时间较长（1s），一部分熔滴过渡到坡口背面形成背面焊道，另一部分熔滴与刚才堆敷在下侧坡口上的已经凝固的熔池又重新熔合在一起形成正面焊道。虽然这一点的击穿动作形成的焊接熔池体积较大，但由于有了与刚才堆敷在下侧坡口上的已经凝固的熔池又重新熔合，因此熔池在凝固前即使会产生一定的下坠，也不会产生较深的尖角状沟槽，从而有效地防止后续的填充焊接时产生条状夹渣缺陷（图 11）。

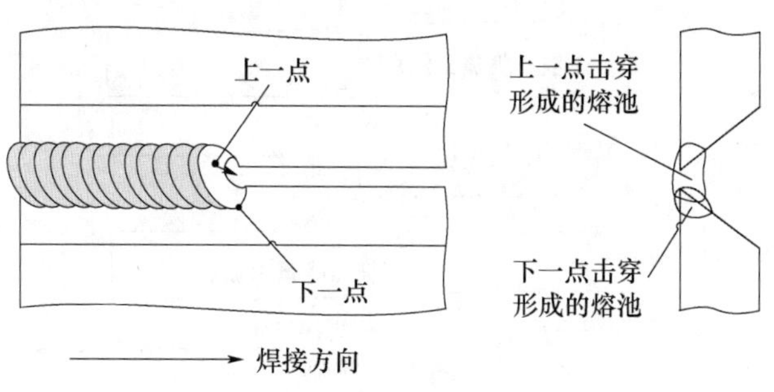

图 11　打底焊道两点击穿示意图

如果采用单点断续击穿焊接方法进行横焊打底操作，每一点击穿动作都会将焊条送进坡口根部，上下坡口熔化厚度小，电弧燃烧持续时间长，形成的焊接熔池体积较大，熔池在凝固前不可避免地会产生下坠，凝固后打底焊道的正面与下坡口之间会产生一定深度的尖角状沟槽，在后续的填充焊接时容易造成条状夹渣缺陷（图 12）。

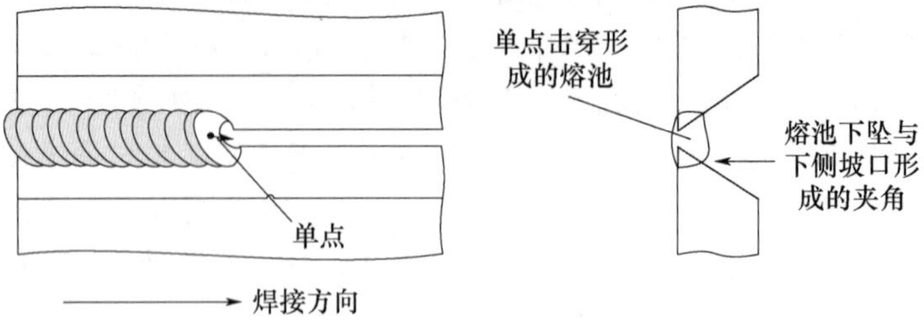

图 12　打底焊道单点击穿示意图

一根焊条在收尾焊接时，三点动作的后两点应点在靠近上侧坡口。如果点在下侧坡口，不仅不易防止焊接熔池上部出现表面气孔，而且容易造成焊道与下侧坡口的尖角。

横焊打底层焊接焊条引弧后进行接头时，如果焊条做上下摆动预热动作，会在打底焊道表面堆敷出一段多余的焊肉，这段焊肉与下侧坡口会产生带有尖角的沟槽，因此接头时，焊条在打底焊道上半部分引燃电弧后不做上下摆动，而是沿着打底的上半部分保持较长电弧由左至右沿直线拉动至接头处，将焊条压至坡口根部持续燃烧 1s 后形成第一个熔池后熄弧，熄弧后立即在第一个熔池的中部迅速引燃电弧，再将焊条压至坡口根部持续燃烧 1s 后形成第二个熔池后熄弧，这样连续重复 2～3 个动作后，焊接熔池温度升高，覆盖在熔池和熔孔上的熔渣流向坡口正面或背面，露出清晰的熔池和熔孔，然后就可以进行正常的上下两点击穿动作了。这种接头时的击穿动作就是采用单点断续击穿焊接方法，但由于接头处的焊接熔池温度较低，焊接熔池凝固前的下坠程度不大，不会出现打底焊道正面与下侧坡口的尖角。

当焊接熔池和熔孔被大量的熔渣覆盖不便观察时，在上下两点击穿操作的熄弧瞬间均可用焊条药皮边缘抹着覆盖的熔渣向左下方甩动，这样既可以迅速熄灭电弧，又能够将覆盖在熔池和熔孔上的熔渣抹到下侧的坡口上，从而露出清晰的熔池和熔孔。

初学者在进行打底操作的时候，由于不熟练，焊条引弧位置不准确，经常出现跳跃式动作——跳弧（图 13）。所谓跳弧就是焊条的引弧位置在前一个焊接熔池的后方坡口上，电弧燃烧形成的焊接熔池与前一个熔池搭接部分小于 2/3。偶尔的一两次跳弧动作不会造成太大的问题，但是多次的跳弧动作会因为连续性的焊接熔池搭接重叠过少，引起焊道表面和内部气孔等缺陷的产生。

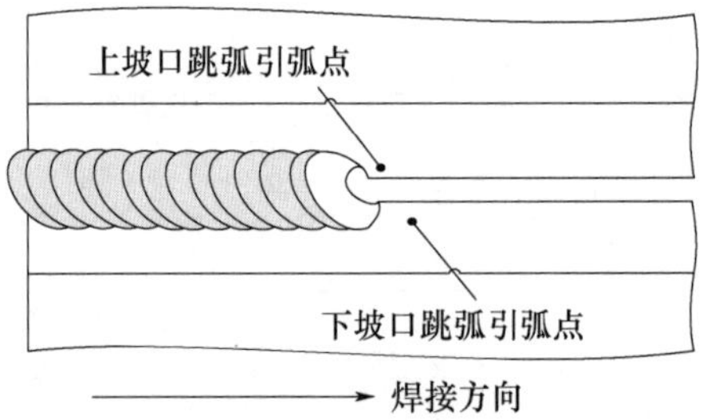

图 13　跳弧

4　训练第三节——试件的填充层 1 的焊接

练习方法：直线连续运条法

练习目的：具备焊条电弧焊 V 形坡口横焊填充焊接能力

焊接电流：每层每道均有不同的焊接电流（表 1）

焊接道数：一下（焊道②）、一上（焊道③）两道

操作过程：

第一步：准备

填充层焊接前，应将焊道表面及背面的熔渣清除干净，用尖铲将打底焊道表面的飞溅和接头处凸出的焊肉铲净、清平，并用钢丝刷把焊道与坡口表面刷净、刷亮。检查打底焊道表面是否有表面夹渣，如果存在，应采用机械方法进行修磨，修磨后再进行补焊，并将补焊处再修磨平整，如图 14 所示。

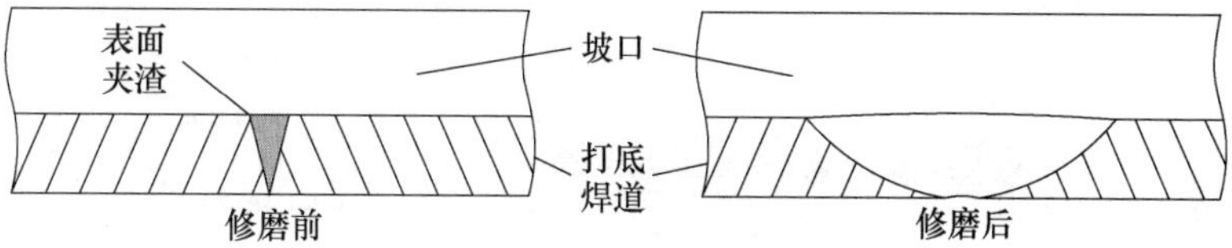

图 14　表面夹渣的处理

注意事项：对打底焊道上的表面夹渣用角向磨光机进行修磨，将夹渣彻底清除干净并将表面夹渣处修磨成缓坡，修磨后用断续点焊的焊接手法进行补焊即可。

第二步：焊道②引弧

操作者取一根焊条，用电焊钳将焊条夹持牢固。操作者站在工件的一侧，身体微微向左倾斜，在试件最左端坡口内的打底焊道与下侧坡口的结合处引燃电弧。焊条角度见表 1 和图 15。

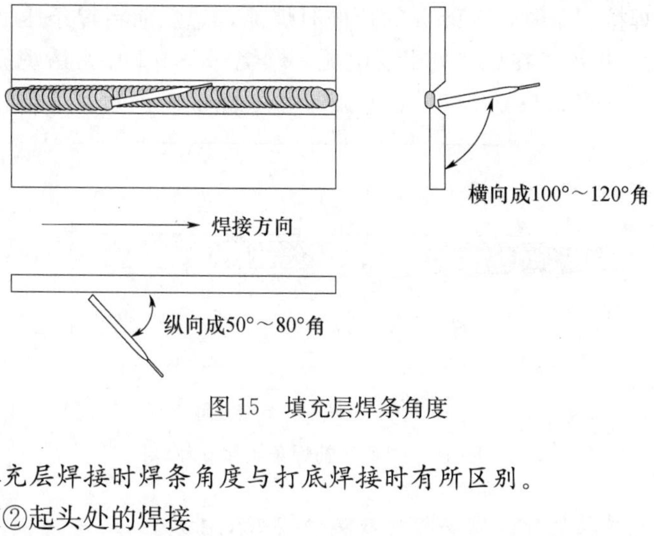

图 15　填充层焊条角度

注意事项：填充层焊接时焊条角度与打底焊接时有所区别。

第三步：焊道②起头处的焊接

电弧引燃后，操作者先将焊条保持与纵向 45°的倾角，使电弧向板件左侧端头外侧燃烧 1s，然后将焊条保持规定的夹角，沿着打底焊道与下侧坡口的结合线由左至右连续焊接，如

图 16 所示。

注意事项：起头处板件的散热情况与其他位置不同，焊条在左侧端头引燃电弧后，电弧会出现向右侧的偏吹现象。此时，操作者应将焊条保持与纵向 45°的倾角，通过电弧在板件左侧端头的外侧燃烧 1s，预热后再向右侧移动即可有效克服偏吹现象。

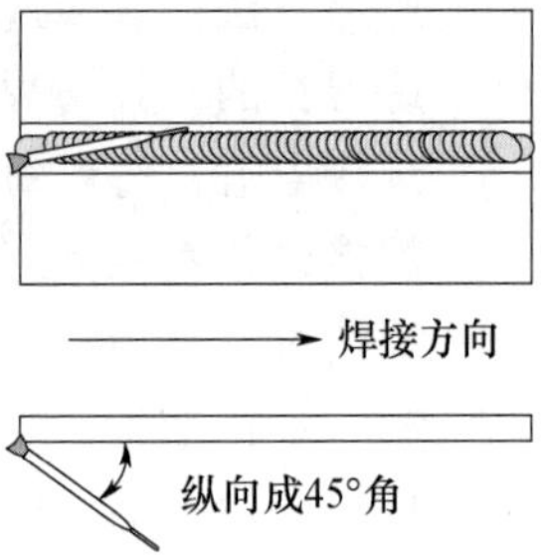

图 16　填充层起头焊接

第四步：焊道②连续运条焊接

起头焊接完成后电弧不熄灭，焊条中心对准打底焊道与下侧坡口的结合线由左向右保持直线连续燃烧，直至焊条用完。焊接时，控制焊接熔池下边缘熔化覆盖到距离下侧坡口外边线 3mm 的坡口内，熔池上边缘熔化覆盖到距离打底焊道上边线 1mm 左右的地方，如图 17 所示。

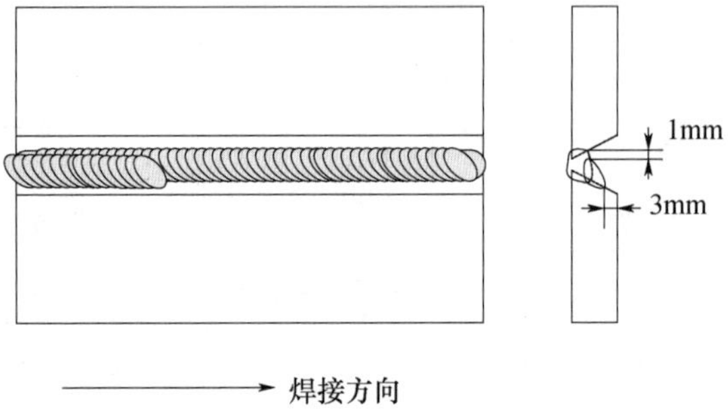

图 17　焊道②的位置

注意事项：焊条沿坡口由左至右进行直线焊接时，操作者除了观察和控制好熔池的宽度一致外，还要同时观察和控制好熔池的位置，以便保证焊道宽窄均匀又前后平直。

第五步：焊道②一根焊条的收尾焊接

焊条焊接燃烧剩余 30mm 的长度时即可进行收尾焊接。收尾焊接采用反复断续 2～3 点的收弧方法。正常焊接焊条剩余 30mm 的长度时熄弧，熄弧前将焊条压低，原地燃烧 1s 后熄弧，停弧 0.5s 后，将焊条在熄弧处引燃电弧，燃烧 0.5s（1 点）后熄弧。停弧 0.5s 后再在熄弧处引燃电弧，燃烧 0.5s（2 点）后熄弧即可，如图 18 所示。

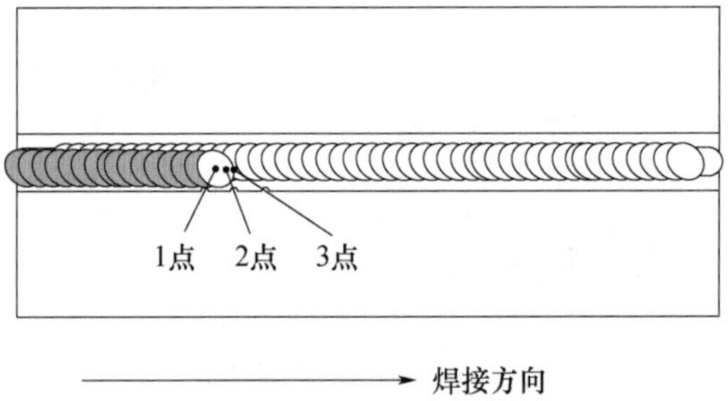

图 18　焊道②的焊条收尾动作

注意事项：填充层收尾处注意要与打底层的接头处错开。

第六步：焊道②接头焊接

接头前先将前一段填充焊道收尾处向 20～30mm 长度的熔渣清除干净，在填充焊道的收尾处后方 10～15mm 处的打底焊道的表面引燃电弧。电弧引燃后，焊条保持适当的电弧长度。同时，将焊条沿着打底焊道的表面退回到刚才填充焊道的收尾处，使电弧将收尾处凝固的熔池覆盖后即可进行正常的直线焊接了，如图 19 所示。

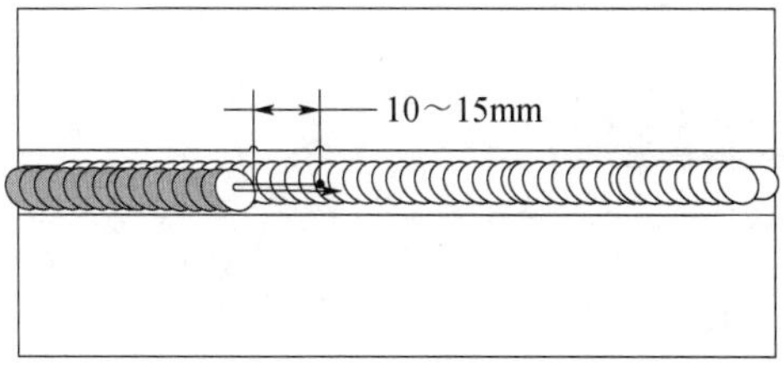

图 19　焊道②的接头焊接

注意事项：操作者引燃电弧后应借助电弧的余光迅速认清收尾处的位置，然后将焊条移动过来使电弧覆盖凝固后的焊接熔池后即可进行正常的直线焊接。

第七步：焊道②试件尾端焊接

焊接到距离试件的后端打底焊道边缘 20～30mm 时就要进行试件的尾端焊接了。尾端焊接采用反复断续焊接方法。当连续焊接至尾端边缘 20～30mm 时，熄灭电弧停顿 1s 后立即在熄弧处引燃电弧，连续焊接 2s 后再熄弧，然后引弧—焊接—熄弧，反复重复动作至后端边缘处，再采用反复断续点焊在原地点焊 3～4 次，将右端熔池填满即可熄弧，如图 20 所示。

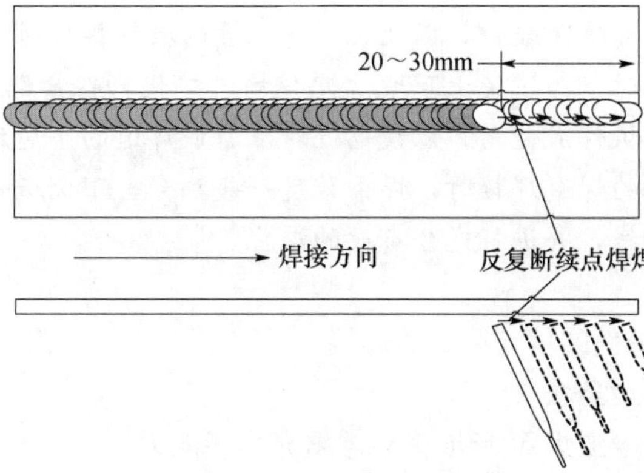

图 20　焊道②的尾端焊接

注意事项：收尾处板件的散热情况也与其他位置有所不同，如果采用连续焊接会出现焊接熔池沸腾和电弧“暴躁”难以控制的现象。此时，采用反复断续焊接的方法可以有效地降低收尾处的温度，保证将尾端填充饱满。

第八步：焊道③的焊接

焊道②焊接完成后，将焊道表面及坡口内的熔渣清除干净。

焊道③焊接时的焊条角度和焊接时控制熔池的位置与焊道②不同。焊条角度详见表 1 和图 21 。焊接时，焊条中心对准打底焊道与上侧坡口的结合线，由左向右保持直线连续燃烧，直至焊条用完，同时控制焊接熔池下边缘熔化覆盖到焊道②中心线向下 2mm 左右，熔池上边缘熔化到距离上坡口边线 2mm 左右的坡口内，如图 21 所示。

其他如引弧、起头处、一根焊条的收尾、接头、试件尾端焊接等环节的操作与焊道②相同。

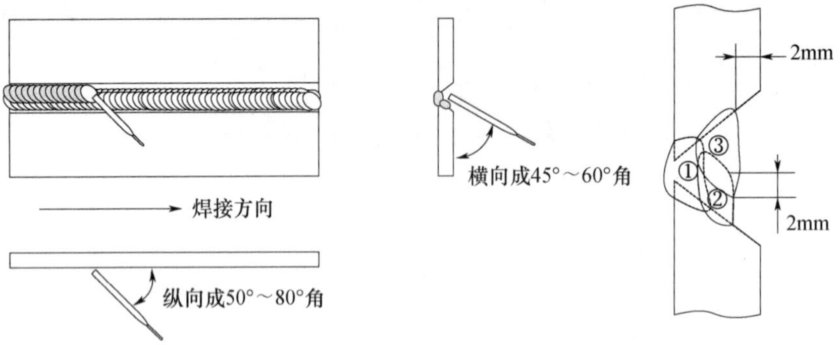

图 21　焊道③的焊条角度及焊接熔池位置

注意事项：焊条沿坡口由左至右进行直线焊接时，操作者一定要观察和控制好熔池的位置，重点保证焊接熔池的下边缘熔化覆盖到焊道②中心线向下 2mm 左右，防止焊道③和焊道②之间产生脱节现象。

◆练习过程说明：

打底层焊接时操作者的主要操作意图是击穿，而填充层焊接时的主要操作意图是熔化。

填充层 1 焊接时，使用的焊接电流要比其他焊层大，以达到充分熔化打底层的意图。同时，由于热量由下至上传播速度较快，因此在横焊位置的板件焊接时，上坡口的温度要明显高于下坡口。填充层焊接时，为了使上下坡口充分均匀熔化，在紧贴下坡口的焊道焊接时，焊条角度一般都会与下侧板件成钝角，以便电弧对准打底焊道的下边线，并进行充分有效的熔化；在进行紧贴上坡口的焊道焊接时，焊条角度一般都会与下侧板件成锐角，目的也是使电弧对准打底焊道的上边线，并进行充分有效的熔化。

5　训练第四节——试件的填充层 2 的焊接

练习方法：直线连续运条法

练习目的：具备焊条电弧焊 V 形坡口横焊填充焊接能力

焊接电流：每层每道均有不同的焊接电流（表 1）

焊接道数：一下（焊道④）、一中（焊道⑤）、一上（焊道⑥）三道

操作过程：

第一步：填充层 2 焊道④的焊接

填充层 2 焊接前，应将焊完的填充层 1 焊道表面的熔渣清除干净，并用钢丝刷把焊道与坡口表面刷净、刷亮。检查打底焊道表面是否有表面夹渣、焊瘤，如果存在，应采用机械方法进行修磨，修磨后需要补焊的进行补焊，并将补焊处再修磨平整。

清理干净后按照填充层 1 的步骤进行焊接，焊条角度详见表 1 和图 22。运条时，焊条中心对准填充层 1 与下侧坡口的结合线，由左向右保持直线连续燃烧，直至焊条用完。焊接时，控制焊接熔池下边缘熔化覆盖到距离下侧坡口外边线 1mm 的坡口内，如图 22 所示。

其他如引弧、起头处、焊条的收尾、接头、尾端焊接等环节的操作与焊道②相同。

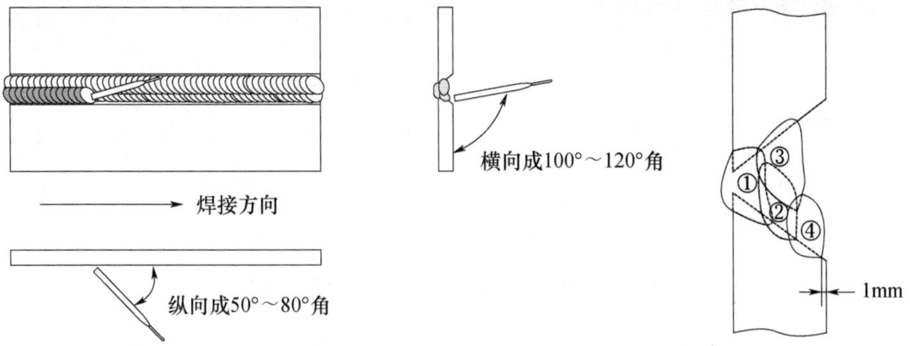

图 22 焊道④的焊条角度及焊接熔池位置

注意事项：填充层 2 焊接时，焊条横向摆动的速度比填充层 1 要慢，焊层厚度明显加厚。

第二步：填充层 2 焊道⑤的焊接

焊道④焊接完成后，将焊道表面及坡口内的熔渣清除干净。

清理干净后按照填充层 1 的步骤进行焊接，焊条角度详见表 1 和图 23。运条时，焊条中心对准焊道④的上边缘线，由左向右保持直线连续燃烧，直至焊条用完。焊接时，控制焊接熔池下边缘熔化覆盖到焊道④中心线向下 2mm，熔池上边缘熔化覆盖到距离填充层焊道上边线 1mm 左右的地方，如图 23 所示。

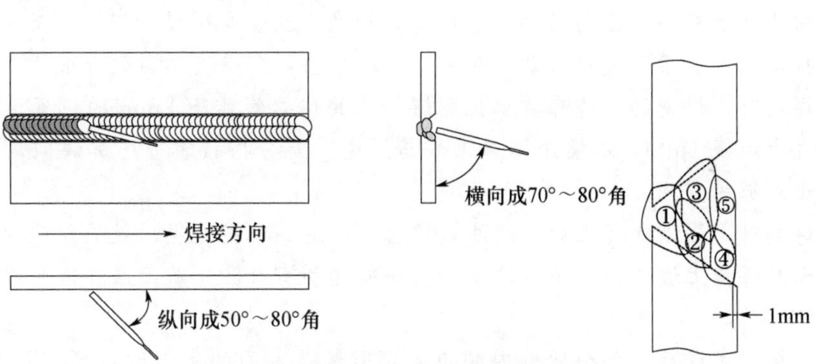

图 23 焊道⑤的焊条角度及焊接熔池位置

第三步：填充层 2 焊道⑥的焊接

焊道⑤焊接完成后，将焊道表面及坡口内的熔渣彻底清除干净。

清理干净后按照填充层 1 的步骤进行焊接，焊条角度详见表 1 和图 24。运条时，焊条中心对准填充层 1 焊道的上边缘线，由左向右保持直线连续燃烧，直至焊条用完。焊接时，控制焊接熔池下边缘熔化覆盖到焊道⑤中心线向下 2mm，熔池上边缘熔化覆盖到距离上侧坡口边线向上小于 0.5mm 处，如图 24 所示。

其他如引弧、起头处、焊条的收尾、接头、试件尾端焊接等环节的操作与焊道②相同。

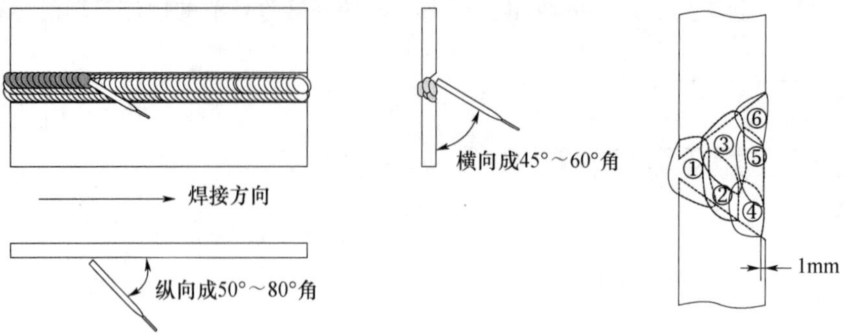

图 24　焊道⑥的焊条角度及焊接熔池位置

注意事项：填充层 2 焊道⑥焊接时焊条角度与前面两个焊道有所不同（表 1），操作时控制焊接熔池的上边缘将焊道上坡口边线轻微熔化，为盖面层焊接打好基础。

◆练习过程说明：

在填充层 2 焊接时，除了完成对坡口内的焊道及坡口充分熔化的任务之外，还有为盖面层焊接打好基础，因此本层三条焊道的焊接敷设位置就成为能否顺利进行盖面焊接的关键。

焊道④焊接完成后焊道的下边缘应距离下坡口边线 1mm，这样就会将下坡口边线作为盖面层焊道⑦焊接的基准线完整地保留下来，同时焊道④与下坡口一起形成一个浅浅的凹坑，便于盖面层焊道⑦焊接时焊条药皮轻轻贴在凹坑里进行均匀的纵向移动，移动时形成的焊接熔池也会受到下坡口良好的衬托，从而容易得到平直均匀的焊道。如果焊道④焊接完成后将下坡口熔化并填充满，盖面层焊道⑦焊接时基准线就会变得模糊不清，而且焊条在纵向移动时，焊接熔池没有了下坡口有效的衬托，从而不易得到平直均匀的焊道。

焊道⑤焊接时，焊道的下边缘要熔化到焊道④的中心线靠下 2mm 的位置，上边线熔化到距离焊道③上边线 1mm，以便保证焊道⑤与焊道④充分搭接重叠增加焊肉，同时又为焊道⑥焊接留出足够的空间。

焊道⑥焊接时，强调要将上坡口边线轻微熔化以达到填充饱满的效果。这样做的目的是除了防止盖面层焊接上坡口出现夹渣缺陷外，还能起到有效防止盖面层焊道⑩焊接时咬边缺陷的产生。

填充层 2 焊接完成后，整个坡口内的盖面预留量是不同的：下坡口预留量为 1mm，坡口中部为 0，上坡口为 0（甚至可以高于板件母材）。这样就在盖面前形成了一个“上凸下凹”的局面，为盖面层的焊接打下基础。

6　训练第五节——试件的盖面层焊接

练习方法：直线连续运条法

练习目的：具备焊条电弧焊 V 形坡口横焊盖面焊接能力

焊接电流：120A

焊接道数：一下（焊道⑦）、两中（焊道⑧、⑨）、一上（焊道⑩）四道

操作过程：

第一步：盖面层焊道⑦的焊接

盖面层焊接前，应将刚才焊完的填充层 2 焊道表面的熔渣清除干净，并用钢丝刷把焊道

与坡口表面刷净、刷亮。检查打底焊道表面是否有表面夹渣、焊瘤，如果存在，应采用机械方法进行修磨，修磨后需要补焊的进行补焊，并将补焊处再修磨平整。

清理干净后按照填充层的动作步骤进行焊接，焊条角度详见表 1 和图 25。运条时，焊条中心对准填充层 2 与下侧坡口的结合线，由左向右保持直线连续燃烧，直至焊条用完。焊接时，控制焊接熔池下边缘熔化覆盖到下侧坡口边线向下 1mm 的板件上，如图 25 所示。

其他如引弧、起头处、一根焊条的收尾、接头、试件尾端焊接等环节的操作与焊道②相同。

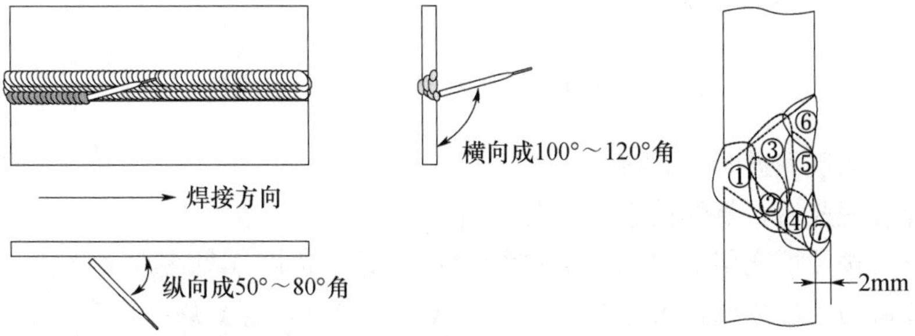

图 25　焊道⑦的焊条角度及焊接熔池位置

注意事项：盖面层焊道⑦焊接时，焊条纵向移动速度比其他焊道都要慢，焊道⑦焊接完成后的余高要在 2mm 以上。

第二步：盖面层焊道⑧的焊接

焊道⑦焊接完成后，将焊道表面及坡口内的熔渣清除干净。

清理干净后按照填充层的动作步骤进行焊接，焊条角度详见表 1 和图 26。运条时，焊条中心对准焊道⑦的上边缘线，由左向右保持直线连续燃烧，直至焊条用完。焊接时，控制焊接熔池下边缘熔化覆盖到焊道⑦中心线向下 2mm 的地方，如图 26 所示。

其他如引弧、起头处、一根焊条的收尾、接头、试件尾端焊接等环节的操作与焊道②相同。

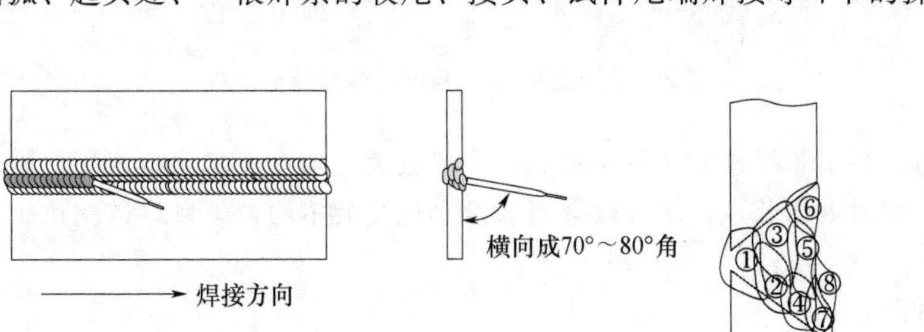

图 26　焊道⑧的焊条角度及焊接熔池位置

第三步：盖面层焊道⑨的焊接

焊道⑧焊接完成后，将焊道表面及坡口内的熔渣清除干净。

清理干净后按照填充层的动作步骤进行焊接，焊条角度详见表 1 和图 27。运条时，焊条中心对准焊道⑧的上边缘线，由左向右保持直线连续燃烧，直至焊条用完。焊接时，控制焊接熔池下边缘熔化覆盖到焊道⑧中心线向下 2mm，熔池上边缘熔化覆盖上侧坡口边线或边线向下小于 1mm 处，如图 27 所示。

其他如引弧、起头处、焊条的收尾、接头、试件尾端焊接等环节的操作与焊道②相同。

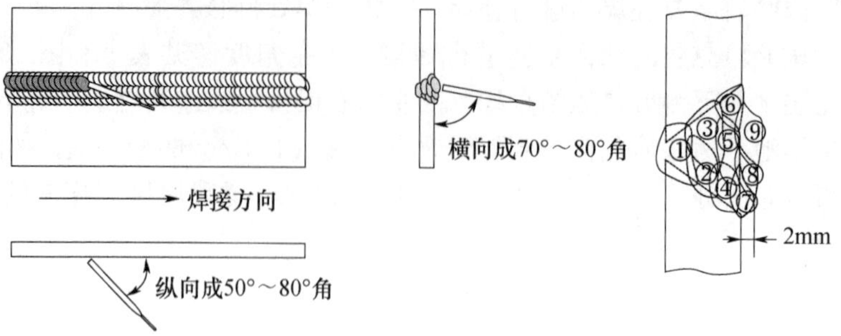

图 27　焊道⑨的焊条角度及焊接熔池位置

第四步：盖面层焊道⑩的焊接

焊道⑨焊接完成后，将焊道表面及坡口内的熔渣清除干净。

清理干净后按照填充层的动作步骤进行焊接，焊条角度详见表 1 和图 28。运条时，焊条中心对准坡口的上边缘线，由左向右保持直线连续燃烧，直至焊条用完。焊接时，控制焊接熔池下边缘熔化覆盖到距离焊道⑨的中心线，熔池上边缘熔化覆盖上侧坡口边线向上小于 2mm 的板件上，如图 28 所示。

其他如引弧、起头处、焊条的收尾、接头、试件尾端焊接等环节的操作与焊道②相同。

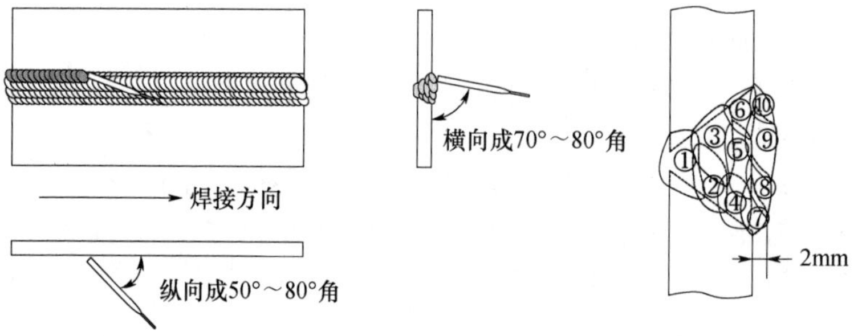

图 28　焊道⑩的焊条角度及焊接熔池位置

注意事项：焊道⑩焊接时保持电弧长度和焊接速度均匀，不要追求焊肉薄而使用过快的焊接速度和过短的电弧长度，这样做会因长度和速度的不均匀造成焊道咬边缺陷的产生。

◆练习过程说明：

盖面层焊接时，操作者的主要操作意图是保持焊道外观平直。

横焊盖面层焊接时自下至上共有四条焊道，每条焊道平直度的保持需要操作时电弧对准纵向基准线，并进行均匀移动来实现。

首先焊道⑦焊接时，电弧对准板件下坡口边线，焊条药皮套筒的右侧边缘轻轻贴在下坡口边保持均匀地送进和纵向移动动作。同时注意焊接时焊条横向角度为焊条与下侧板件成 100°～120°角，焊接速度宜慢不宜快，从而有意识使焊道⑦的焊肉产生一定的重力下垂现象，焊道横截面呈中心线偏下椭圆度较大的弧形。

焊道⑧焊接时，电弧对准焊道⑦的上边线，焊条药皮套筒的下侧边缘轻轻贴在焊道⑦的中心线，使焊接熔池受到焊道⑦的良好衬托，并保持均匀的送进和纵向移动动作。操作时要保持焊接熔池下边线熔化到焊道中心线偏下 2mm 处，熔池的上边线熔化至填充焊层的中心处。

焊道⑨焊接时，电弧对准焊道⑧的上边线，焊条的药皮套筒的下侧边缘轻轻贴在焊道⑧的中心线，使焊接熔池受到焊道⑧的良好衬托，并保持均匀的送进和纵向移动动作。操作时也要保持焊接熔池下边线熔化到焊道⑧中心线偏下 2mm 处，熔池的上边线熔化至距离板件上坡口 1mm 处。

焊道焊接时，电弧对准板件坡口的上边线，焊条的药皮套筒的下侧边缘轻轻贴在焊道⑨的中心线偏上，使焊接熔池受到焊道⑨的良好衬托，并保持均匀的送进和纵向移动动作。操作时保持焊接熔池下边线熔化到焊道⑨中心线处，熔池的上边线熔化至板件坡口的上边线向上 2mm 处。

值得注意的是，进行盖面层四道的焊接时，焊道⑦是关键焊道，它的焊接敷设位置的正确与否对整个盖面焊层整体效果会产生非常大的影响。

如果焊道⑦焊接时焊条角度与下侧板件呈 70°～80°角，焊接熔池会受到电弧的依托变得平宽，焊道不会出现下垂现象，焊道横截面呈中心线偏上椭圆度较小的弧线。那么整个焊道⑦的焊道余高就会变低，焊肉也会向上过度敷设。在进行完焊道⑧、⑨焊接后，整个焊层的余高会很低，而且会将整个坡口完全覆盖，没有给焊道⑩留有任何焊接敷设的空间。此时，如果不进行焊道⑩焊接，那么板件坡口上边缘会存在明显的缺肉现象；如果进行焊道⑩焊接，那么完成后，焊道⑩会成为整个焊层的最高点，焊道出现“上凸下凹”的偏斜现象（图 29），焊层在上坡口的增宽量也会大大超过 2mm 的规定范围。

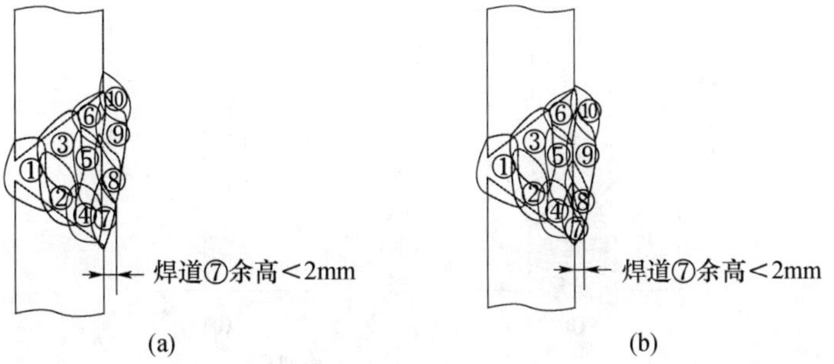

图 29　盖面层的“上凸下凹”

（a）焊接⑦焊条角度不正确；（b）焊接⑦焊速过快

如果焊道⑦焊接时焊接速度过快，那么整个焊道⑦的焊道余高就会变低，在进行完焊道⑧、⑨焊接后，整个焊层的余高也会很低。在进行焊道⑩焊接时，如果焊接速度慢，那么焊道⑩又会成为整个焊层的最高点，焊道出现“上凸下凹”的偏斜现象（图 29）；如果焊接速度快，那么操作时电弧运行的平直度和弧长均匀度都会变差，焊道⑩焊接完成后会很容易出现焊道的歪斜和咬边等问题。

从上面的分析可以看出，保持好焊道⑦操作时的焊条角度和焊接速度是整个焊层成败的关键。

最后，待焊接完成的试件自然冷却至室温后，将焊缝正面、背面及周围的焊渣、飞溅清除干净。清理时一般不使用电动工具，而是使用扁铲、榔头铲除焊渣、飞溅后再用钢丝刷将焊缝表面周围刷净即可。清理时注意不要破坏焊缝的原始状态，同时注意做好自己和他人的安全防护工作。清理完成后在试件上做好标记，为后续的检验、评定做好准备。

Ⅲ-3-3 酸性焊条板件对接立焊操作训练要领

焊条电弧焊酸性焊条板件对接立焊焊接操作训练，是焊工掌握焊条电弧焊单面焊双面成型操作技能必须掌握的基础项目之一。初学者要想具备独立操作的能力就必须经历系统的训练。本教材依据“循序渐进”的原则，将本章训练的内容分为四节。学员通过操作动作学习，可收到良好的效果。

焊条电弧焊酸性焊条板件对接立焊操作训练分为五个操作步骤：

1. 训练前的准备；
2. 练习试件的定位焊接；
3. 练习试件的打底层焊接；
4. 练习试件的填充层焊接；
5. 练习试件的盖面层焊接。

1　训练前的准备

1.1～1.6　步骤同酸性焊条板件对接平焊操作训练要领。

1.7　焊接层道及焊接顺序

焊接操作时的焊接顺序：自坡口最深根部处，由里向外焊接三层，每层焊接一道。如图1所示。

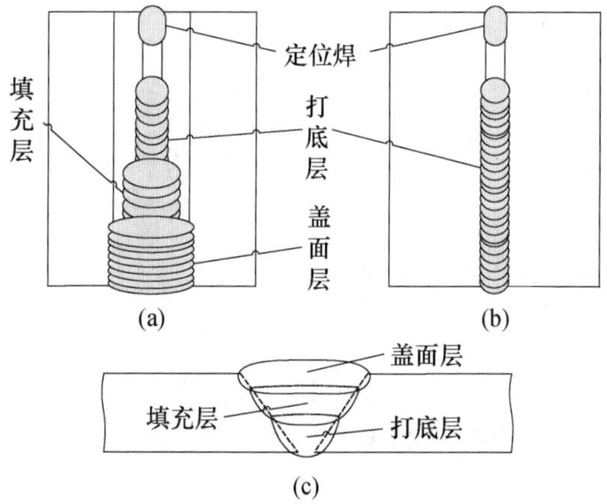

图1　焊接层道及焊接顺序

(a) 板件正面；(b) 板件背面；(c) 焊缝的剖面图

1.8　焊接参数（表1）

表1　焊接参数表

项目＼参数	焊条规格 (mm)	焊接电流 (A)	焊条纵向角度（焊条与焊接方向的角度）	焊条横向角度（焊条与试件宽度方向的角度）
定位焊	ϕ3.2	100	65°～80°	90°
打底层焊接	ϕ3.2	110	100°～120°	90°
填充层焊接	ϕ3.2	90～100	100°～120°	90°
盖面层焊接	ϕ3.2	90	100°～120°	90°

2　训练第一节——试件的定位焊接

本节训练内容同酸性焊条板件对接平焊操作训练要领。

3　训练第二节——试件的打底层焊接

练习方法：两点断续击穿焊接法

练习目的：具备焊条电弧焊单面焊双面成型能力

焊接电流：110A

操作过程：

第一步：准备

操作者将试件定位焊道的熔渣、飞溅清理干净，做出适当的横向反变形量（克服试件横向的角变形），再固定在支架上，坡口面与上水平保持垂直放置。操作者站在面向试件坡口正面方向上，放置的试件小间隙的一端在下，大间隙的一端在上，焊接方向由小间隙的一端的“下”向大间隙一端的“上”进行施焊。操作者取一根焊条，用电焊钳将焊条夹持牢固，左手持面罩，右手轻握焊钳，使焊钳夹持的焊条倾斜一定的角度（图 2），并保持焊条距离工件前端定位焊道表面 10～20mm。

注意事项：操作者放置焊接练习试件时应确认好上下两个定位焊道的摆放次序与焊接方向一致，在放置前要仔细检查试件有无错边，确认间隙符合要求，否则应立即进行修复。

第二步：引弧

操作者左手将面罩戴好，站位在焊件坡口中心偏左，右手轻轻下压使焊条的前部端头接触试件下端定位焊段表面，采用划擦引弧法引燃电弧（图 3）。

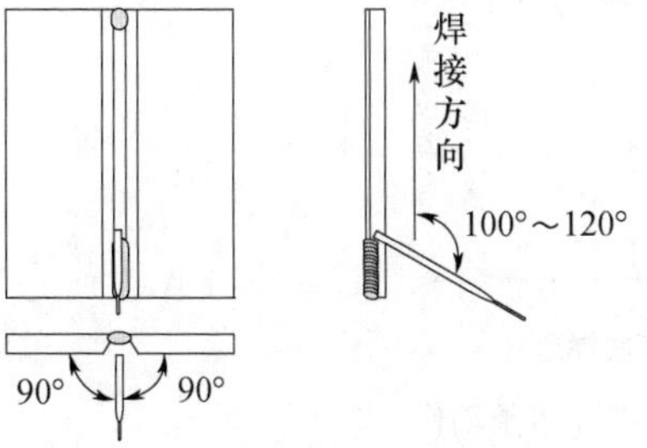

图 2　打底层焊条角度

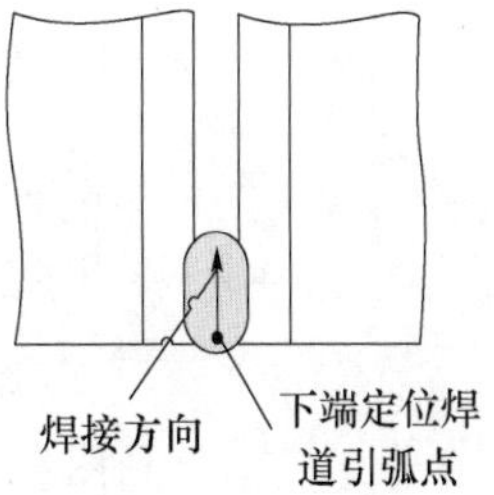

图 3　焊条在定位焊段引弧

第三步：起头处的焊接

电弧引燃后，操作者将焊条轻压，保持适当的电弧长度。同时，将焊条沿着定位焊段表面左右做锯齿形摆动 1～2 个来回，再沿点固焊道的中部将焊条向上轻顶至坡口里，并坡口内压至坡口根部燃烧 1s 左右熄弧（图 4）。

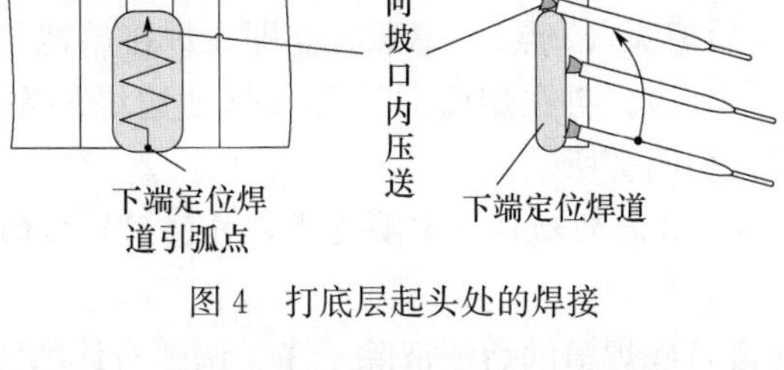

图 4　打底层起头处的焊接

注意事项：焊条沿点固焊道的中部将焊条向上动作时，下压至坡口根部的位置应适当，同时焊条左右轻微摆动 2 个来回。图 5 表示正确与错误的位置。

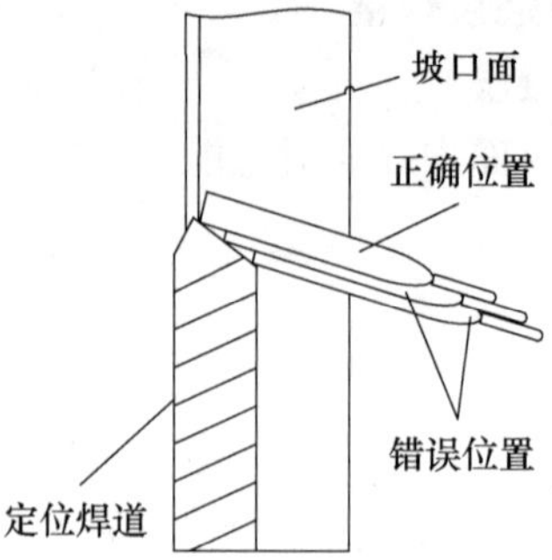

图 5　打底层焊条下压位置

第四步：左右两点击穿焊接

熄弧后立即在左侧坡口与前一个熔池中部的接合处引燃电弧，电弧引燃迅速压低并燃烧 0.5～1s，立即将焊条向左上方甩动熄灭电弧。熄弧停顿 0.5～1s 后又立即在右侧坡口与前一个熔池中部的接合处引燃电弧，压电弧燃烧 0.5～1s，立即将焊条向左上方甩动熄灭电弧，熄弧停顿 0.5～1s 后又立即在坡口左侧重新引弧。这样，操作者将焊条进行左右反复引弧、熄弧的组合动作，直至焊条燃烧完即可收尾焊接，如图 6 所示。

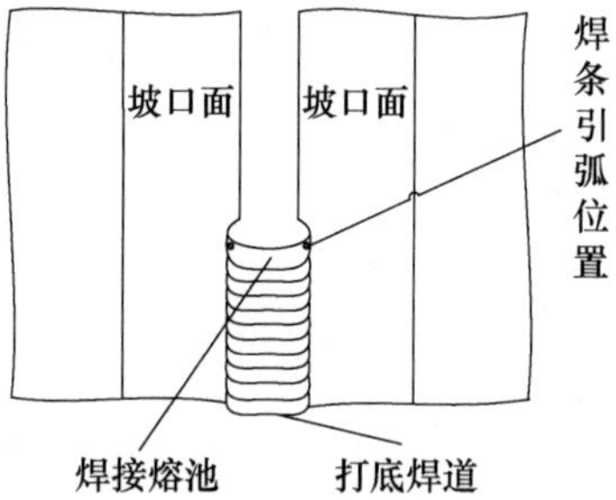

图 6　焊条左右两点击穿运条动作

注意事项：初学者在进行击穿动作练习时，注意着重训练焊条引弧的位置准确度。同时，在保证形成完整焊接熔池的基础上，焊条燃烧的时间应尽量缩短。一般一根焊条燃烧、熄灭的次数在 80 次左右为宜。如果焊条引弧的位置准确度高的话，一根焊条燃烧、熄灭的次数甚至可以控制在 90～120 次。

第五步：一根焊条的收尾焊接

焊条焊接燃烧剩余 30mm 的长度时即可进行收尾焊接。收尾焊接采用反复断续 2～3 点的收弧方法。正常焊接最后一次引弧、熄弧的组合动作后，立即将焊条压至打底焊道熔池的中部引燃电弧，燃烧 0.5s 后熄弧（1 点）。熄弧后立即在焊接熔池与左侧坡口的接合处引燃电弧，燃烧 0.5s 后熄弧（2 点）。再在熄弧后立即在熔池边缘的左侧坡口引燃电弧，燃烧 0.5s 后熄弧（3 点）即可，如图 7 所示。

注意事项：收尾焊接时，3 点的动作一定要连贯，并使用较短的电弧长度进行操作。

第六步：接头焊接

接头焊接前先将前一段打底焊道的熔渣清除干净。调整身体的姿态，使视线与焊接熔池保持 30°～45°的俯视角。采用划擦引弧法将焊条在工件的前段打底焊道的收尾处下 10～15mm 的表面引燃电弧。电弧引燃后，操作者将焊条轻压，保持适当的电弧长度。同时，将焊条沿着打底焊道的表面左右做锯齿形摆动 2～3 个来回，再向上沿打底焊道收尾处的中部将焊条下压至坡口根部停顿 1s 左右熄弧，即可进行正常的击穿焊接了，如图 8 所示。

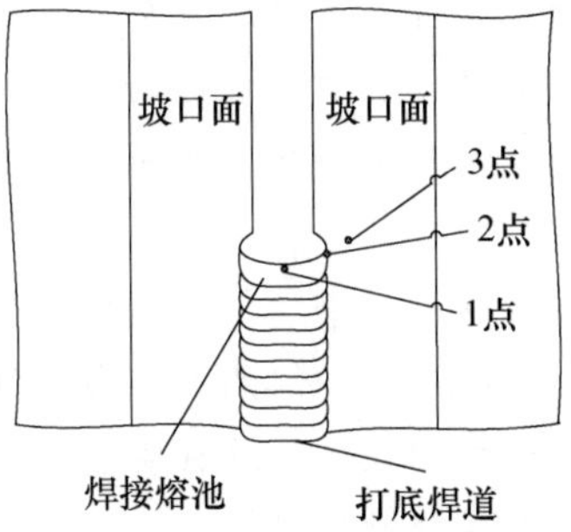

图 7　打底层焊接收尾动作

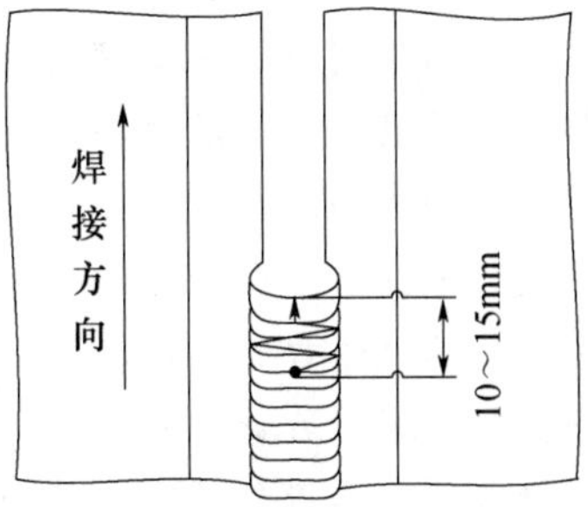

图 8　打底层接头焊接动作

注意事项：沿前一段打底焊道的中部将焊条向上做下压动作时，下压至坡口根部的位置应适当。图 9 表示正确与错误的位置。焊条接头焊接动作完成后应快速进行后续的击穿焊接。

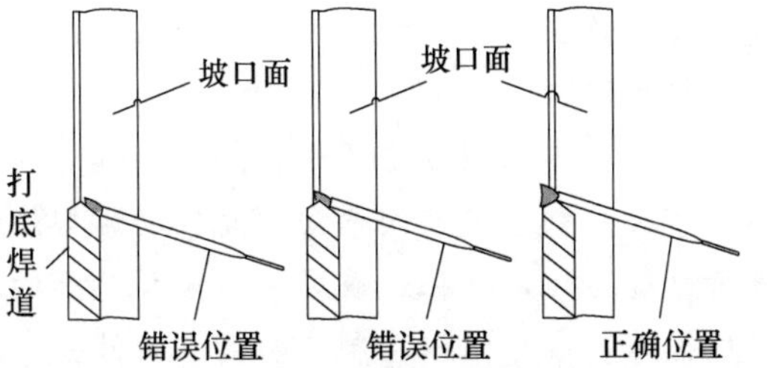

图 9　接头焊接时焊条的位置

第七步：试件尾端焊接

焊接到距离试件的后端定位焊道 5～10mm 时就要进行试件的尾端焊接了。尾端焊接采用连续焊接方法。在使用两点击穿断续焊接到距离试件的上端定位焊道 5mm 左右时不熄灭电弧，而是将焊条连续焊接至定位焊道的最上端，采用反复断续法将上端熔池填满即可熄弧，如图 10 所示。

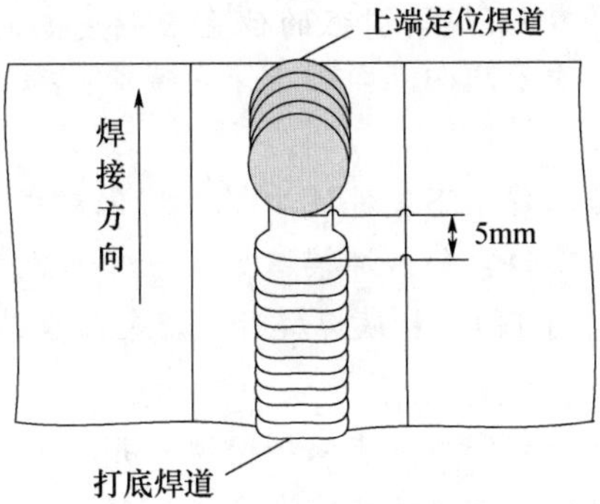

图 10　打底层尾端的焊接

注意事项：上端定位焊道接口处在焊接前应修磨出斜坡状。

◆练习过程说明：

进行立焊打底操作时，常用的有以下三种焊接操作方法：

操作者在一侧坡口引燃电弧后通过焊条的下压动作将焊接电弧深入到板件坡口的根部熔化坡口的正面和背面，同时送给熔滴后立即熄弧，再在另一侧坡口引弧后下压焊条将电弧深入坡口的根部熔化并送给熔滴后立即熄弧，这样重复左右两个动作完成单面焊双面成型焊道焊接的操作过程，称为两点断续击穿焊接操作法。

操作者在坡口中央前一个凝固的焊肉上引燃电弧后通过焊条的下压动作将焊接电弧深入到板件坡口的根部熔化坡口的正面和背面，同时送给熔滴后立即熄弧，再在凝固的焊肉上引弧后下压焊条将电弧深入坡口的根部熔化并送给熔滴后立即熄弧，这样重复一个动作完成单面焊双面成型焊道焊接的操作过程，称为单点断续击穿焊接操作法。

除此之外，立焊打底操作时还可以采用焊条横向往复摆动焊接操作法。即操作时，焊条在坡口左侧引燃电弧，电弧在燃烧的同时横向摆动焊条至右侧坡口熔化坡口根部，使坡口熔化形成熔孔，熔滴将通过熔孔送给至坡口背面，然后迅速熄灭电弧。稍作停顿后，在停弧的右侧坡口处重新引燃电弧，并将焊条横向摆动至坡口左侧再次打开熔孔并通过熔孔将熔滴送给至坡口背面。这样重复上述动作至焊条燃烧完毕，并形成正面和背面焊道的焊接操作方法称为焊条横向往复摆动焊接操作法。

以上三种焊接操作方法相比，单点断续击穿焊接法对操作者的反应能力、动作节奏和准确度要求较高，初学者不易掌握；初学者使用横向往复摆动焊接法时焊条摆动幅度过大，焊条不易深入到坡口根部进行燃烧熔化，往往造成焊条燃烧和熄灭的频率过慢，致使打底层焊接熔池体积过大，焊层厚度很厚，成型难以控制。而两点断续击穿焊接法对操作者动作节奏和准确度要求相对较低，适合初学者训练使用。另外，由于两点断续击穿焊接法操作时，焊条在两侧坡口上引燃电弧，电弧燃烧后使熔敷金属与坡口充分熔合，有效防止采用单点断续击穿焊接法时容易产生的熔敷金属与坡口熔合不良的现象。

采用两点断续击穿焊接法进行单面焊双面成型打底层焊道焊接的难点有两个：一是坡口根部的熔化，二是背面焊道的成型。

◆难点一：坡口根部的熔化

打底层焊接时，由于操作者面向坡口正面，视线无法到达背面，因此坡口根部背面的熔化情况无法观察到。不过，由于采用两点断续击穿焊接法，操作者可以通过观察熔孔准确地判断出坡口根部背面是否熔化。

熔孔是熔化焊接时在热源的作用下工件坡口根部熔化形成的豁口。由于在打底焊接时，工件两侧坡口根部熔化形成的豁口紧邻着焊接熔池，与熔池的边缘一起形成一个类似孔洞一样的形状，因此称之为熔孔（图 11）。打底焊接时，焊条压至坡口根部使电弧熔化坡口根部背面后就形成熔孔。

立焊打底操作时，操作者的视线应一直保持俯视，并与水平面成 30°～45°角。因此，不论焊条燃烧和熄灭的瞬间，操作者可以较为清晰地观察到熔孔。焊条电弧焊对接打底立焊焊接时熔孔的横向宽度一般控制在 5.5mm 左右（比坡口组对间隙大 2mm）。

操作时，只要始终保持坡口根部存在熔孔就能保证坡口根部充分熔化。

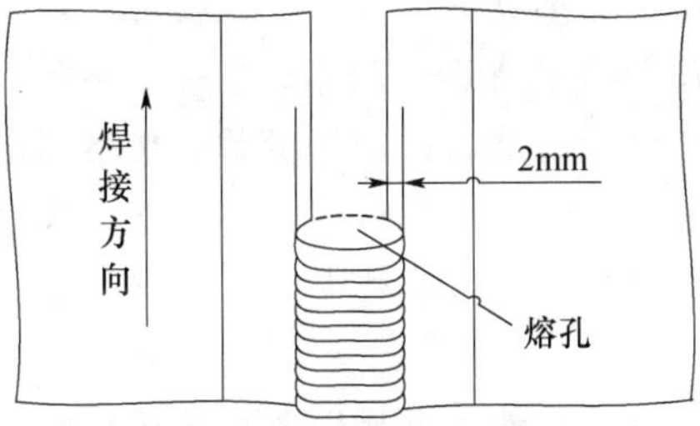

图 11 打底焊接时的熔孔

◆难点二：背面焊道的成型

采用两点断续击穿焊接法焊接立焊位打底时的成型机理是：打底焊道是由前前后后许多个焊接熔池相互堆积后形成的。第一根焊条在定位焊道上引燃电弧，焊条下压至坡口根部形成第一个焊接熔池，这个熔池的全部受到定位焊道的依托，因此铁水只有依靠焊接电弧的吹送力通过熔孔过渡到坡口背面形成第一个焊波。电弧熄灭后，停弧 1s，第一个焊接熔池迅速冷却凝固后，电弧又重新引燃，焊条下压形成了第二个焊接熔池。第二个熔池也是全部受到前一个凝固了的焊接熔池的依托，铁水依靠焊接电弧的吹送力通过熔孔过渡到坡口背面形成第二个焊波。这样，随着电弧反复熄灭、引燃、再熄灭产生了相互重叠的焊接熔池，冷却后像瓦房屋顶上堆积的瓦片一样形成第三个、第四个、第五个……焊波，并最终形成整条打底焊道，如图 12 所示。

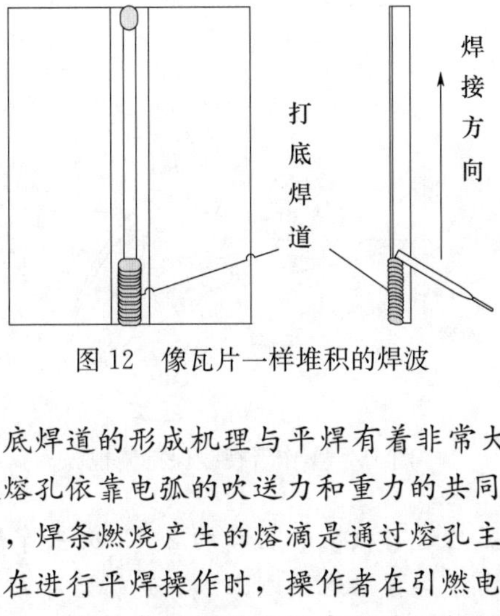

图 12 像瓦片一样堆积的焊波

值得注意的是，立焊打底焊道的形成机理与平焊有着非常大的区别。平焊打底操作时，焊条燃烧产生的熔滴是通过熔孔依靠电弧的吹送力和重力的共同作用流动到焊道背面，形成背面焊道的。而立焊打底时，焊条燃烧产生的熔滴是通过熔孔主要依靠电弧的吹送力过渡到坡口背面形成背面焊道的。在进行平焊操作时，操作者在引燃电弧击穿坡口打开熔孔后，熔滴会很顺畅地流淌到焊道背面，操作者需要重点注意的是如何避免出现焊瘤。而在进行立焊操作时，电弧打开熔孔后，熔滴只有依靠电弧的吹送力进行过渡，如果电弧引弧位置远离坡口根部，虽然坡口根部也能熔化形成熔孔，但由于电弧的吹送力较弱，致使熔滴送给不到坡口最根部和焊道背面，容易造成焊道背面凹陷。

初学者在进行打底焊接操作时，同样是由于视线对坡口背面的不可见性造成焊道成型高低不易控制，背面焊道经常高低不匀，甚至出现焊瘤缺陷。出现背面焊道高低变化的主要原因是焊条引弧位置和燃烧送给熔滴的位置不一致，有深有浅。此时，操作者可以通过观察熔孔的大小来验证自己焊条的引弧位置，并控制下一次焊条引弧在适当的位置，做出一个补救动作，以便保持背面成型的均匀性。

比如：操作时熔孔直径变小甚至观察不到了，说明刚才焊条引弧的位置靠外，没有深入到坡口的根部，此时过渡到背面的熔滴就少，那么下一次焊条引弧的位置一定要紧靠坡口根部，以便及时向焊道背面补充适量的熔滴；如果操作时观察到熔孔明显变大了，说明刚才焊条引弧的位置太深，过渡到背面的熔滴就会过多，那么下一次电弧引燃位置要靠外一点，不必下压到坡口根部，那么过渡到背面的熔滴就会适当减少，背面焊道就不会因后续熔滴的过渡而进一步增高。

造成背面焊道经常高低不匀的另外一个原因是焊接操作时，焊条燃烧和熄灭动作频率过慢，焊条燃烧时间过长，过渡到焊接熔池中的熔滴过多，造成焊接熔池的体积过大、温度过高，难以控制。打底焊接操作时的电弧燃烧、熄灭频率一般控制在40次/分钟以上，即一根直径3.2mm的焊条断续燃烧或熄灭80次以上。进行操作时，控制焊道厚度不宜过厚，一般在5～7mm。

由于初学者已经进行过平焊、横焊两个位置的操作练习，对断续焊打底焊接操作的引弧动作、电弧燃烧或熄灭频率、熄弧和再引弧等内容有了一定程度的掌握，因此在立焊操作时一定要强调焊条引弧位置的准确度，以便为仰焊操作打好基础。所以初学者在开始进行立焊打底练习时不建议采用先前平焊、横焊操作中使用的引弧、前顶和压条三步走的方法，而是直接采用引弧、压条两步走的方法进行操作练习。

立焊操作时，如果操作者的视线与焊接熔池保持平视甚至仰视的话，他的视线会被焊条阻挡，不能更好地观察到焊接熔池。因此，立焊操作中，操作者每更换一根焊条就应该调高身体的姿态，以便保持视线与水平线成30°～45°的俯视角，如图13所示。

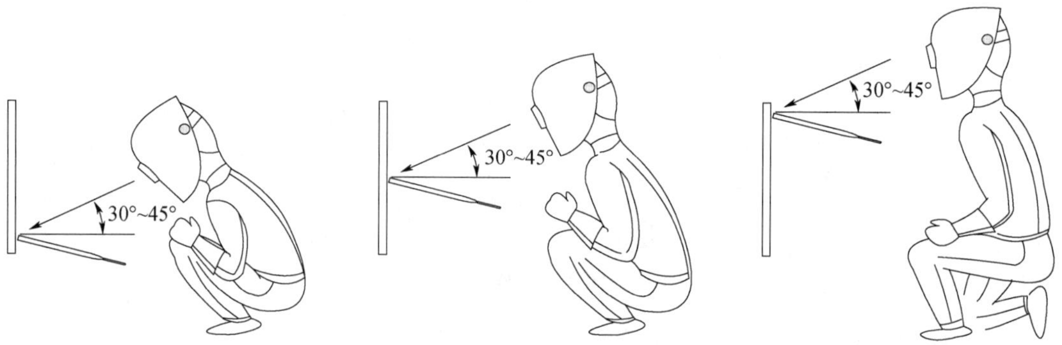

图13　操作者视线保持俯视

立焊打底层焊接焊条引弧后进行接头和后续的2～3次击穿焊接时，虽然电弧引燃后焊条进行了横向摆动预热，但由于焊接熔池刚刚形成，熄弧后冷却速度快，在停弧的瞬间熔池表面覆盖的熔渣黏度大，会将熔孔覆盖，使操作者无法正常判断坡口背面的熔化情况，而且此时由于熔渣覆盖在熔池之上，容易造成打底焊道的表面夹渣。操作者可以采用将焊条压至坡口的最根部并使电弧持续燃烧1s后，再快速进行后续的2～3次两点击穿焊接的方法，还可以采用将焊条压至坡口的最根部并使电弧持续燃烧1s后，再快速进行2～3次横向摆动断续击穿焊接的方法，这样既保证了接头处背面焊道熔合良好，同时也使焊接熔池温度升高，覆盖在熔孔上的熔渣流向坡口背面，露出清晰的熔孔。

4　训练第三节——试件的填充层焊接

练习方法：锯齿形连续运条法

练习目的：具备焊条电弧焊V形坡口填充焊接能力

焊接电流：90～100A

操作过程：

第一步：准备

填充层焊接前，应将焊道表面及背面的熔渣清除干净，用尖铲将打底焊道表面的飞溅和接头处凸出的焊肉铲净、清平，并用钢丝刷把焊道与坡口表面刷净、刷亮。检查打底焊道表面是否有表面夹渣，如果存在，应采用机械方法进行修磨，修磨后再进行补焊，并将补焊处再修磨平整，如图14所示。

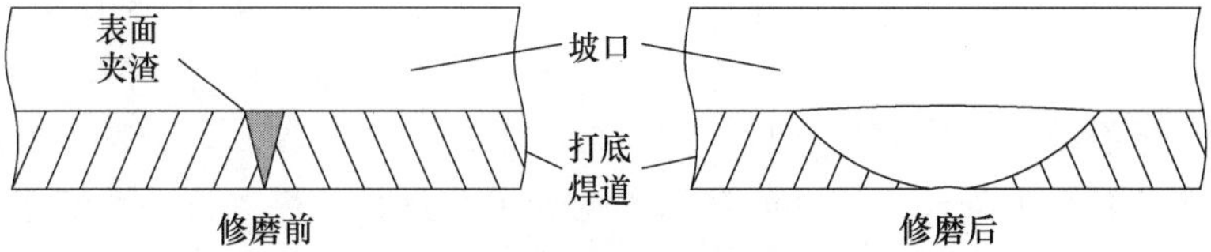

图14　表面夹渣的处理

注意事项：对打底焊道上的表面夹渣用角向磨光机进行修磨，将夹渣彻底清除干净并将表面夹渣处修磨成缓坡，修磨后用断续点焊的焊接手法进行补焊即可。

第二步：引弧

操作者取一根焊条，用电焊钳将焊条夹持牢固。站在工件的一侧，身体微微向左倾斜，在试件最下端坡口内的打底焊道上引燃电弧。焊条角度见表1。

第三步：起头处的焊接

电弧引燃后，操作者将焊条轻压，保持适当的电弧长度。同时，将焊条沿着打底焊道的最下端表面左右摆动一个来回熄灭电弧，然后在熄弧处引燃电弧并将焊条沿着打底焊道表面再左右摆动一个来回熄灭，这样反复2～4个来回后即可连续焊接了（图15）。

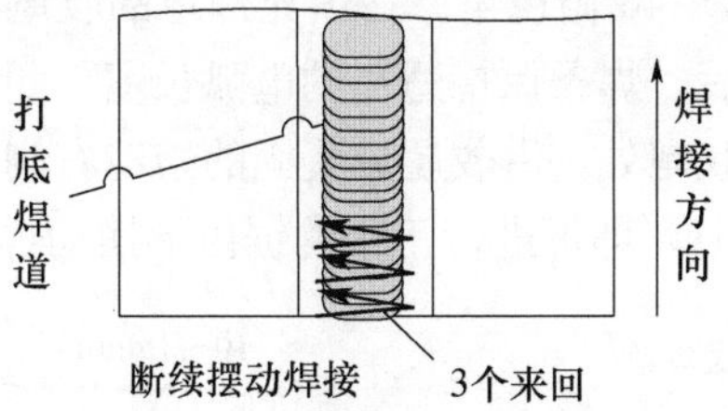

图15　填充层起头焊接

注意事项：焊条在左右摆动一个来回熄弧后稍作停顿，待熔池冷却后再重新引燃电弧。

第四步：连续运条焊接

起头焊接完成后，焊条由下向上沿打底焊道保持连续燃烧，直至焊条用完。连续焊接时，焊条在打底层焊道表面沿着一条锯齿线进行运动（图16）。焊条运动时坚持“两慢一快”的原则，即焊条运动到打底层焊道与两侧坡口结合处时，焊条的药皮边缘轻靠在左右两侧坡口上（锯齿的齿尖）做1～2s的停顿（慢），在打底层焊道表面进行横向摆动时（左右倾斜线）运动速度要快（快）。当焊条运动到两侧坡口处时，要注意熔池熔化的宽度应距离坡口外边缘1mm左右，以便为盖面层焊接留出余量，如图17所示。

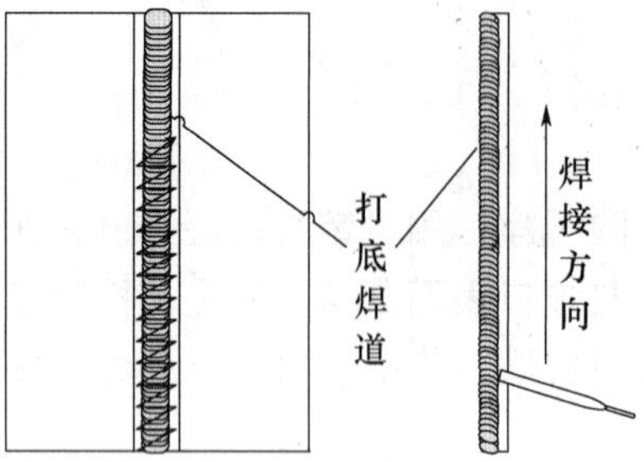

图 16　锯齿线运条

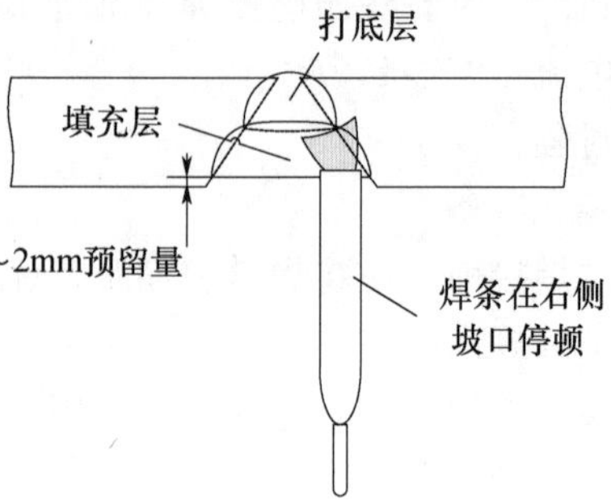

图 17　焊条坡口一侧停顿

注意事项：焊条沿左右坡口进行横向摆动时，要细心观察熔池，如果出现熔池下边缘的椭圆度过大而铁水剧烈下坠或者熔池的熔深急剧加大致使打底焊道快要被烧穿时，应及时调整操作手法，改连续焊为反复断续焊，待熔池温度下降后再恢复连续焊接。

第五步：焊条的收尾焊接

焊条焊接燃烧剩余 30mm 的长度时即可进行收尾焊接。收尾焊接采用反复断续 3～4 点的收弧方法。正常焊接焊条剩余 30mm 的长度时熄弧，熄弧前将焊条带到坡口左侧压低电弧燃烧 1s，停弧 0.5s 后将焊条在填充焊道熔池的中部引燃电弧，燃烧 1～2s 后熄弧（1 点）。停弧 0.5s 后在焊接熔池右侧引燃电弧，燃烧 1～2s 后熄弧（2 点）。再在停弧 0.5s 后在焊接熔池右边与右侧坡口结合处引燃电弧，燃烧 1～2s 后熄弧（3 点），如图 18 所示。

注意事项：填充层收尾处注意要与打底层的接头处错开，并且断续焊接时电弧的燃烧时间要比打底层长。

第六步：接头焊接

接头前先将前一段填充焊道收尾处向下方 20～30mm 长度的熔渣清除干净。调整身体的姿态，使视线与焊接熔池保持 30°～45°俯视角。在填充焊道的收尾处上方 10～15mm 处的打底焊道的表面引燃电弧。电弧引燃后，焊条保持适当的电弧长度。同时，将焊条沿着打底焊道的表面向下退回到刚才填充焊道的收尾处，沿收尾处凝固的熔池右侧向下画半圆弧至熔池左侧，再将焊条沿直线移动至右侧停顿 1s，即可进行正常的锯齿形摆动焊接，如图 19 所示。

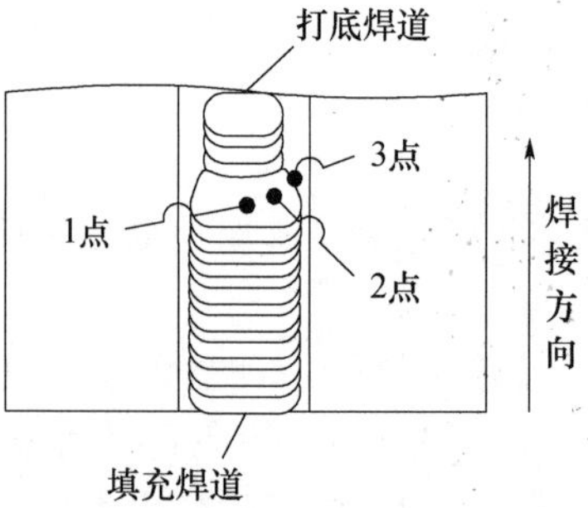

图 18　填充层收尾焊接图

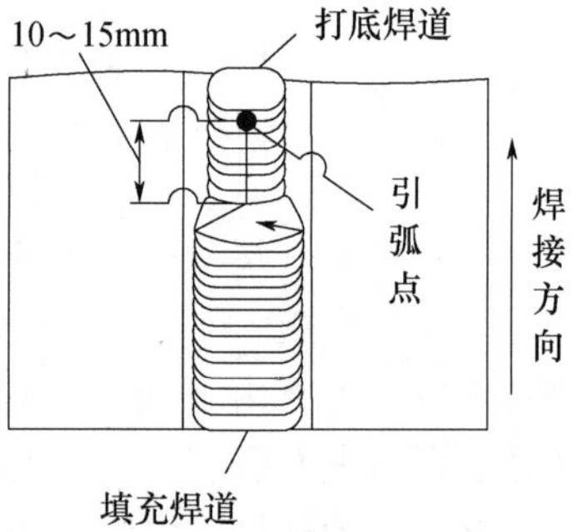

图 19　填充层接头焊接

注意事项：操作者将焊条画半圆弧的弧度要和收尾处凝固后的焊接熔池的下半部分弧度重合。焊条在做半圆弧状和直线两个往复动作时，横向移动速度一定不要太快，以便使接头中间部位得到充分预热，形成充分熔化的焊接熔池，防止接头部位出现表面夹渣缺陷。

第七步：试件尾端焊接

焊接到距离试件的上端打底焊道边缘 20～30mm 时就要进行试件的尾端焊接了。尾端焊接采用与起头处焊接类似的焊接方法。连续焊接至上端边缘 20～30mm 时，熄灭电弧停顿 1s 后，立即在熄弧处引燃电弧锯齿形摆动焊接 1～2 个来回后再熄弧，然后引弧—摆动焊接—熄弧，反复重复动作至上端边缘处，再采用反复断续点焊 3～5 次，将上端熔池填满即可熄弧，如图 20 所示。

注意事项：操作者焊接上端最后一根焊条时要注意站位，保持视线与焊接熔池呈 30°～45°俯视角。

◆练习过程说明：

打底层焊接时操作者的主要操作意图是击穿，而填充层焊接时的主要操作意图是熔化。

在填充层焊接时，由于打底焊道正面宽度较窄（10～15mm），焊条在摆动时因坡口的阻挡使其摆动幅度很小，如果采用一般的匀速锯齿形运条法焊接，形成的焊道会出现表面凸度过大的现象，并且对打底层焊道与填充层之间的充分熔合会产生不利影响。因此，填充层焊接采用的是“两慢一快”的大幅度锯齿形运条方法。焊条横向摆动到一侧坡口时应轻贴坡口稍加停顿，充分熔化坡口与打底焊道结合处。同时，由于焊条在停顿过程中燃烧缩短，会出现电弧由打底焊道表面向坡口一侧偏转的现象（图 21），从而使填充层焊道表面的凸度减小，有效防止填充层与两侧坡口结合处出现夹角。

填充层焊接时，焊接熔池不易观察，熔池除了电弧的正下方一小部分外几乎全部被熔渣覆盖。因此，操作者进行焊条横向摆动动作时一定选择好将要摆动到的位置，要做到心中有数。

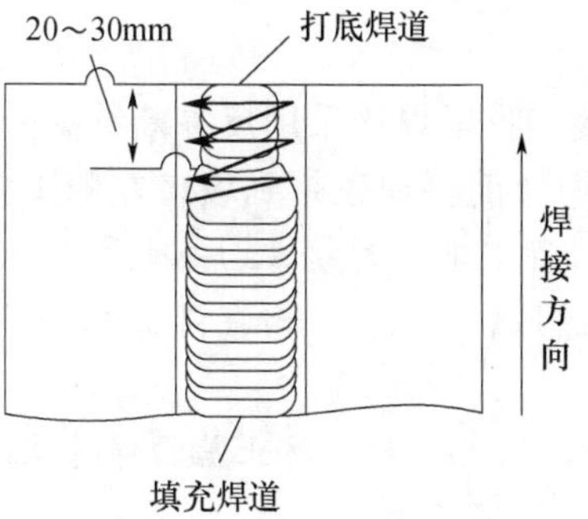

图 20　填充层尾端焊接图

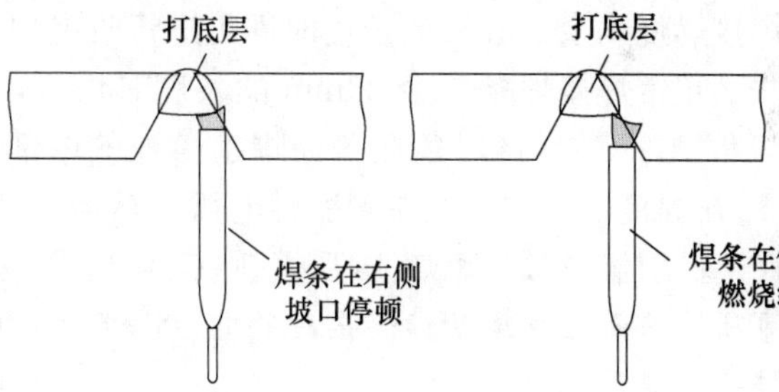

图 21　电弧的偏转

5　训练第四节——试件的盖面层焊接

练习方法：密锯齿形连续运条法

练习目的：具备焊条电弧焊 V 形坡口盖面焊接能力

焊接电流：90A

操作过程：

第一步：准备

盖面层焊接前，应将填充层焊道表面的熔渣清除干净，并用钢丝刷把焊道表面及坡口边缘刷净、刷亮。检查填充焊道表面是否有表面夹渣，如果存在应采用机械方法进行修磨，修磨后再进行补焊，并将补焊处再修磨平整。

第二步：引弧

操作者取一根焊条，用电焊钳将焊条夹持牢固。站在工件的一侧，身体微微向左倾斜，在试件最下端坡口内的填充焊道上引燃电弧。焊条角度见表1。

第三步：起头处的焊接

电弧引燃后，操作者将焊条轻压，保持适当的电弧长度。同时，将焊条沿着填充焊道的最前端表面左右摆动一个来回熄灭电弧，然后在熄弧处引燃电弧并将焊条沿着填充焊道表面再左右摆动一个来回熄灭，这样反复2～4个来回后即可进行连续焊接了。

第四步：连续运条焊接

起头焊接完成后电弧不熄灭，焊条由下向上沿填充焊道保持连续燃烧，直至焊条用完。连续焊接时，焊条在打底层焊道表面沿着一条密锯齿线进行运动。焊条沿密锯齿线运行时，一般由左至右走上斜线，由右至左走水平线（图22）。焊条运动到两侧坡口边缘处时，焊条药皮的左右边缘分别冲齐左右两侧坡口边缘线（锯齿的齿尖）并压低电弧做0.5s的停顿。

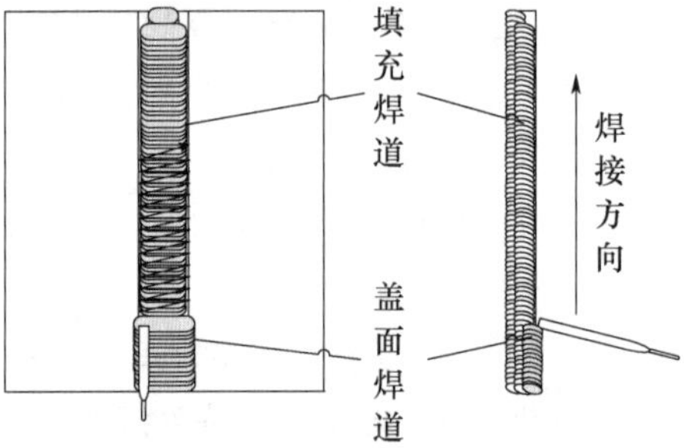

图22　盖面层焊条运条动作

第五步：一根焊条的收尾焊接

焊条焊接燃烧剩余30mm的长度时即可进行收尾焊接。收尾焊接采用反复断续3～4点的收弧方法。正常焊接焊条剩余30mm的长度时熄弧，熄弧前将焊条带到坡口左侧压低电弧燃烧1s，停弧0.5s后将焊条在盖面焊道熔池的中部引燃电弧，燃烧1s后熄弧（1点）。停弧0.5s后在焊接熔池中心偏左侧引燃电弧，燃烧1s后熄弧（2点）。再在停弧0.5s后在焊接熔池左半部引燃电弧，燃烧1s后熄弧（3点）。

注意事项：盖面层收尾断续焊接时的电弧燃烧时间应比填充层短。防止盖面焊道收尾处过高影响接头焊接。

第六步：接头焊接

接头前操作者先将前一段盖面焊道收尾处向下20～30mm长度的熔渣清除干净。调整身体的姿态，使视线与焊接熔池保持30°～45°的俯视角。在收尾处上方10～15mm处的填充焊道的表面引燃电弧。电弧引燃后，焊条保持适当的电弧长度。同时，将焊条沿着填充层焊道的表面向下退回到刚才盖面层焊道的收尾处，沿收尾处凝固的熔池右侧向前画圆弧至熔池左侧，再将焊条沿直线移动至右侧，即可进行正常的锯齿形摆动焊接了。

第七步：试件尾端焊接

焊接到距离试件的上端填充焊道边缘20～30mm时就要进行试件的尾端焊接了。尾端焊接采用与起头处焊接类似的焊接方法。连续焊接至上端边缘10～20mm时，熄灭电弧停顿1s后立即在熄弧处引燃电弧锯齿形摆动焊接1～2个来回后再熄弧，然后引弧一摆动焊接—熄弧，反复重复动作至上端边缘处再采用反复断续点焊 3～4 次将右端熔池填满即可熄弧。

◆**练习过程说明：**

盖面层焊接时，操作者的主要操作意图是保持良好的焊道外观平直度。

填充层焊接完成后，焊道表面两侧坡口整齐的边线就是盖面层焊接时的基准线。焊条在左右横向摆动到坡口边缘线时，保持焊条药皮的左侧外边缘与左侧坡口边线冲齐。因为保持正常的电弧长度时，电弧正下方受热熔化的区域直径要比焊条直径增宽 1mm 左右，所以保持焊条药皮的左侧外边缘与左侧坡口边线冲齐，就能轻松地做到盖面焊道的宽度比坡口宽度每侧增宽小于 2mm，并有效地防止坡口边缘的未熔合现象，如图 23 所示。

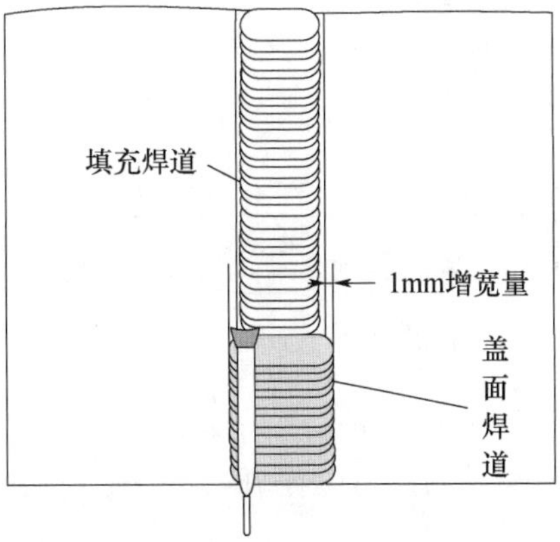

图 23　盖面层的增宽

另外，盖面层焊接时焊条横向摆动的速度不能太快，否则容易出现盖面焊道中间凹陷，影响盖面焊道的整体美观。

最后，待焊接完成的试件自然冷却至室温后，将焊缝正面、背面及周围的焊渣、飞溅彻底清除干净。清理时一般不使用电动工具，而是使用扁铲、榔头铲除焊渣、飞溅，之后再用钢丝刷将焊缝表面周围刷净即可。清理时注意不要破坏焊缝的原始状态，同时注意做好自己和他人的安全防护工作。清理完成后在试件上做好标记，为后续的检验、评定做好准备。

Ⅲ-3-4　酸性焊条板件对接仰焊操作训练要领

焊条电弧焊酸性焊条板件对接仰焊操作训练，是焊工掌握焊条电弧焊单面焊双面成型操作技能必须掌握的基础项目之一。初学者要想具备独立操作的能力就必须经历系统的训练过程。本教材依据“循序渐进”的原则，将本章训练的内容分为五节，学员通过操作动作学习，可收到良好的效果。

焊条电弧焊酸性焊条板件对接仰焊操作训练分为五个操作步骤：

1. 训练前的准备；
2. 练习试件的定位焊接；
3. 练习试件的打底层焊接；
4. 练习试件的填充层焊接；
5. 练习试件的盖面层焊接。

1　训练前的准备

1.1～1.6　步骤同焊条电弧焊酸性焊条板件对接平焊操作训练要领。

1.7　焊接层道及焊接顺序

焊接操作时的焊接顺序：自坡口最根部的深处，由里向外焊接三层，每层焊接一道。如图 1 所示。

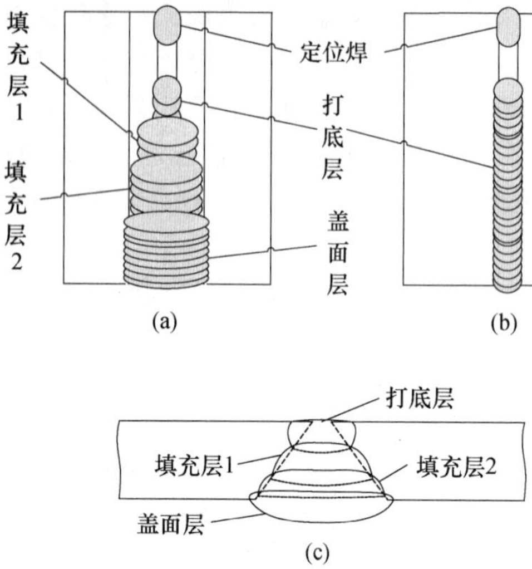

图 1　焊接层道及焊接顺序

(a) 板件正面；(b) 板件背面；(c) 焊缝的剖面图

1.8　焊接参数（表 1）

表 1　焊接参数表

参数 项目	焊条规格 (mm)	焊接电流 (A)	焊条纵向角度 (焊条与焊接方向的角度)	焊条横向角度 (焊条与试件宽度方向的角度)
定位焊	ϕ3.2	100	65°～80°	90°
打底层焊接	ϕ3.2	110	70°～90°	90°
填充层焊接	ϕ3.2	90～100	70°～90°	90°
盖面层焊接	ϕ3.2	90	70°～100°	90°

2　训练第一节——试件的定位焊接

本节训练内容与酸性焊条板件对接平焊操作训练要领基本相同，不同点在于，起焊端的定位坡口间隙为（3.0±0.2）mm，后焊端坡口间隙应保持在（4.0±0.2）mm。

3　训练第二节——试件的打底层焊接

练习方法：单点断续击穿焊接法

练习目的：具备焊条电弧焊单面焊双面成型能力

焊接电流：110A

操作过程：

第一步：准备

操作者将试件定位焊道的熔渣、飞溅清理干净，做出适当的横向反变形量（克服试件横向的角变形），再固定在支架上，坡口面朝下放置。操作者身体在试件坡口面下方，焊接方向由小间隙的一端向大间隙一端施焊。操作者取一根焊条，用电焊钳将焊条夹持牢固，左手持面罩，右手轻握焊钳，使焊钳夹持的焊条倾斜一定的角度（图 2），并保持焊条距离工件前端定位焊道表面 10～20mm。

注意事项：操作者放置焊接练习试件时应确认好先后两个定位焊道的摆放次序与焊接方向一致，在放置前要仔细检查试件有无错边，确认间隙符合要求，否则应立即进行修复。

第二步：引弧

操作者左手将面罩戴好，站位在焊件坡口中心偏左，右手轻轻上举使焊条的前部端头接触试件先焊端定位焊段表面，采用划擦引弧法引燃电弧（图 3）。

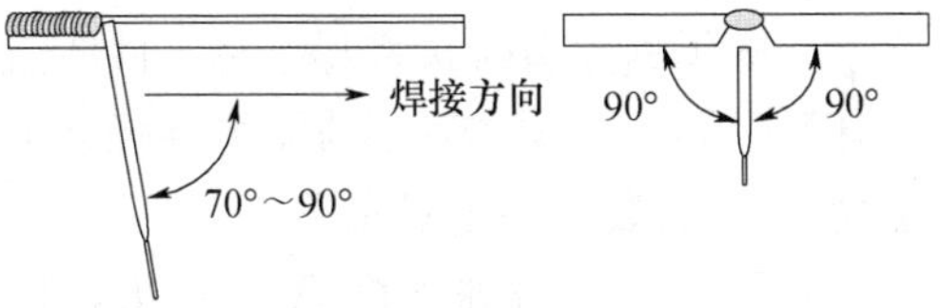

图 2 打底层焊条角度

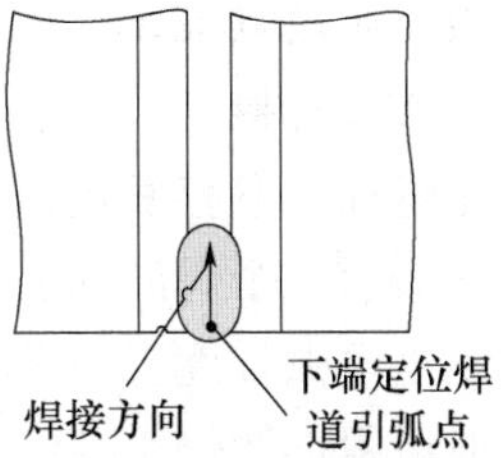

图 3 焊条在定位焊段引弧

第三步：起头处的焊接

电弧引燃后，操作者迅速将焊条向上轻顶至坡口根部，燃烧 1s 左右熄弧（图 4）。

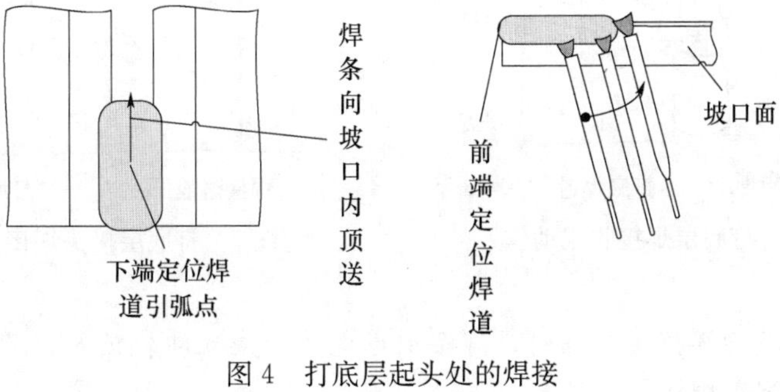

图 4 打底层起头处的焊接

注意事项：沿点固焊道的中部将焊条向上顶动时，焊条一定要轻顶住坡口根部，同时焊条在燃烧缩短时手腕要做好向上的送进动作，防止电弧变长。

第四步：单点击穿焊接

熄弧后立即在坡口中央熔孔处的前一个焊波的最前（焊接方向）端引燃电弧，电弧引燃迅速上顶焊条，燃烧 0.5s 左右，立即将焊条向左下方甩动熄灭电弧。熄弧停顿 1s 后又立即在坡口中央熔孔处引燃电弧，压电弧燃烧 0.5s，立即将焊条向右下方甩动熄灭电弧，熄弧停顿 1s 后又立即在坡口中央重新引弧。这样，操作者将焊条进行反复引弧、熄弧的组合动作直至焊条燃烧完即可收尾焊接了。具体的焊条引弧位置如图 5 所示。

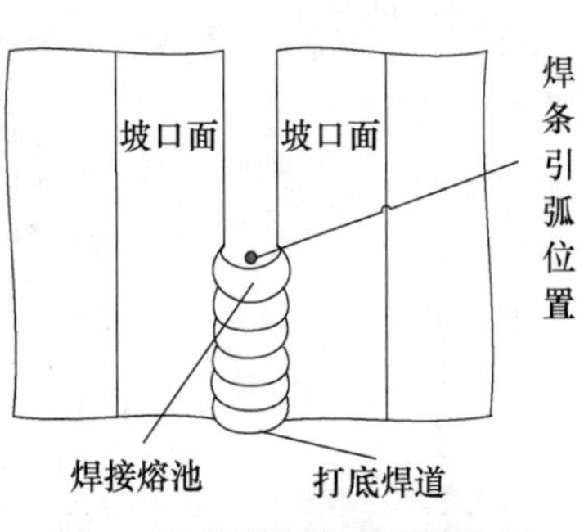

图 5 焊条单点击穿引弧位置

注意事项：初学者在进行击穿动作练习时，注意着重训练焊条引弧位置的准确度。同时，在保证形成完整焊接熔池的基础上，焊条燃烧的时间应尽量缩短。一般一根焊条燃烧、熄灭的次数在100次左右为宜。如果焊条引弧的位置准确度高的话，一根焊条燃烧、熄灭的次数甚至可以控制在100～120次。

第五步：焊条的收尾焊接

焊条焊接燃烧剩余30mm的长度时即可进行收尾焊接。收尾焊接采用反复断续2～3点的收弧方法。正常焊接最后一次引弧、熄弧的组合动作后，立即将焊条压至打底焊道熔池的中部引燃电弧，燃烧0.5s后熄弧（1点）。熄弧后立即在焊接熔池与左侧坡口的结合处引燃电弧，燃烧0.5s后熄弧（2点）。再在熄弧后立即在熔池边缘的左侧坡口引燃电弧，燃烧0.5s后熄弧（3点）即可（图6）。

注意事项：收尾焊接时，三点的动作一定要连贯，并使用较短的电弧长度进行操作。

第六步：接头焊接

接头前先将前一段打底焊道的熔渣清除干净。采用划擦引弧法将焊条在工件的前段打底焊道的收尾处最后一个焊波的表面引燃电弧。电弧引燃后，操作者迅速将焊条轻顶至坡口最根部，尽量压短电弧长度。焊条在坡口根部燃烧1s左右熄弧，电弧熄灭0.5s后迅速引燃并向上轻顶至坡口根部燃烧1s后熄灭，熄灭0.5s后再引燃并送进燃烧1s后熄灭，直至露出清晰的熔孔，即可进行正常的击穿焊接了（图7）。

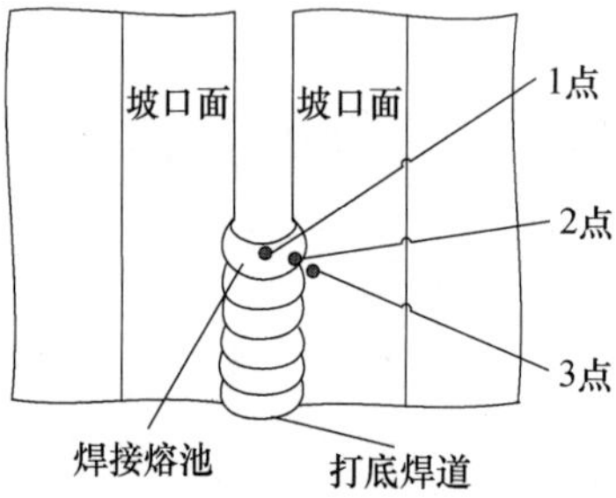

图6 打底层焊接收尾动作

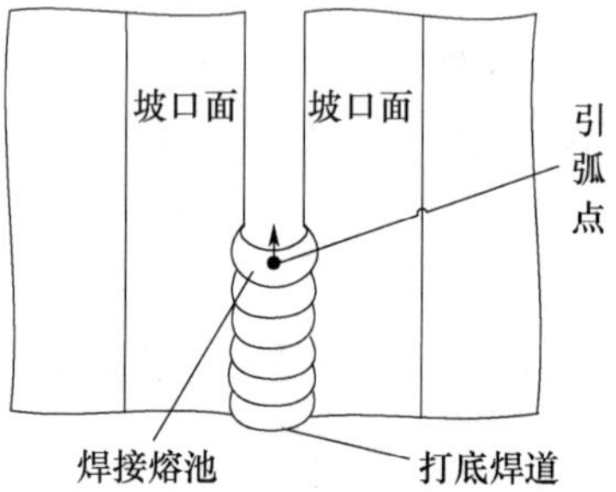

图7 打底层接头焊接动作

注意事项：完成仰焊接头动作时，焊条引燃电弧后应立即轻顶入收尾处的熔孔里。

第七步：试件尾端焊接

焊接到距离试件的后端定位焊道5～10mm时就要进行试件的尾端焊接了。尾端焊接采用连续焊接方法。在使用单点击穿断续焊接到距离试件的上端定位焊道5mm左右时不熄灭电弧，而是将焊条连续焊接至定位焊道的最尾端，采用反复断续法将上端熔池填满即可熄弧，如图8所示。

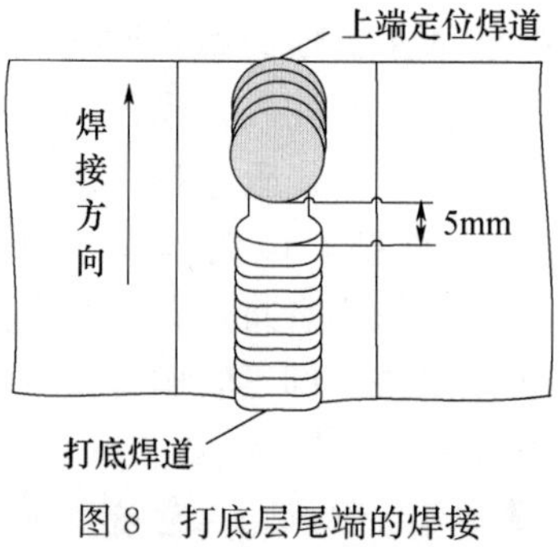

图8 打底层尾端的焊接

注意事项：尾端定位焊道接口处在焊接前应修磨出斜坡状。

◆**练习过程说明：**

进行仰焊打底操作时，常用的有以下三种焊接操作方法：

操作者在一侧坡口引燃电弧后通过焊条的下压动作将焊接电弧深入到板件坡口的根部，熔化坡口的正面和背面，同时送给熔滴后立即熄弧，再在另一侧坡口引弧后下压焊条将电弧深入坡口的根部熔化并送给熔滴后立即熄弧，这样重复左右两个动作完成单面焊双面成型焊道焊接的操作过程，称为两点断续击穿焊接操作法。

操作者在坡口中央前一个凝固的焊肉上引燃电弧后通过焊条的下压动作将焊接电弧深入到板件坡口的根部，熔化坡口的正面和背面，同时送给熔滴后立即熄弧，再在凝固的焊肉上引弧后下压焊条将电弧深入坡口的根部熔化并送给熔滴后立即熄弧，这样重复一个动作完成单面焊双面成型焊道焊接的操作过程，称为单点断续击穿焊接操作法。

除此之外，仰焊打底操作时还可以采用焊条横向往复摆动焊接操作法。即操作时，焊条在坡口左侧引燃电弧，电弧在燃烧的同时横向摆动焊条至右侧坡口熔化坡口根部，使坡口熔化形成熔孔，熔滴将通过熔孔送给至坡口背面，然后迅速熄灭电弧。稍作停顿后，在停弧的右侧坡口处重新引燃电弧，并将焊条横向摆动至坡口左侧再次打开熔孔并通过熔孔将熔滴送给至坡口背面。这样重复上述动作至焊条燃烧完毕，并形成正面和背面焊道的焊接操作方法称为焊条横向往复摆动焊接操作法。

以上三种焊接操作方法相比，初学者使用横向往复摆动焊接法时焊条摆动幅度过大，焊条不易深入到坡口根部进行燃烧熔化，往往造成焊条燃烧和熄灭的频率过慢，致使打底层焊接熔池体积过大，焊层厚度很厚，熔池在重力作用下下坠明显，非常容易造成打底焊道背面凹坑和正面焊瘤；而在使用两点断续击穿焊接法进行仰焊打底焊时，如果操作者对打底动作节奏和准确度控制不熟练，同样容易造成打底层焊接熔池体积过大，焊层厚度过厚的问题；单点断续击穿焊接法对操作者的反应能力、动作节奏和准确度要求也比较高，但初学者经过了平、横、立三个位置的板件练习之后，掌握单点断续击穿焊接法难度相对两点断续击穿焊接法要容易得多，而且单点断续击穿焊接法打底焊时，频率快、熔池体积小，熔池受重力影响下坠程度要小得多，因此单点断续击穿焊接法更适合初学者在仰焊打底焊训练中使用。

采用单点断续击穿焊接法进行仰焊单面焊双面成型打底层焊道焊接的难点有两个：一是根部接头的击穿动作，二是断续击穿引弧点位和节奏的控制。

◆**难点一：根部接头的击穿动作**

一般的焊接接头动作都要有一个明显的预热过程。像平、横、立三个位置打底接头时，将焊条在收尾处先左右摆动几个来回进行充分预热，然后向坡口根部顶动进行击穿。如果在仰焊打底接头时，仍然像其他三个位置一样预热，那么势必会在接头处形成一个体积较大的焊接熔池，熔池在重力影响下下坠，会使打底焊道接头处产生背面凹坑和正面焊瘤。

因此，在仰焊打底接头时，强调尽量减少预热动作，焊条引燃电弧后立即顶动至坡口根部，但由于预热不充分应稍微延长电弧燃烧时间（1s）。在进行接头第一点击穿动作后，由于接头处预热不充分，熔池温度较低，造成熔渣和铁水分离不清，熔孔不清晰。此时，应该在电弧熄灭 0.5s 后再重新引燃电弧并击穿燃烧 1s 后熄弧，完成接头第二点击穿动作。如果此时熔池温度依然较低，熔渣和铁水仍然分离不清，熔孔仍然不清晰，那么可以随即进行接头第三点、第四点的击穿动作，直至熔渣和铁水分离清楚，熔孔清晰为止。

完成接头几点击穿动作后，熔池熔渣和铁水分离清楚、熔孔清晰后，即可进行正常的打底击穿动作，正常击穿动作电弧燃烧时间为 0.5s，电弧熄灭时间为 1s。

◆难点二：断续击穿引弧点位和节奏的控制

采用单点断续击穿焊接法焊接仰焊位打底时的成型机理和其他位置一样，打底焊道也是由前前后后许多个焊接熔池相互堆积后形成的。但是，与其他位置不同的是仰焊打底的两个主要环节：

第一个环节就是仰焊打底层焊接时，熔池受到重力作用会产生下坠，熔池体积越大，下坠越明显。因此，仰焊断续打底焊时，每次电弧燃烧送给的铁水量尽可能少，每一个击穿动作形成的焊接熔池体积就能尽可能小，那么打底焊道受重力影响下坠的程度就小。

第二个环节就是焊条下压至坡口根部形成第一个焊接熔池，这个熔池在电弧熄灭后形成第一个焊波。电弧熄灭停顿 1s 后又重新引燃，焊条轻顶至坡口最根部燃烧尽可能短的时间（0.5s），熔滴通过坡口中央的间隙借助电弧的吹送力被推送至板件背面再下落至第一个焊波上面，冷却后形成了第二个焊波。第二个焊波受到第一个焊波的托举作用，其下坠程度大大减小。而这一托举作用的效果受两个因素影响：第一个因素就是第一个焊波的冷却程度。只有当第一个焊波经过足够长时间的冷却后（电弧熄灭 1s），才能经受住第二个焊波对它的二次加热，起到应有的托举作用。第二个因素就是第二个击穿动作的引弧位置要适当，要使第一和第二两个焊波最多产生 1/2 的重叠。重叠过少会使第一个焊波尾部产生的缩孔无法被第二个焊波充分熔化；重叠过多又会使第一个焊波被第二个击穿动作的电弧二次加热，致使两个焊波产生了一个体积较大的焊接熔池，造成下坠。

因此，仰焊打底焊电弧燃烧熄灭节奏一般为：电弧燃烧 0.5s，熄弧停顿 1s；焊条做击穿动作时引弧位置应在坡口的最根部、前一个焊波的最端部（图 9）。

这样，随着电弧反复熄灭、引燃、再熄灭产生了相互重叠的焊接熔池，冷却后像瓦房屋顶上堆积的瓦片一样形成第三个、第四个、第五个……焊波，并最终形成整条打底焊道（图 10）。

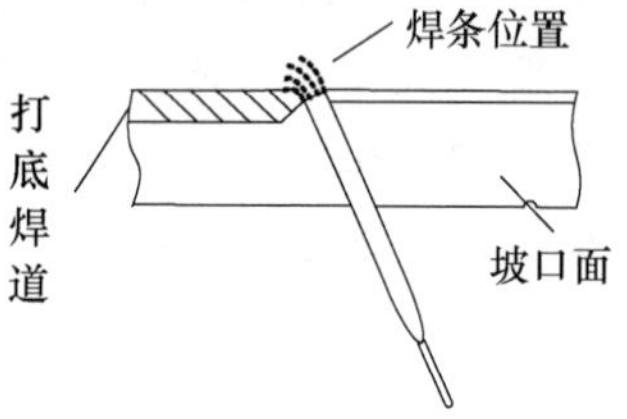

图 9　打底焊接时焊条的位置

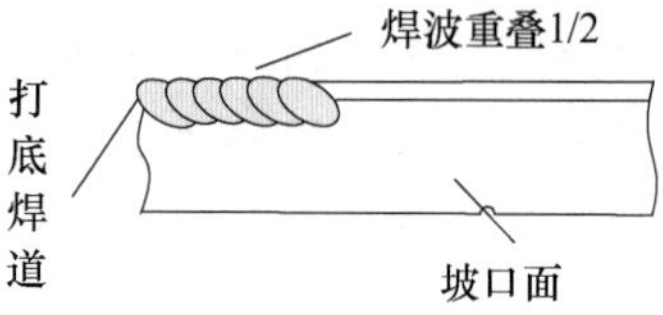

图 10　焊波的重叠

值得注意的是，仰焊打底焊道背面是否存在凹坑仅仅是衡量打底动作完成好坏的一方面，另一个更重要的方面是要看打底焊道正面是否存在明显的夹沟。打底焊道正面与坡口形成的夹沟会在后续的填充层焊接时产生致命的夹渣缺陷，因此要重点防范。

防止出现打底焊道正面夹沟的方法是尽可能减少每一个击穿动作电弧的燃烧时间，从而减少每次熔滴的送给量，减小焊接熔池的体积，减缓熔池在重力作用下的下坠。一般情况下长度 300mm、间隙 3.0mm 的仰焊对接焊缝使用 3 根直径 3.2mm 的焊条即可完成打底层的焊接，以便尽可能减薄焊层厚度，防止出现夹沟现象。

仰焊打底击穿焊时，熔孔尺寸要远远小于其他位置的打底焊，一般在间隙 3mm 的情况下，熔孔应控制在4mm宽度为宜。较短的电弧燃烧时间配合较长的电弧熄弧停顿时间，再加上适当的引弧位置才能在打底焊时出现较小的熔孔，才能保证打底焊道背面无凹坑或凹陷度符合要求，才能保证打底焊道正面无较深的夹沟。

由于打底焊电弧燃烧时间较短，如果接头焊条引弧位置偏斜，会容易发生电弧偏弧现象，造成打底焊层的单边未焊透或未熔合。因此，在打底焊时，应时刻注意焊条引弧位置的准确，一旦发生偏弧要迅速调整焊条角度及引弧位置，进行及时纠正。具体的纠正措施是：如电弧偏向坡口左侧，就应立即以焊条前端为轴扭动手腕将焊钳向左侧移动，使焊条轴心尽可能指向右侧坡口，也可以立即熄灭电弧后旋即在坡口根部中央偏右的位置重新引燃电弧，使电弧指向右侧坡口来弥补左侧发生的电弧偏斜；反之亦然。

4　训练第三节——试件的填充层1、2的焊接

练习方法：锯齿形连续运条法

练习目的：具备焊条电弧焊V形坡口填充焊接能力

焊接电流：90～100A

操作过程：

第一步：准备

填充层焊接前，应将焊道表面及背面的熔渣清除干净，用尖铲将打底焊道表面的飞溅和接头处凸出的焊肉铲净、清平，并用钢丝刷把焊道与坡口表面刷净、刷亮。检查打底焊道表面是否有表面夹渣，如果存在，应采用机械方法进行修磨，修磨后再进行补焊，并将补焊处再修磨平整，如图11所示。

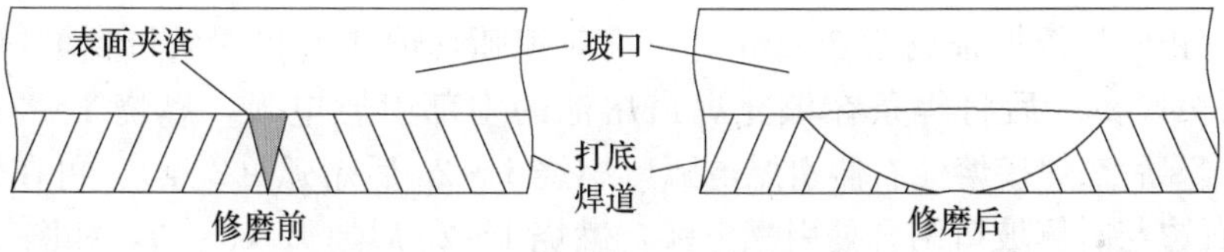

图11　表面加渣的处理

注意事项：对打底焊道上的表面夹渣用角向磨光机进行修磨，将夹渣彻底清除干净并将表面夹渣处修磨成缓坡，修磨后用断续点焊的焊接手法进行补焊即可。

第二步：引弧

操作者取一根焊条，用电焊钳将焊条夹持牢固。操作者站在工件的一侧，身体微微向左倾斜，在试件最前端坡口内的打底焊道上引燃电弧。焊条角度见表1。

第三步：起头处的焊接

电弧引燃后，操作者将焊条下拉15～20mm，使电弧在不熄灭的前提下尽可能长，保持较长的电弧对起头处进行2～3s的预热。随后将焊条轻顶，保持3mm作用的正常电弧长度，并沿着打底焊道的表面左右摆动一个来回熄灭电弧，然后在熄弧处引燃电弧并将焊条沿着打底焊道表面再左右摆动一个来回熄灭，这样反复2～4个来回后即可进行连续焊接（图12）。

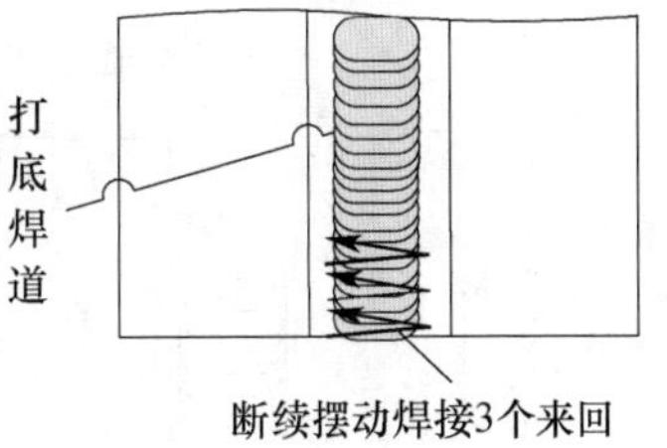

图12　填充层起头焊接

注意事项：焊条在左右摆动一个来回熄弧后稍作停顿，待熔池冷却后再重新引燃电弧。

第四步：连续运条焊接

起头焊接完成后，焊条由前向后沿打底焊道保持连续燃烧，直至焊条用完。连续焊接时，焊条在打底层焊道表面沿着一条锯齿线进行运动（图 13）。焊条运动时坚持“两慢一快”的原则，即焊条运动到打底层焊道与两侧坡口结合处时，焊条的药皮边缘轻靠在左右两侧坡口上（锯齿的齿尖）做 1～2s 的停顿（慢），在打底层焊道表面进行横向摆动时（左右倾斜线）运动速度要快（快），如图 14 所示。

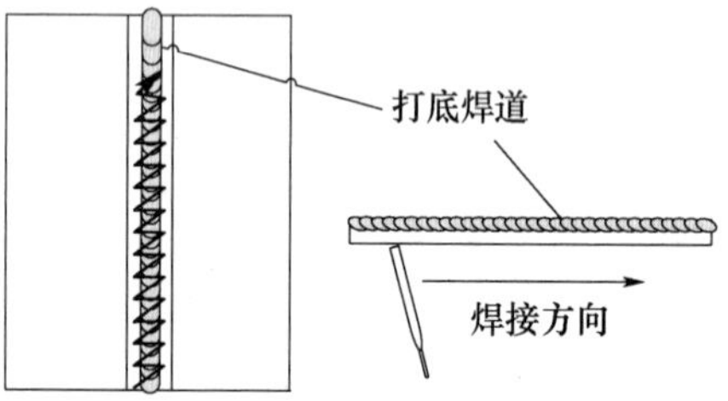

图 13　锯齿线运条

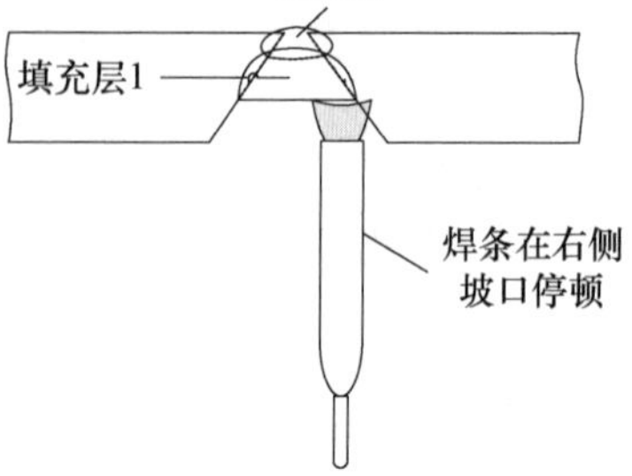

图 14　焊条坡口一侧停顿

注意事项：焊条沿左右坡口进行横向摆动时，要细心观察熔池，如果出现熔池下边缘的椭圆度过大而铁水剧烈下坠或者熔池的熔深急剧加大致使打底焊道快要被烧穿的情况时，应及时调整操作手法，改连续焊为反复断续焊，待熔池温度下降后再恢复连续焊接。

第五步：一根焊条的收尾焊接

焊条焊接燃烧剩余 30mm 的长度时即可进行收尾焊接。收尾焊接采用反复断续 3～4 点的收弧方法。正常焊接焊条剩余 30mm 的长度时熄弧，熄弧前将焊条带到坡口左侧压低电弧燃烧 1s，停弧 0.5s 后将焊条在填充焊道熔池的中部引燃电弧，燃烧 1～2s 后熄弧（1 点）。停弧 0.5s 后在焊接熔池右侧引燃电弧，燃烧 1～2s 后熄弧（2 点）。再在停弧 0.5s 后在焊接熔池右边与右侧坡口结合处引燃电弧，燃烧 1～2s 后熄弧（3 点），如图 15 所示。

注意事项：填充层收尾处注意要与打底层的接头处错开，断续焊接时电弧的燃烧时间要比打底层长。

第六步：接头焊接

接头焊接前先将前一段填充焊道收尾处向 20～30mm 长度的熔渣清除干净。调整身体的姿态，使视线与焊接熔池保持 30°～45°的俯视角。在填充焊道的收尾处 10～15mm 处的打底焊道的表面引燃电弧。电弧引燃后，焊条保持适当的电弧长度。同时，将焊条沿着打底焊道的表面退回到刚才填充焊道的收尾处，沿收尾处凝固的熔池右侧向下画半圆弧至熔池左侧，再将焊条沿直线移动至右侧停顿 1s，即可进行正常的锯齿形摆动焊接（图 16）。

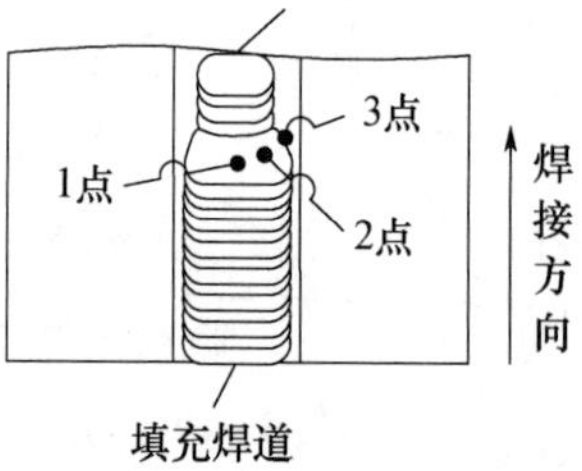

图 15　填充层收尾焊接

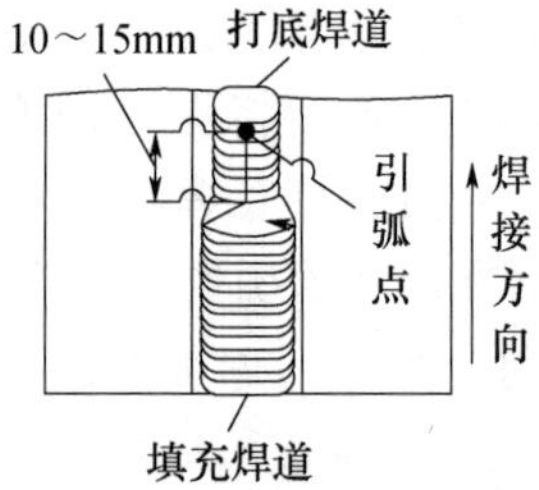

图 16　填充层接头焊接

注意事项：操作者将焊条画半圆弧的弧度要和收尾处凝固后的焊接熔池的下半部分弧度重合。焊条在做半圆弧状和直线两个往复动作时，横向移动速度一定不要太快，以便使接头中间部位得到充分预热，形成充分熔化的焊接熔池，防止接头部位出现表面夹渣缺陷。

第七步：试件尾端焊接

焊接到距离试件的尾端打底焊道边缘20～30mm时就要进行试件的尾端焊接了。尾端焊接采用与起头处焊接类似的焊接方法。连续焊接至上端边缘20～30mm时，熄灭电弧停顿1s后立即在熄弧处引燃电弧锯齿形摆动焊接1～2个来回后再熄弧，然后引弧—摆动焊接—熄弧，重复动作至尾端边缘处再采用反复断续点焊3～5次将尾端熔池填满即可熄弧，如图17所示。

注意事项：操作者焊接尾端最后一根焊条时，保持视线与焊接熔池成30°～45°的仰视角。

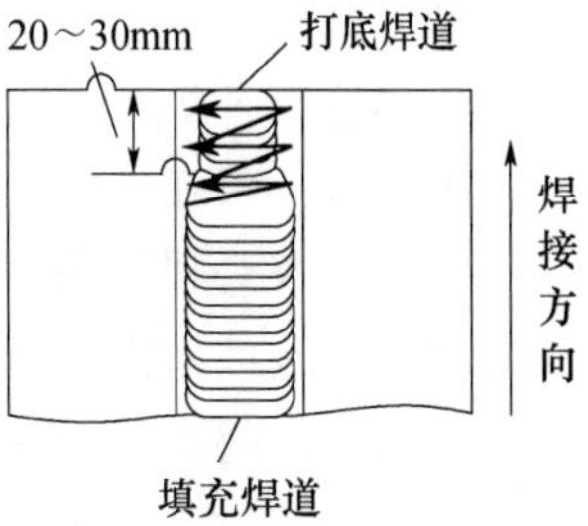

图17　填充层尾端焊接

第八步：填充层2的焊接

焊接完填充层1以后，彻底清除焊道表面的熔渣、飞溅，即可进行填充层2的焊接。填充层2的焊接过程与填充层1相同，注意填充层2焊接时要预留好0.5mm左右的盖面预留量，并保证焊道平整。

◆练习过程说明：

打底层焊接时操作者的主要操作意图是击穿，而填充层焊接时的主要操作意图是熔化。

在填充层焊接时，由于打底焊道正面宽度较窄（10～15mm），焊条在摆动时因坡口的阻挡使其摆动幅度很小，如果采用一般的匀速锯齿形运条法，焊接形成的焊道会出现表面凸度过大的现象，并且对打底层焊道与填充层之间的充分熔合也会产生不利影响。因此，填充层焊接采用的是“两慢一快”的大幅度锯齿形运条方法。焊条横向摆动到一侧坡口时应轻贴坡口稍加停顿，充分熔化坡口与打底焊道接合处。同时，由于焊条在停顿过程中燃烧缩短，会出现电弧由打底焊道表面向坡口一侧偏转的现象（图18），从而使填充层焊道表面的凸度减小，有效防止填充层与两侧坡口接合处出现夹角。

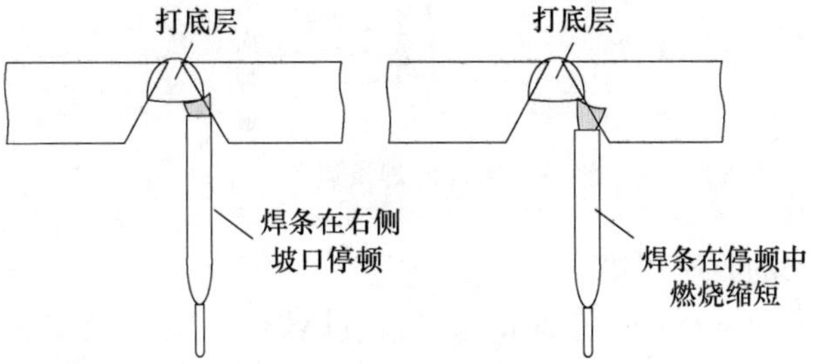

图18　电弧的偏转

填充层焊接时，焊接熔池不易观察，熔池除了电弧的正下方一小部分外几乎全部被熔渣覆盖。因此，操作者进行焊条横向摆动动作时一定要选择好将要摆动到的位置，做到心中有数。

5　训练第四节——试件的盖面层焊接

练习方法：密锯齿形连续运条法

练习目的：具备焊条电弧焊 V 形坡口盖面焊接能力

焊接电流：90A

操作过程：

第一步：准备

盖面层焊接前，应将填充层焊道表面的熔渣清除干净，并用钢丝刷把焊道表面及坡口边缘刷净、刷亮。检查填充焊道表面是否有表面夹渣，如果存在，应采用机械方法进行修磨，修磨后再进行补焊，并将补焊处再修磨平整。

第二步：引弧

操作者取一根焊条，用电焊钳将焊条夹持牢固。站在工件的一侧，身体微微向左倾斜，在试件最下端坡口内的填充焊道上引燃电弧。焊条角度见表 1。

第三步：起头处的焊接

电弧引燃后，操作者将焊条轻压，保持适当的电弧长度。同时，将焊条沿着填充焊道的最前端表面左右摆动一个来回熄灭电弧，然后在熄弧处引燃电弧并将焊条沿着填充焊道表面再左右摆动一个来回熄灭，这样反复 2～4 个来回后即可进行连续焊接了。

第四步：连续运条焊接

起头焊接完成后电弧不熄灭，焊条沿焊接方向在填充焊道上保持连续燃烧，直至焊条用完。连续焊接时，焊条在打底层焊道表面沿着一条密锯齿线进行运动。焊条沿密锯齿线运行时，一般由左至右走上斜线，由右至左走水平线（图 19）。焊条运动到两侧坡口边缘处时，焊条药皮的左右边缘分别冲齐左右两侧坡口边缘线（锯齿的齿尖）并压低电弧做 0.5s 的停顿。

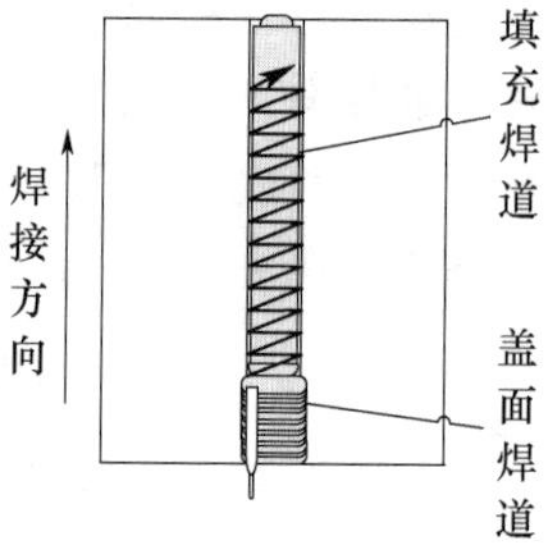

图 19　盖面层焊条运条动作

第五步：一根焊条的收尾焊接

焊条焊接燃烧剩余 30mm 的长度时即可进行收尾焊接。收尾焊接采用反复断续 3～4 点的收弧方法。正常焊接焊条剩余 30mm 的长度时熄弧，熄弧前将焊条带到坡口左侧压低电弧燃烧 1s，停弧 0.5s 后将焊条在盖面焊道熔池的中部引燃电弧，燃烧 1s 后熄弧（1 点）。停弧 0.5s 后在焊接熔池中心偏左侧引燃电弧，燃烧 1s 后熄弧（2 点）。再停弧 0.5s 后在焊接熔池左半部引燃电弧，燃烧 1s 后熄弧（3 点）。

注意事项：盖面层收尾断续焊接时的电弧燃烧时间应比填充层短。防止盖面焊道收尾处过高影响接头焊接。

第六步：接头焊接

接头前先将前一段盖面焊道收尾处 20～30mm 长度的熔渣清除干净。调整身体的姿态，使视线与焊接熔池保持 30°～45°的俯视角。在收尾处 10～15mm 的地方填充焊道的表面引燃电弧。电弧引燃后，焊条保持适当的电弧长度。同时，将焊条沿着填充层焊道的表面退回到刚才盖面层焊道的收尾处，沿收尾处凝固的熔池右侧向前划圆弧至熔池左侧，再将焊条沿直线移动至右侧，即可进行正常的锯齿形摆动焊接了。

第七步：试件尾端焊接

焊接到距离试件的尾端填充焊道边缘 20～30mm 时，就要进行试件的尾端焊接了。尾端焊接采用与起头处焊接类似的焊接方法。连续焊接至尾端边缘 10～20mm 时，熄灭电弧停顿 1s，立即在熄弧处引燃电弧锯齿形摆动焊接 1～2 个来回后再熄弧，然后引弧—摆动焊接—熄弧，反复重复动作至尾端边缘处再采用反复断续点焊 3～4 次将右端熔池填满即可熄弧。

◆练习过程说明：

盖面层焊接时，操作者的主要操作意图是保持良好的焊道外观平直度。

填充层焊接完成后，焊道表面两侧坡口整齐的边线就是盖面层焊接时的基准线。焊条在左右横向摆动到坡口边缘线时，保持焊条药皮的左侧外边缘与左侧坡口边线冲齐。因为保持正常的电弧长度时，电弧正下方受热熔化的区域直径要比焊条直径增宽 1mm 左右，所以保持焊条药皮的左侧外边缘与左侧坡口边线冲齐就能轻松地做到盖面焊道的宽度比坡口宽度每侧增宽小于 2mm，并有效地防止坡口边缘的未熔合现象，如图 20 所示。

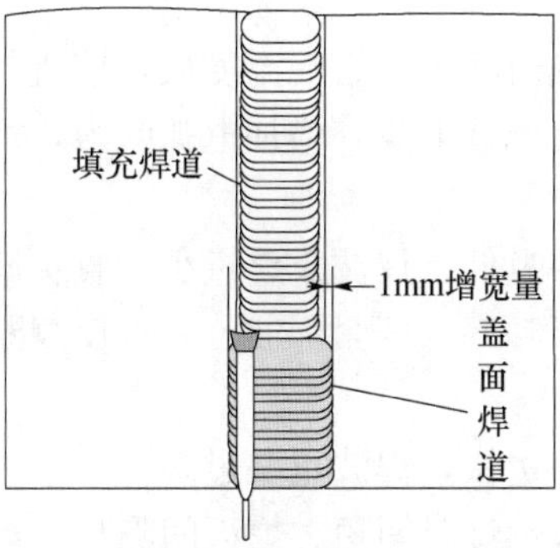

图 20　盖面层的增宽

另外，盖面层焊接时焊条横向摆动的速度不能太快；否则容易出现盖面焊道中间凹陷，影响盖面焊道的整体美观。

最后，待焊接完成的试件自然冷却至室温后，将焊缝正面、背面及周围的焊渣、飞溅彻底清除干净。清理时一般不使用电动工具，而是使用扁铲、榔头铲除焊渣、飞溅后再用钢丝刷将焊缝表面周围刷净即可。清理时注意不要破坏焊缝的原始状态，同时注意做好自己和他人的安全防护工作。清理完成后在试件上做好标记，为后续的检验、评定做好准备。

Ⅲ类中容易出现缺陷的成因及防止措施

未焊透

产生原因：运条中熔孔不清晰及接头动作不正确。

防止措施：运条中保持清晰熔孔，接头时要预热充分并保证击穿。

根部透度不均匀

产生原因：电弧深入位置太深或太浅，熔化时间太长或太短。

防止措施：根据熔孔大小正确判断电弧深入的深浅，并且打底焊采用断弧时要掌握好电弧燃烧和停歇的节奏。

层间夹渣

产生原因：层间清理熔化不充分。

防止措施：层间彻底清理、充分熔化。

盖面咬边

产生原因：运条速度不均匀，电弧移至坡口边缘时弧长太长。

防止措施：控制弧长，运条速度要均匀。

表面夹渣

产生原因：盖面层接头预热时间短、熔池温度低，熔渣与铁水分离不清。

防止措施：接头充分预热后压低电弧，增加电弧吹力，加速熔渣分离。

打底层表面缩孔

产生原因：打底断弧焊频率过低、焊波重叠过少、收头熔池急冷。

防止措施：提高打底焊断弧频率、压紧焊波、三点反复断续收头。

仰焊打底背面凹

产生原因：打底断弧焊频率过快，焊波重叠过多。

防止措施：打底断弧焊电弧燃烧时间短、熄灭间隔长，焊波间重叠、搭接不宜过紧，一般在 1/2～3/5 即可。

仰焊填充烧穿打底层

产生原因：填充层焊接电流过大、焊层过厚。

防止措施：采用时断时连法进行填充层焊接，既能够使用较大电流进行充分熔化，又能随时通过断弧降低温度以防止烧穿，还能灵活调整焊层厚度。

第二部分

Ⅱ类（中级）

单元一　手工钨极氩弧焊（TIG）入门

Ⅱ-1-1　手工钨极氩弧焊概述

1　手工钨极氩弧焊含义

手工钨极氩弧焊是气体保护焊方法中的一种，是使用氩气作为保护气体的气体保护焊。即在焊接过程中，氩气在电弧周围形成保护层，并利用钨极与焊件之间产生的电弧热熔化母材金属和填充焊丝，如图1所示。

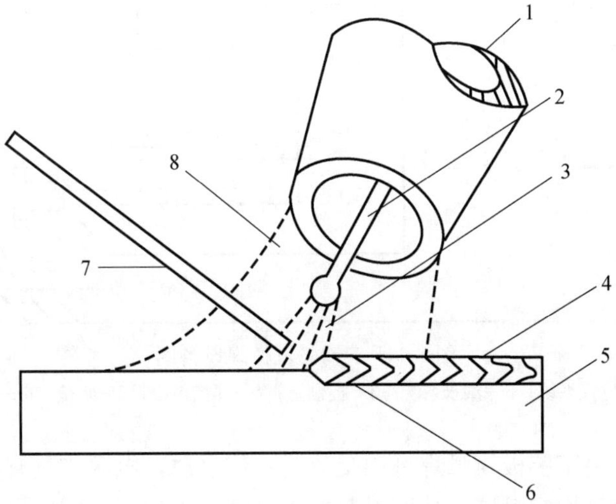

图1　手工钨极氩弧焊

1—喷嘴；2—钨极；3—电弧；4—焊缝；5—焊件；6—熔池；7—填充焊丝；8—惰性气体

手工钨极氩弧焊具有以下一些特点：

（1）氩气能有效地隔绝空气：氩气是惰性气体，不熔于金属而且不与金属反应。在焊接过程中氩气不断从焊炬的喷嘴喷向焊接区，在钨极、电弧和熔池周围形成气流保护套，隔绝周围空气对金属和钨极的有害作用。

（2）电弧稳定：采用难熔金属钨作电极，易于维持弧长，使电弧稳定。

（3）电弧易控制：因热源和填充焊丝可分别控制，所以热输入易调节，可进行各种位置的焊接；另外，由于电弧受氩气的压缩和冷却作用，电弧集中，热影响区小，因此是单面焊双面成型的好方法。

（4）成本高，效率低：由于氩气较贵，使成本增加；因钨极承载电流能力低，所以熔深浅，熔敷速度小，生产率低。

手工钨极氩弧焊根据结构和材料的要求可以添加或不添加填充焊丝。根据其特点主要用于焊接有色金属、不锈钢、高温合金、钛及钛合金，以及一些难熔的活性金属，也经常用于黑色金属重要构件的焊接及一些构件根部熔透焊道的焊接。

2　手工钨极氩弧焊的设备

手工钨极氩弧焊设备如图 2 所示，由焊接电源、焊枪、供气供水系统、焊接控制系统等组成。

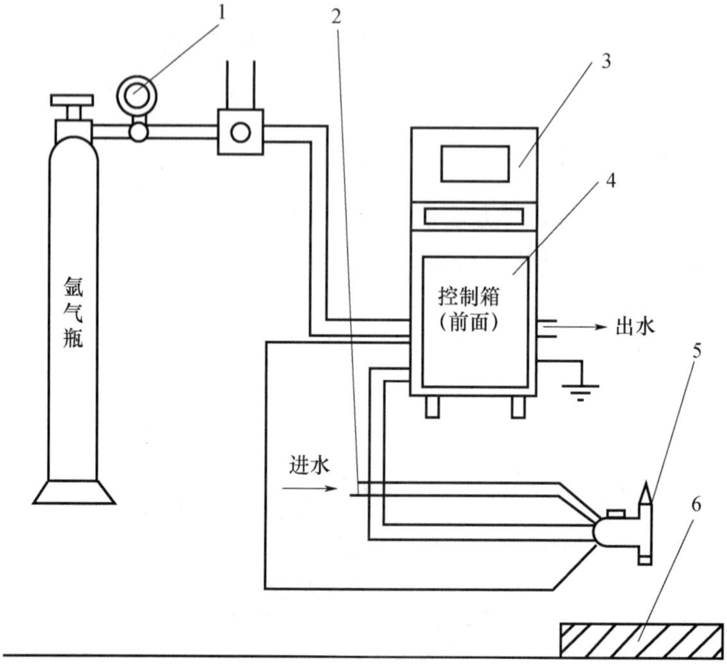

图 2　手工钨极氩弧焊设备图

1—供气系统；2—供水系统；3—控制盒；4—焊接电源；5—焊枪；6—焊件

（1）焊接电源：手工钨极氩弧焊可用交流或直流电源，电源应具有陡降外特性。由于在焊接结束时，收弧处易形成弧坑，从而引起裂纹、气孔等缺陷，因此焊机上都有焊接电流自动衰减装置。

（2）控制箱：控制箱内装有控制元件，其主要目的是提供高频引弧、控制气路和水路。当采用交流电源时控制箱内还装有脉冲稳弧器和隔直电容，用于消除交流回路中的直流分量。

（3）高频引弧器：氩气是一种较难电离的气体，所以引弧比较困难。采用接触短路法引弧时，有可能产生夹钨等缺陷。因此手工钨极氩弧焊通常采用高频引弧器来引弧。高频引弧器是通过在钨极与焊件之间另加的高频高压击穿钨极与焊件之间的间隙而引弧的。

（4）脉冲稳弧器：它的作用是当采用交流电源时，焊接电流过零电位改变极性时，在负半波开始瞬间，用一个外加脉冲电压使电弧易重复引燃，从而达到稳弧的目的。

（5）延时线路：它的作用是控制供气系统，通过对电磁气阀的延时控制，使氩气提前送气和滞后关闭。

（6）焊枪：焊枪的作用是夹持钨极、传导焊接电流和输送氩气。焊枪是实现焊接的工具，其结构的合理关系到焊接质量，因此需满足下列要求：

① 要可靠地夹持钨极，并具有良好的导电性能。

② 保护气流具有良好的流动状态，以获得可靠的保护。

③ 要有良好的冷却条件，以保持长久的工作。

④ 喷嘴与钨极之间要有良好的绝缘性能，以免打弧产生短路。

⑤ 结构要简单，质量要轻，使用可靠，维修方便。

手工钨极氩弧焊焊枪分为气冷式和水冷式两种。气冷式焊枪结构简单，使用轻巧，主要用于焊接电流不大于100A；水冷式焊枪带有水冷系统，结构较复杂，稍重。目前国内常用的典型焊枪是PQ1-150，其结构如图3所示。

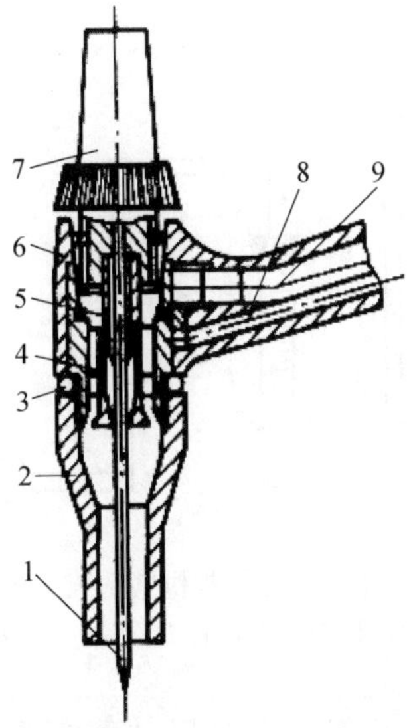

图3　PQ1-150焊枪结构

1—钨极；2—喷嘴；3—密封环；4—轧头套管；5—钨极轧头；6—枪体；7—绝缘帽；8—进气管；9—冷却水管

焊枪的内部零件常用纯铜或黄铜制造，导电和散热好。焊枪的喷嘴是重要部件，其形状对气流的保护性能影响极大，为了使出口处获得较厚的层流层，以取得良好的保护效果，常用喷嘴上部较大的空间作为缓冲室，以降低气流的速度，喷嘴出口端的形状如图4所示，其

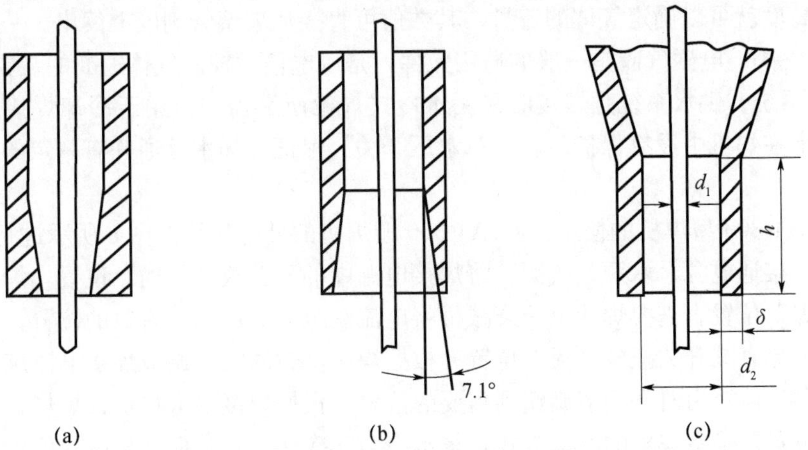

图4　喷嘴出口端形状

(a) 内锥形；(b) 外锥形；(c) 圆柱形

中出口端带锥形的喷嘴保护效果最好，因为锥形部分有缓冲气流的作用。圆柱形喷嘴下部为断面不变的圆柱形通道，通道越长，近壁层流层越厚，则保护效果越佳，通道的直径越大，则保护的范围越宽。有时在喷嘴的气流通道中加设多层多孔网板或采用金属丝网制成导流“气筛”，以限制气体横向运动，这样有利于形成层流层，加强保护效果。

喷嘴材料有陶瓷、纯铜和石英等。高温陶瓷喷嘴既绝缘又耐热，应用非常广泛，但通常焊接电流不能大于350A。纯铜喷嘴使用电流可以达到500A，但需用绝缘套将喷嘴与导电部分隔离。石英喷嘴较贵，但焊接时可见度好。

（7）供气系统：供气系统由高压氩气瓶、减压器、流量计及电磁气阀组成，如图5所示。

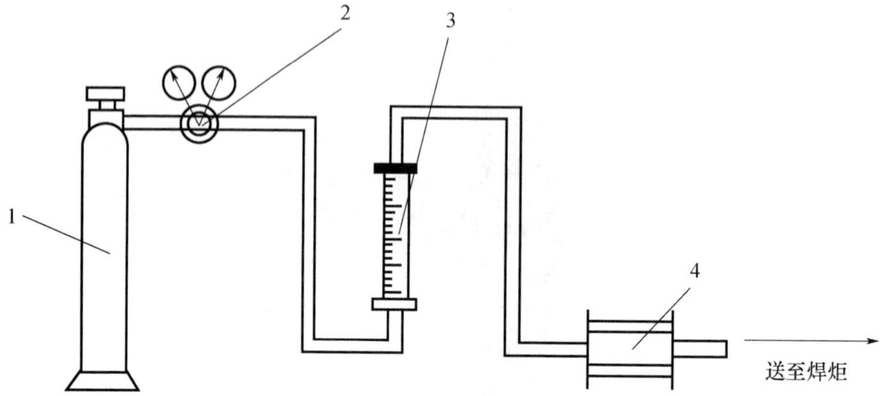

图5　氩弧焊供气系统

1—氩气瓶；2—减压器；3—流量计；4—电磁气阀

① 氩气瓶。氩气瓶外表涂灰色，并标以“氩气”字样。氩气瓶的最大压力为14.71MPa，容积为40L。

② 减压器。减压器用以减压和调压，通常与流量计做成一体。

③ 气体流量计。气体流量计是标定通过气体流量大小的装置，常用的有两种形式：LZB型转子流量计是单一式的；301-1型流量计是与减压器一体的。

④ 转子流量计由一个垂直的锥形玻璃管与管内的金属浮子所组成。当气体自下而上通过锥形管时，浮子随气体流速大小而漂浮于不同高度，气流越大，浮子位置越高，因而根据浮子位置的高度就可以确定气体的流量，其数值可直接从玻璃管刻度上读出。

⑤ 电磁气阀。电磁气阀是一般的通用元件，是以电信号控制气体通断的装置。

⑥ 供水系统。供水系统是焊接时采用水冷式焊枪所必需的，用于冷却焊接电缆、焊枪和钨极。通常在焊机中设有保护装置——水压开关，保证冷却水接通并有一定的压力才能启动焊机。

（8）NSA4-300型焊机的使用：NSA4-300型焊机的外部接线按图6所示进行接线。

使用时，接通电源、水源、气源。将焊接电源中的开关扳到“通”位置，焊接转换开关扳到“氩弧焊”位置。需要焊接电流衰减可将电流衰减开关放到“有”的位置；不需要电流衰减时可将电流衰减开关扳到“无”位置。根据焊接参数的需要调节焊接电流旋钮、衰减时间调节旋钮和气体滞后时间调节旋钮到需要的位置。根据焊接要求将长、短焊，将转换开关扳到相应的位置。确定焊枪的冷却方式，将水冷、气冷转换开关扳到相应的位置。在水冷却时，只有当水流量超过1L/min时，水压开关才能打开，水流指示灯亮，焊机才能接通。打

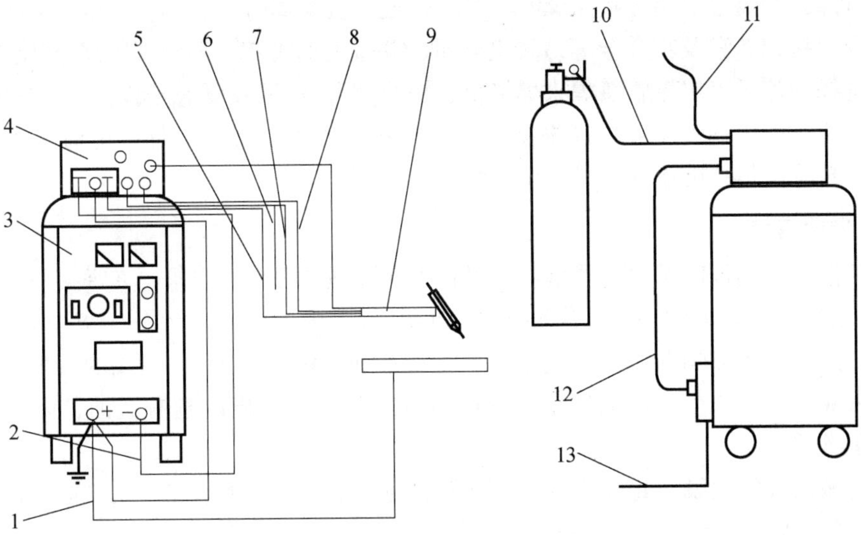

图 6　NSA4-300 型手工钨极氩弧焊机外部接线图

1、2、12、13—电缆；3—ZXG7-300-Ⅰ型弧焊电源；4—K-2 型手工钨极氩弧焊控制器；5—水冷电缆；6—出水管；7—水管；8—气管；9—焊枪；10—橡胶软管；11—进水管

开检气开关，调节氩气流量到规定的数值，再关断检气开关。然后可进行正常的焊接工作。

焊机的维护与保养：

① 定期检查焊机的接线是否可靠。

② 焊机应置于通风良好、干燥整洁的地方。

③ 经常检查焊机的绝缘情况。

④ 经常检查焊枪上的电缆、气管、水管等，发现问题及时更换。

⑤ 经常检查供气系统和供水系统，发现问题及时更换。

3　手工钨极氩弧焊工艺技术

手工钨极氩弧焊采用氩气为保护气体。在焊接时钨极与焊件之间产生的电弧热量集中，弧柱温度非常高，电弧非常稳定。

3.1　电源种类、极性及焊接电流

手工钨极氩弧焊可以使用交流或直流两种电源。

直流正接：直流正接即钨极接弧焊电源的负极，焊件接弧焊电源的正极。焊接时电子向焊件高速冲击，这样钨极的发热量小，不易过热，因而可以采用较大的焊接电流。由于焊件的发热量大，因而熔深大，焊缝宽度较窄，生产率高。同时由于钨极为负极，热电子发射能力强，电弧稳定而集中，因此大多数的金属焊接都采用直流正接。

直流反接：直流反接即钨极接弧焊电源的正极，焊件接弧焊电源的负极。焊接时由于钨极受电子高速冲击，钨极温度高，钨极损耗快，寿命短，所以很少采用。但是它具有一种去除熔池表面氧化膜的作用，通常称为“阴极破碎”现象。当焊接铝、镁及其合金时，熔池表面会生成一层致密难熔氧化膜，如不及时消除，焊接时会形成未熔合，并使焊缝表面形成皱皮或内部产生气孔、夹渣。当采用直流反接时，被电离的正离子会高速地冲击作为负极的熔池，使熔池表面的氧化膜被击碎，因而能够得到表面光亮美观、无氧化膜、成型良好的焊缝。

交流电源：交流手工钨极氩弧焊时，当焊件处于负半周时，同样会产生“阴极破碎”现象，可用来焊接铝、镁及其合金等易氧化金属，并且此时的钨极损耗要比直流反接小得多，所以一般选择交流手工钨极氩弧焊来焊接铝、镁及其合金等易氧化金属。

焊接电流：手工钨极氩弧焊需根据焊件的材料与厚度来确定，焊接电流过大易引起咬边、烧穿等缺陷，焊接电流太小易产生未焊透。

3.2　焊前清理

为了确保手工钨极氩弧焊的质量，对材料表面清理有很高的要求。在焊接前应严格清除填充焊丝及焊件坡口和坡口两侧表面至少 20mm 范围内的油污、水分、灰尘、氧化膜等。否则在焊接过程中将影响电弧的稳定性，产生气孔和未熔合等缺陷。常用的清理方法如下：

（1）去除油污、灰尘：可以用有机溶剂擦洗，常用的有机溶剂有汽油、丙酮、三氯乙烯、四氯化碳等。

（2）机械清理氧化膜：此方法只适用焊件。通常是用不锈钢丝或铜丝轮刷，将坡口及其两侧的氧化膜清除。

（3）化学清除氧化膜：依靠化学反应的方法去除焊丝或焊件表面的氧化膜，清洗溶液因材料而异。如铝及其合金常用质量分数为 10％的 NaOH 溶液或体积分数为 30％的 HNO_3 溶液进行化学处理，再用清水冲洗后吹干。

3.3　坡口形式

手工钨极氩弧焊根据结构需要可进行各种接头的焊接，对接接头常用的坡口形式如图 7 所示。

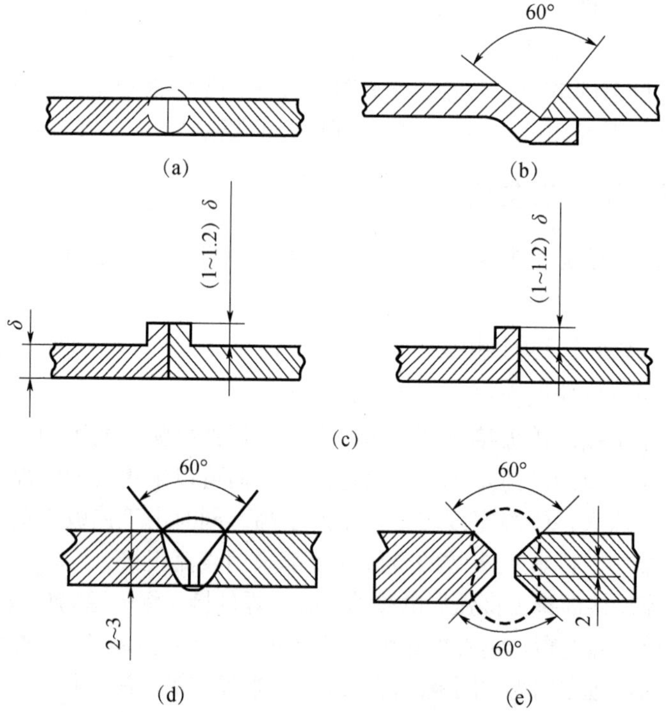

图 7　手工钨极氩弧焊对接接头的坡口形式

(a) I 形坡口；(b) 锁边坡口；(c) 卷边坡口；(d) Y 形坡口；(e) X 形坡口

薄板对接接头可以用填丝、卷边焊接方法一次焊透。板厚大于 3mm 的可以开 V 形坡口，板厚大于 12mm 时，可以开 X 形坡口。

3.4　钨极的直径和形状

钨极的直径和形状对手工钨极氩弧焊过程的稳定性和焊缝成型影响很大。

钨极直径的选择：钨极直径可根据焊件厚度、焊接电流大小和电源极性进行选择。当焊接电流超过允许值时，钨极就会强烈地发热并使其熔化和挥发，引起电弧不稳定和焊缝产生夹钨等缺陷。表 1 列出了不同钨极的许用电流值。

表 1　不同钨极的许用电流值

电源种类	允许的焊接电流（A）				
	钨极直径（mm）				
	1～2	3	4	5	6
交流	20～100	100～160	140～220	200～280	250～300
直流正接	65～150	140～180	250～340	300～400	350～450
直流反接	10～30	20～40	30～50	40～80	60～100

电极直径（mm）	纯钨极（A）	钍钨极（A）
1.0	10～60	15～80
1.6	50～100	70～150
2.4	100～160	140～235
3.2	150～210	225～325
4.0	200～275	300～400
4.8	250～350	400～500
6.4	325～450	500～600

钨极形状的影响：钨极端头的形状选择应根据焊件熔透程度和焊缝成型的要求来决定。一般在焊接薄板和焊接电流较小时可用小直径的钨极并将其末端磨成尖锥角，这样电弧容易引燃和稳定。但在焊接电流较大时仍用尖锥角会因电流密度太大而使末端过热、熔化烧损，电弧斑点也会扩展到钨极末端的锥面上，使弧柱明显地扩散飘荡不稳定而影响焊缝成型。因此，在大电流焊接时要求钨极末端磨成钝锥角或带有平顶的锥形，这样可以使电弧斑点稳定，弧柱扩散减小，对焊件的加热集中，焊缝成型良好，如图 8 所示。

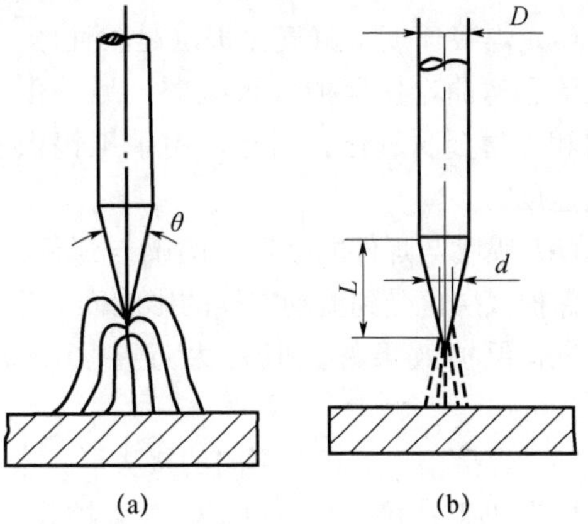

图 8　钨极末端的形状

（a）末端呈尖锥形；（b）末端呈平顶锥形

末端呈尖锥形在相同的焊接电流下尖锥角的变化将影响焊缝的熔宽和熔深，锥角小将引起弧柱扩散，导致焊缝熔深变小而熔宽增加。随着锥角的增大，弧柱的扩散减小，导致熔深增大而熔宽减小，而且焊接电流越大上述变化越明显。

钨极末端呈平顶锥形，钨极直径与锥形

直径之间的关系为：$L=$（2～4）D、$d=$（1/3）～1/4D。其中 L 表示锥形长度；d 表示锥体最小直径；D 表示钨极直径。

当采用交流电源时，因钨极受热较快，其端部在焊接过程中会变成球状，因此就可以采用这种球状钨极。球状钨极使用时不必先磨好，只要将折断的钨极稍加修磨后装入焊枪进行焊接，焊接时被电弧烧成球状即可。

3.5　氩气保护效果

手工钨极氩弧焊时氩气连续地从喷嘴中流出，将周围的空气排开，将电弧和焊接区域保护起来。由于氩气保护层是柔性的，极易受外界因素干扰，其保护效果常受下列因素影响：

（1）氩气纯度：氩气的纯度对焊接质量影响很大，不纯的氩气易使焊缝氧化、氮化，使焊缝变脆变硬，破坏其气密性。不同的母材材质对氩气的纯度有不同的要求，化学性质活泼的金属和合金对氩气的纯度要求较高。表 2 是不同焊件材质手工钨极氩弧焊时对氩气纯度的要求。

表 2　不同母材材质对氩气纯度的要求

母材材质	氩气纯度（体积分数）
不锈钢	>99.7%
铝、镁及其合金	>99.9%
耐高温合金	>99.95%
钛、钼、铌及其合金	>99.98%

（2）氩气流量：当喷嘴直径一定，氩气流量增加时，氩气保护层抵抗流动空气影响的能力也增加。若氩气流量过大，不仅浪费氩气，而且使保护层产生紊流，反而会使空气卷入，降低保护效果。另外当氩气的流量过大时，带走电弧区的热量也多，不利于电弧稳定燃烧，所以氩气流量要选择适当。

（3）喷嘴直径：喷嘴直径与氩气流量同时增加，则扩大保护区，保护效果更好，但喷嘴直径过大时不仅增加氩气的消耗，而且对有些位置，可能因喷嘴过大而不易焊接或影响焊工视线，因此常用的喷嘴直径取 8～20mm 为宜。

（4）焊接速度：氩气保护层是柔性的，当遇到侧向空气吹动或焊接速度过快时，则氩气气流会弯曲，使保护效果减弱。另外由于焊接速度太快，会使正在凝固和冷却的焊缝金属和母材金属氧化。因此，用手工钨极氩弧焊焊接时，应注意气流的干扰以及合适的焊接速度。

（5）喷嘴与焊件的距离：喷嘴与焊件的距离越远，则空气越容易沿焊件的表面侵入熔池，保护气层也受到流动空气的影响而发生摆动，使气体的保护效果降低。喷嘴与焊件的距离越近，保护效果好，但是太近将影响焊工的视线，因此通常喷嘴至焊件的距离取 5～15mm。

（6）焊接接头形式：不同的接头形式会使气体产生不同的保护效果，如图 9 所示，焊接对接接头和 T 形接头时，由于氩气被挡住并反射回来，所以保护效果较好；焊接搭接接头和角接接头时，空气容易侵入电弧区，保护效果差，可在焊接区域设置临时挡板，以改进保护条件。

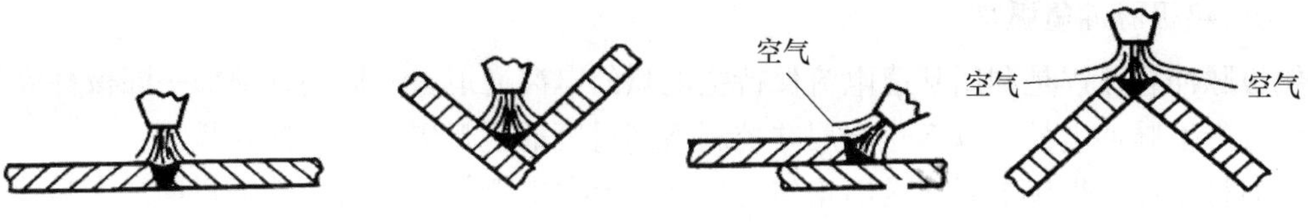

图 9　不同接头形式的氩气保护效果

（a）对接接头；（b）T 形接头；（c）搭接接头；（d）角接接头

对于一些重要的焊件，由于要求较高，在焊接时为了更有效地保护焊接接头，通常对焊件的背面也进行氩气保护。例如，在焊接管道时可在管子内通氩气；在焊接不锈钢、铝及铝合金等焊件时，可在背面采用氩气罩的方式进行保护。通常氩气的保护效果可以根据焊缝的表面色泽和是否有气孔等来判断。焊接不锈钢或钛合金时的焊缝表面色泽见表 3。

表 3　焊缝表面色泽表

母材材质	最好	良好	较好	不良	不好
不锈钢	银白或金黄	蓝色	红灰	灰色	黑色
钛合金	亮银白色	橙黄色	蓝紫色	青灰色	粉白色

综上所述，手工钨极氩弧焊应根据母材材质及结构等情况，合理地选择焊接参数。表 4 列出了用手工钨极氩弧焊焊接碳素钢和低合金钢的常用焊接参数。

表 4　手工钨极氩弧焊焊接碳素钢和低合金钢的常用焊接参数

焊件厚度（mm）	1.5～3.0	3.0～6.0	6.0～12.0
坡口形式	I 形	V 形	X 形
电弧电流（A）	50～110	70～130	90～150
电弧电压（V）	9～13	9～14	10～15
电源极性	直流正接		
钨极直径（mm）	1.6～2.5	1.6～2.5	2.0～3.2
焊丝直径（mm）	1.6～2.0	2.0～2.5	2.5～3.0
氩气流量（L/min）	6～9	7～10	9～14
喷嘴直径（mm）	8～12	10～15	12～18
伸出长度（mm）	3～5	3～5	3～6
焊接速度（mm/min）	150～210	150～210	150～210

另外在使用手工钨极氩弧焊时还需了解其如下的工艺特点：

（1）引弧比较困难，特别是冷态引弧或用交流电源焊接时的重复引弧困难。

（2）当使用的电流种类及电源极性不同时，钨极的许用电流、对焊件的加热、阴极破碎作用以及对焊缝成型的影响是不同的。

（3）使用交流电弧时，由于电源极性的频繁变换，存在重复引弧和整流作用的问题，因此需选用适宜稳弧和消除直流分量的装置。

3.6 钨极脉冲氩弧焊

钨极脉冲氩弧焊是利用基值电流保持主电弧的电离通道，并周期性地加一同极性高峰值脉冲电流产生脉冲电弧，以熔化金属并控制熔滴过度的氩弧焊称为脉冲氩弧焊。

普通氩弧焊的焊接电源输送出均匀的焊接电流向电弧供电，而脉冲氩弧焊是人为地使焊接电源输出按一定规律变化的焊接电流，向电弧区进行供电。脉冲氩弧焊是在普通氩弧焊的基础上发展起来的。整个焊接电流由基值电流和脉冲电流两部分组成。基值电流维持电弧的燃烧，脉冲电流产生脉冲电弧，以熔化金属进行焊接。

钨极脉冲氩弧焊的焊接过程：每次脉冲电流作用时，在电弧下产生一个熔池，基值电流作用时，熔池凝固而形成焊点。下一次脉冲作用时，在已凝固焊点的部分面积和母材上产生一个熔池，基值电流作用时，又凝固形成下一个焊点，与前一个焊点搭接，如此周而复始就形成一条由许多焊点搭接而成的焊缝。脉冲电流的大小及其作用时间的长短，决定熔池体积大小和熔深，基值电流的作用是保证在两次脉冲焊接电流之间，电弧不至于熄灭，在每次脉冲电流作用时，不需要重新引燃电弧，使焊接过程稳定。为了控制熔池，基值电流应保持在尽量小的数值，使基值电流作用时间大于脉冲电流时间。

钨极脉冲氩弧焊的特点及应用范围：

（1）适用热敏感性材料的焊接，如镍铬合金、钛合金等热敏感性材料，可以通过脉冲参数的控制，提供较合适的焊接参数，使焊缝及热影响区都能满足强度要求，并消除热裂纹、冷裂纹和气孔等缺陷。

（2）焊接电流的调节范围很宽，包括从短路过渡到喷射的所有电流区域。普通钨极氩弧焊焊在接厚度为 0.8mm 以下的焊件时很困难，而用钨极脉冲氩弧焊，可以焊接仅为 0.1mm 的焊件。

（3）可用于全位置焊接和较容易地实现全位置焊接工作的自动化。

（4）I 形坡口可以一次焊透 5mm 的小直径管道，背面成型良好。钨极脉冲氩弧焊可以加填充焊丝或不加填充焊丝。

4 手工钨极氩弧焊操作手法

4.1 焊丝、焊枪与焊件之间的角度

用手工钨极氩弧焊焊接时，焊枪、焊丝与焊件之间必须保持正确的相对位置，这由焊件形状等情况来决定。平焊位置手工钨极氩弧焊焊枪、焊丝与焊件的角度如图 10 所示。

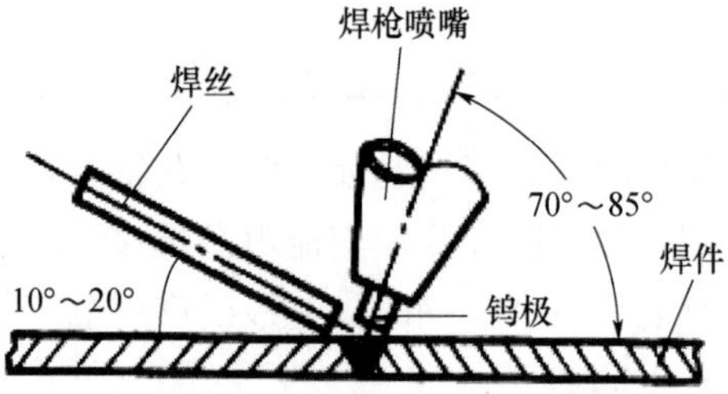

图 10　平焊位置手工钨极氩弧焊焊枪、焊丝与焊件的角度

焊枪与焊件的夹角过小，会降低氩气的保护效果；夹角过大，操作及填加焊丝比较困

难。手工钨极氩弧焊焊接环缝时，焊枪、焊丝与焊件的角度如图 11 所示，手工钨极氩弧焊焊接角焊缝时焊枪、焊丝与焊件的角度如图 12 所示。

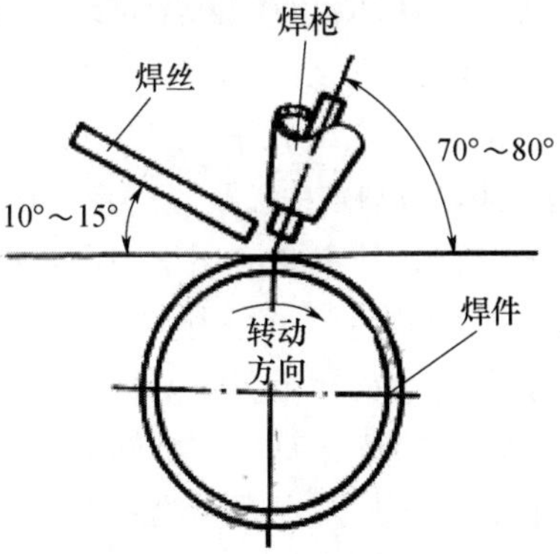

图 11　手工钨极氩弧焊焊接环缝时焊枪、焊丝与焊件的角度

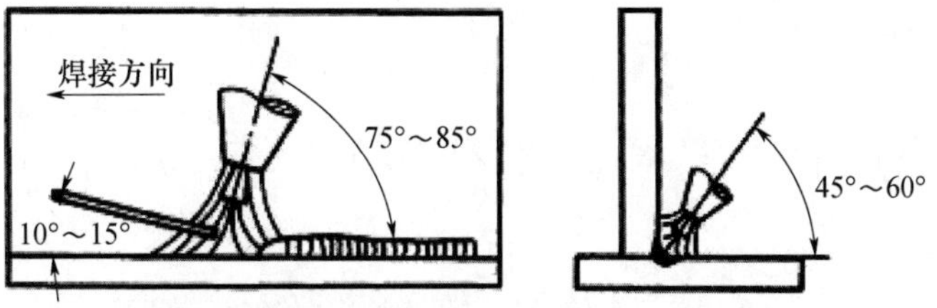

图 12　手工钨极氩弧焊焊接角焊缝时焊枪、焊丝与焊件的角度

4.2　引弧

手工钨极氩弧焊的引弧方法有接触短路引弧、高频高压引弧和高压脉冲引弧三种。

接触短路法是采用钨极末端与焊件表面近似垂直（70°～85°）接触后，立即提起引弧。这种方法在短路时会产生较大的短路电流，从而使钨极端头烧损、形状变坏，在焊接过程中使电弧分散，甚至飘移，影响焊接过程的稳定，甚至引起夹钨。

高频高压引弧和高压脉冲引弧是在焊接设备中装有高频或高压脉冲装置，引弧后高频或高压脉冲自动切断。这种方法操作简单，并且能保证钨极末端的几何形状，容易保证焊接质量。

4.3　熄弧

熄弧时如操作不当，会产生弧坑，从而造成裂纹、烧穿、气孔等缺陷。操作时可采用如下方法熄弧：

（1）调节好焊机上的衰减电流值，在熄弧时松开焊枪上的开关，使焊接电流衰减，逐步加快焊接速度和填丝速度，然后熄弧。

（2）减小焊枪与焊件的夹角，拉长电弧，使电弧热量主要集中在焊丝上，加快焊接速度并加大填丝量，弧坑填满后熄弧。

（3）环形焊缝熄弧时，先稍拉长电弧，待重叠焊接 20～30mm，不加或加少量的焊丝，然后熄弧。

4.4　焊枪的运行形式

手工钨极氩弧焊的焊枪一般只做直线移动，同时焊枪移动速度不能太快；否则影响氩气的保护效果。

(1) 直线移动

直线移动有三种方式：直线匀速移动、直线断续移动和直线往复移动。

① 直线匀速移动是指焊枪沿焊缝做直线、平稳和匀速移动，适合不锈钢、耐热钢等薄板的焊接，其特点是焊接过程稳定，保护效果好。这样可以保证焊接质量的稳定。

② 直线断续移动是指焊枪在焊接过程中需停留一定的时间，以保证焊透，即沿焊缝做直线移动过程是一个断续的前进过程。其主要应用于中厚板的焊接。

③ 直线往复移动是指焊枪沿焊缝做往复直线移动，其特点是控制热量和焊缝成型良好，这样可以防止烧穿。其主要用于焊接铝及其合金的薄板。

(2) 横向摆动：它是为满足焊缝的特殊要求和不同的接头形式而采取的小幅摆动，常用的有三种形式：圆弧“之”字形摆动、圆弧之字形侧移摆动和 r 形摆动。

圆弧“之”字形摆动时，焊枪横向画半圆，呈类似圆弧“之”字形往前移动，如图 13 (a) 所示。这种方法适用大的 T 形接头、厚板的搭接接头以及中厚板开坡口的对接接头。操作时焊枪在焊缝两侧停留时间稍长，在通过焊缝中心时运动速度可适当加快，从而获得优质焊缝。

(a) (b) (c)

图 13 手工钨极氩弧焊焊枪横向摆动示意图

(a) 圆弧之字形摆动；(b) 圆弧之字形侧移摆动；(c) r 形摆动

圆弧“之”字形侧移摆动是焊枪在焊接过程中不仅画圆弧，而且呈斜的之字形往前移动，如图 13 (b) 所示。这种方法适用不平齐的角接头。操作时使焊枪偏向突出的部分，焊枪做圆弧之字形侧移运动，使电弧在突出部分停留时间增加，以熔化突出部分，不加或少加填充焊丝。

r 形摆动是焊枪的横向摆动呈类似 r 形的运动，如图 13 (c) 所示。这种方法适用不等厚板的对接接头。操作时焊枪不仅做 r 形运动，而且焊接时电弧稍偏向厚板，使电弧在厚板一边停留时间稍长，以控制两边的熔化速度，防止薄板烧穿而厚板未焊透。

4.5 焊丝送丝方法

填充焊丝的加入对焊缝质量的影响较大。若送丝过快，焊缝易堆高，氧化膜难以排除；若送丝过慢，焊缝易出现咬边或下凹。因此送丝动作要熟练。常用的送丝方法有两种：指续法和手动法。

(1) 指续法：将焊丝夹在大拇指与食指、中指中间，靠中指和无名指起撑托作用，当大拇指将焊丝向前移动时，食指往后移动，然后大拇指迅速擦焊丝的表面往后移动到食指的地方，大拇指再将焊丝向前移动，如此反复将焊丝不断地送入熔池中。这种方法适用较长的焊接接头。

(2) 手动法：将焊丝夹在大拇指与食指、中指之间，手指不动，而是靠手或手臂沿焊缝前后移动和手腕的上下反复运动将焊丝送入熔池中。该方法应用比较广泛。按焊丝送入熔池的方式可分为四种：压入法、续入法、点移法和点滴法。

① 压入法如图 14 (a) 所示，用手将焊丝稍向下压，使焊丝末端紧靠在熔池边缘。该方法操作简单，但是因为手拿焊丝较长，焊丝端头不稳定易摆动，造成送丝困难。

② 续入法如图 14（b）所示，将焊丝末端伸入熔池中，手往前移动，使焊丝连续加入熔池中。该方法适用细焊丝或间隙较大的接头，但不易保证焊接质量，很少采用。

(3) 点移法如图 14（c）所示，以手腕上下反复动作和手往后慢慢移动，将焊丝逐步加入熔池中。采用该方法时由于焊丝的上下反复运动，当焊丝抬起时在电弧作用下，可充分地将熔池表面的氧化膜去除，从而防止产生夹渣，同时由于焊丝填加在熔池的前部边缘，有利于减少气孔。因此应用比较广泛。

(4) 点滴法如图 14（d）所示，焊丝靠手的上下反复主动作，将焊丝熔化后的熔滴滴入熔池中。该方法与点移法的优点相同，所以比较常用。

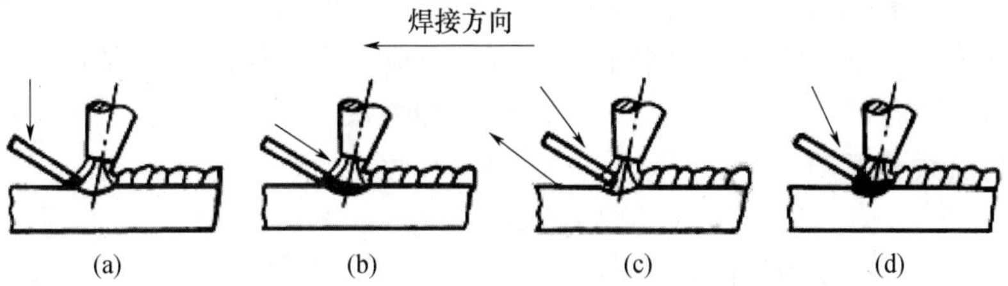

图 14　焊丝加入法

(a) 压入法；(b) 续入法；(c) 点移法；(d) 点滴法

(5) 左焊法和右焊法：如图 15 所示，手工钨极氩弧焊根据焊枪的移动方向及送丝位置分为左焊法和右焊法。

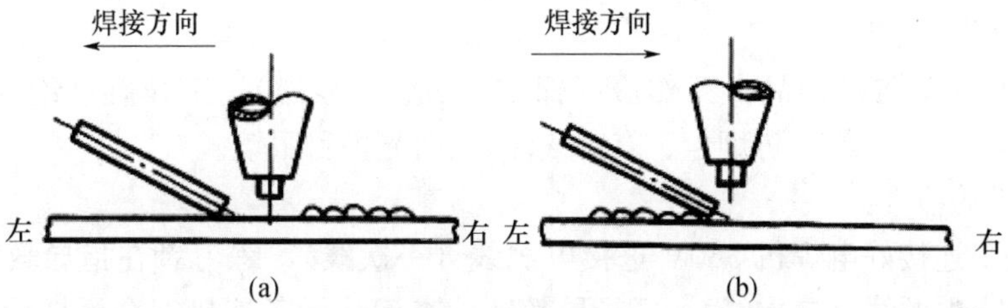

图 15　手工钨极氩弧焊左焊法和右焊法示意图

(a) 左焊法；(b) 右焊法

① 左焊法：焊接过程中焊接热源（焊枪）从接头右端向左端移动，并指向待焊部分的操作法称为左焊法。左焊法焊丝位于电弧前面。该方法便于观察熔池。焊丝常以点移法和点滴法加入，焊缝成型好，容易掌握。因此应用比较普遍。

② 右焊法：在焊接过程中，焊接热源（焊枪）从接头左端向右端移动，并指向已焊部分的操作法称为右焊法。右焊法焊丝位于电弧后面，操作时不易观察熔池，较难控制熔池的温度，但熔深比左焊法深，焊缝较宽，适用厚板焊接，但比较难掌握。

4.6　各种位置焊接的特点

(1) 平焊：平焊时要求运弧和焊丝送进配合协调、动作均匀，适合各种厚度和材料的焊接，根据焊件的厚度不同开相应的坡口，焊枪可做圆弧“之”字形运动或直线运动。当焊接不等厚的焊件时，电弧稍偏向厚板一边，焊枪可做直线或 r 形运动。如根部间隙较大时，可减少焊枪与焊件之间的夹角，加快焊接速度和送丝速度。

(2) 立焊：立焊时为了防止熔池金属和熔滴向下淌，应控制熔池的温度，选用较小焊接电流和较细的填充焊丝，电弧不宜拉得太长，焊枪下倾角度不能太小，否则会引起各种焊接缺陷。

（3）横焊：横焊比较容易掌握，但必须注意在操作时，掌握好焊枪的水平角度和焊丝送进的角度。

（4）仰焊：仰焊难度较大，为了避免熔池金属和熔滴在重力作用下产生下淌，在操作时焊接电流要小，焊接速度要快，坡口和根部间隙大小要适当。

Ⅱ-1-2 手工钨极氩弧焊基础练习

手工钨极氩弧焊基础练习是管道焊入门训练项目，做好这部分项目训练会使初学者依据“循序渐进”的原则，为后续独立操作打下良好的基础。本模块练习步骤分为 4 部分的课程：

1. 训练前的准备； 2. 引弧和熄弧；
3. 加丝的直线和摆动； 4. 接头和收头。

1 训练第一节——训练前的准备

1.1 材料：Q235 钢板，规格（长、宽、厚）——300mm×60mm×2mm，无坡口。

1.2 焊接材料：ER50（J50）焊丝，规格（直径）——ϕ2.5mm，瓶装氩气。

1.3 焊接设备：弧焊电源型号，WSME350（500）或 ZX-400。

注：弧焊电源进接 380V 电源，两根输出电缆线分别附带地线钳和氩弧焊枪。

1.4 焊接工具：头戴式面罩（附带 9～11 号滤光镜）、清渣用扁铲和榔头、钢丝刷和锉刀、角向磨光机、砂纸。

1.5 焊工劳动防护用品：工作服（棉制、白色、阻燃）、工作鞋（绝缘）、帽子（棉制）、手套（全皮）、口罩（防烟尘、有害气体）、白光护目眼镜。

1.6 焊机的检查：

由专业电工连接好电焊机 380V 进接电源线（一次线），练习者在指导教师的指导下连接好焊机的输出电源线（二次线）。经指导教师检查确认设备连接安全可靠后，练习者合上电源开关，启动焊机，焊接前要确认焊接电缆线的地线连接牢固可靠。

1.7 焊前清理：①使用角向磨光机将钢板表面的油、锈、漆等污物彻底清除干净；②使用砂纸打磨焊丝表面的污物（镀铜的免擦焊丝也要仔细检查有无污物）。

1.8 钨极修磨：把整根长 400mm 的钨极根据焊枪的最长容量切成短节，在砂轮机上将短节钨极的两端均修磨成锥子状，锥度 30°左右，端头留 0.5mm 的钝尖。钨极修磨好后安装在焊枪上，钨极伸出喷嘴的长度在 10mm 左右（图 1）。

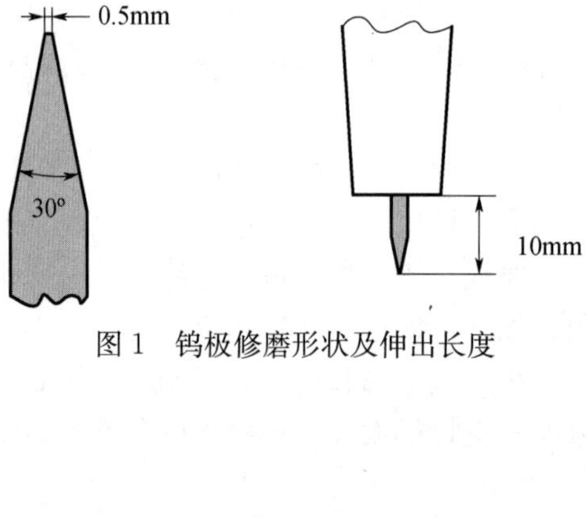

图 1 钨极修磨形状及伸出长度

2　训练第二节——引弧和熄弧

练习方法：高频引弧和衰减熄弧。

练习目的：具备引弧、熄弧能力。

焊接电流：80A（氩气流量6～9L/min）。

操作过程：

第一步：抓握焊枪

手工钨极氩弧焊的焊枪抓握一般有两种（图2）。一种是将焊枪手柄置于掌心和虎口处，轻叩食指、中指、无名指捏住枪柄，大拇指用来控制电源开关，小拇指翘起当作支撑来稳定动作；另一种是焊枪手柄置于掌心和虎口处，轻叩食指捏住枪柄，大拇指用来控制电源开关，中指、无名指、小拇指共同伸出当作支撑来稳定动作。

初学者在起弧前先不要启动焊机，用手腕和手臂以这些支撑为支点，采用翻转、伸缩组合动作，练习焊枪、电弧的纵向移动和横向摆动，模拟完成焊接过程。

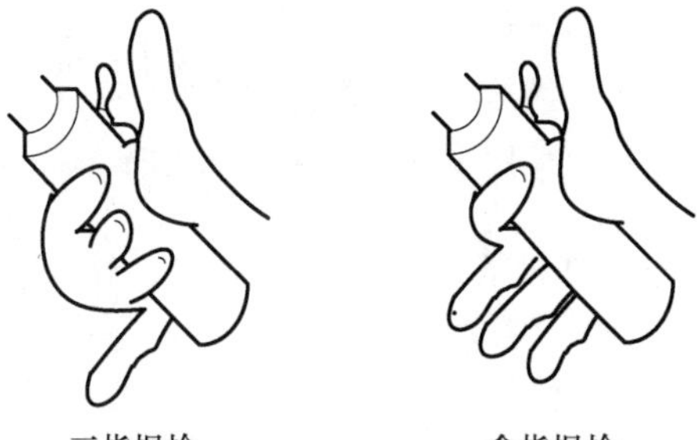

图2　两种焊枪抓握形式

注意事项：两种焊枪抓握形式均适合初学者使用，区别只在于握枪力度大小不同。

第二步：高频引弧

先接通焊机电源，再打开氩气瓶高压阀，并打开试气开关，而后调整好氩气流量。

练习者将试件钢板水平放置在工作台上，抓握好焊枪并戴好面罩，用支撑的手指接触试件钢板表面，并使焊枪钨极端头距离钢板表面10～15mm，焊枪喷嘴与钢板保持垂直，拇指扣下电源开关，氩气先从焊枪喷嘴喷出，再高频电弧击穿保护气体电弧引燃（图3）。

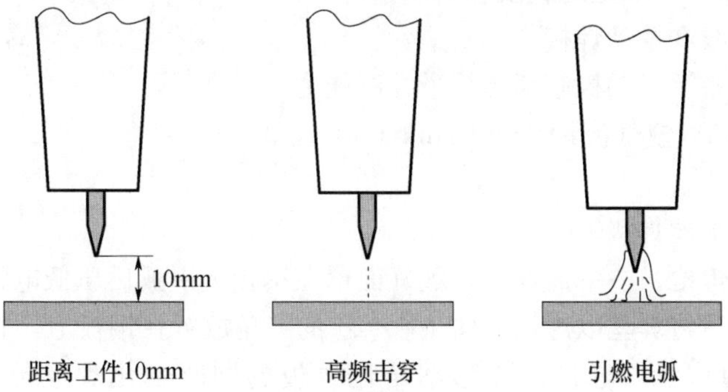

图3　高频引弧

注意事项：初学者在按动焊枪电源开关时，抓握焊枪的手容易晃动，造成高频起弧的瞬间钨极与钢板接触短路，不仅电弧熄灭而且钨极与钢板粘连。如果发生粘连，就松开焊枪电源开关并切断焊接电源，松开钨极夹头锁紧旋钮，待钨极冷却后用钳子将其取下即可。

第三步：衰减熄弧

电弧引燃后，电流开始是较小的起弧电流，控制电弧长度在 3～5mm，随着操作者拇指扣下的开关保持不动，电流沿着缓升时间逐渐变大至焊接电流，慢慢加热、熔化钢板，待形成熔池后焊枪喷嘴与焊接方向呈 100°～120°夹角（图 4），纵向移动电弧焊接 20～30mm，松开焊枪上的电源开关，电弧会衰减（由大逐渐变小）使熔池降温，最后电弧随着衰减时间结束而熄灭。

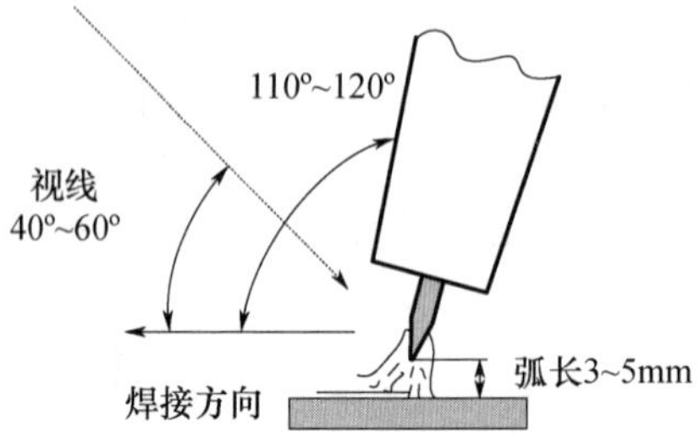

图 4　焊枪喷嘴的角度

注意事项：熄弧前，操作者可设置不同的起弧电流、缓升和衰减时间进行体验。

◆第二节练习过程说明：

以上焊枪开关按下引弧并缓升焊接、松开熄弧的过程称为氩弧焊的电流非自锁（两步）模式。操作者熟练掌握后，还可以设置电流自锁（四步）模式进行练习。电流自锁（四步）模式就是焊枪开关按下引弧、松开电流缓升焊接、再按下电流衰减、再松开熄弧。电流非自锁模式一般适用短焊缝的焊接，电流自锁模式适用长焊缝的焊接。

焊接过程中，焊枪喷嘴与焊接方向保持 100°～120°夹角，电弧长度始终保持在 3～5mm。为了清晰地观察焊接电弧与熔池，操作者要将头偏向一侧，使视线与焊接方向保持 40°～60°夹角（与焊枪喷嘴保持 50°～80°夹角）。

3　训练第三节——加丝的直线和摆动

练习方法：直线和摆动焊接

练习目的：具备手工钨极氩弧焊焊道控制能力

焊接电流：80A（氩气流量 6～9L/min）

操作过程：

第一步：直线加丝焊接

练习者一手握焊枪、一手抓焊丝，戴好面罩在钢板上引弧后压低电弧，慢慢加热、熔化钢板，待形成熔池后将焊丝以焊接方向 10°～20°的夹角放置在钢板上，并将端部轻轻伸入电弧正下方的熔池前边缘，电弧向前移动熔化钢板的同时熔化焊丝形成第一个填充熔池（图 5）。焊丝熔化后缩短并与熔池断开，此时再将焊丝轻轻向熔池前边缘送进，再向前移动电弧熔化焊丝形成第二个填充熔池，再断开、再送进、再移动、再熔化，这样持续焊接 50mm 左右即可熄弧。

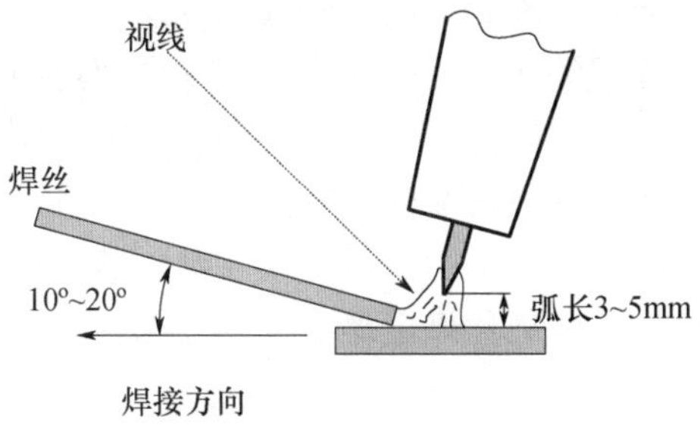

图 5　送丝

注意事项：操作者在加丝焊接时注意保持电弧长度不宜过短，防止钨极与焊丝相碰发生粘连。

第二步：摆动加丝焊接

操作者引燃电弧后压低，电弧在原地横向摆动加热钢板至熔化形成一定宽度的熔池，加丝熔化后断开，而后电弧横向锯齿形摆动给刚熔化的黏稠铁水持续加温使其变得稀薄易于流动，并在电弧的带动下分摊在左右，使焊道变平滑。再将断开的焊丝轻轻伸入到电弧正下方的熔池前边缘，电弧向前移动熔化焊丝，再断开焊丝左右摆动分摊铁水（图 6）。

这样，每加丝熔化一次就横向锯齿形摆动一两个来回，持续焊接 50mm 左右即可熄弧。

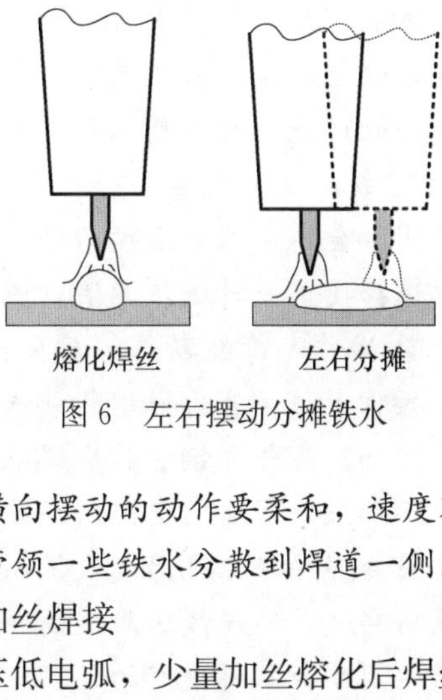

图 6　左右摆动分摊铁水

注意事项：训练时，电弧横向摆动的动作要柔和，速度不宜过快，摆动到一侧后稍作停顿，尽量做到每一次摆动都能带领一些铁水分散到焊道一侧。

第三步：不同厚度的直线加丝焊接

薄焊道：在钢板上引弧后压低电弧，少量加丝熔化后焊丝与熔池断开，电弧锯齿形横向摆动一两个来回，再向前熔化少量焊丝后摆动，最终焊出较薄的焊道。

厚焊道：在钢板上引弧后压低电弧，适当延长电弧预热时间后大量送丝熔化后与熔池断开，电弧锯齿形横向摆动一两个来回，再向前熔化大量焊丝后摆动，最终焊出较厚的焊道。

注意事项：厚焊道焊接时，焊接电流可适当加大。

第四步：连续加丝焊接

操作者在钢板上引弧后压低电弧，加丝后焊丝与熔池前部始终保持相连，电弧连续横向锯齿形摆动，在电弧横向摆动到焊道中央时横切熔化焊丝，同时焊丝送进还是与熔池相连，等待下一次电弧横切。

这样，电弧反复锯齿摆动、横切熔化，焊丝持续连接熔池、不断送进，焊接出 50mm 长的焊道即可熄弧。动作熟练以后，再用较快的焊速焊出宽 5mm、长 50mm 的窄薄焊道。

以上操作方式均是焊丝反复熔化、断开，成为断续送丝法。如果将焊丝放在熔池的前部，焊接过程中始终与熔池相连，焊丝的送进在电弧横向摆动到焊道中央时同时完成，这种操作称为连续送丝法。

注意事项：操作者焊接时注意力逐渐放在观察熔池上，随着焊条移动观察熔池的宽度并根据观察的情况及时调整移动动作。横切操作时，焊丝不动、电弧找焊丝则焊道薄；电弧正常摆动、焊丝主动找电弧熔化、送进则焊道厚。

◆第三节练习过程说明：

手工钨极氩弧焊基础训练重点是左右手配合。

手工钨极氩弧焊作为一种非熔化极气体保护焊，电极不熔化，填充金属要依靠操作者的另一只手持焊丝不断送进熔化得到。这样一个形式的优点在于，非常灵活地通过调整送丝量得到薄厚不同的焊道，但其缺点是送丝过程有拉低熔池温度的效应，熔池温度骤降铁水流动变差，焊道成型变差，甚至造成缺陷。

训练中第二步、第三步均使用断续送丝法，即焊丝反复送进、断开来完成填充。第四步则是采用连续送丝法，即焊丝始终与熔池相连，电弧反复摆动横切焊丝完成填充。哪种方法更好？更适合初学者呢？应该视具体情况而定。

断续送丝法优点是先化焊丝、后带铁水，一化一带先后分明，操作时路数清晰；其缺点是每一次电弧熔化焊丝时，由于焊丝“突兀”送进熔池都会造成焊接熔池温度的骤降，影响铁水的流动。连续送丝法的优点是焊丝的端头自始至终都与熔池液态相连，焊丝始终被电弧加温，随时准备送进熔池，因此它的送进过程较断丝更“顺滑”，对熔池温度的影响也较小。它的缺点是送丝与电弧摆动同时完成，没有先后之分，需要双手更细微的动作配合才能完成，否则加丝量与时间把握不好同样会造成熔池温度骤降，影响铁水的流动。

在不同的情况下，不仅可以选择使用一种送丝方法，还可以选择两种方法组合使用。例如，初学者开始时喜欢断续送丝法操作，待逐渐熟练后又会转向更多使用连续送丝法。再如，打底焊为了可靠保证焊透，操作者往往喜欢使用断续送丝法，可填充和盖面焊为了提高填充效率往往改用连续送丝法。又如，高合金钢管打底焊采用断续送丝法操作能够借助小孔效应顺畅保证背面焊道的透度，而如果使用连续送丝法想要得到好的背面透度则不是一个好的选择。还比如在氩弧焊开始起头处焊件与熔池温度较低，可以采取断丝慢速少量送进，让熔池持续升温，待温度升高后改用渐进式的连续送丝提高焊速。总之，操作手法的选用不是一成不变的，根据实际情况灵活运用才会取得更好的效果。

4　训练第四节——收头和接头

练习方法：衰减收头和搭接接头

练习目的：具备手工钨极氩弧焊接头和收头能力

焊接电流：80A（氩气流量 6～9L/min）

操作过程：

第一步：收头

焊接长 50mm 的焊道后，将焊丝放置在电弧正下方的熔池上，电弧与焊丝一起边熔化边带向熔池前方的一侧，按下或松开电源开关衰减熄弧。

注意事项：在电弧与焊丝一起带向熔池一侧熄灭电弧后，要在收头处留下一个尾巴状的渐细型衰减焊肉（图 7）。

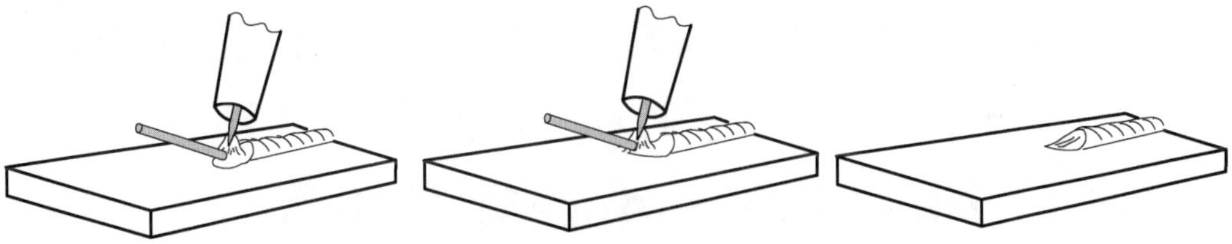

图 7　尾巴状收头

第二步：接头

顺向接头：在收头处前方 10mm 处引燃电弧，将电弧匀速拉回收头处预热熔化形成熔池，少量加丝并持续摆动电弧，分摊铁水覆盖搭接收头处的弧坑后即可正常焊接了。

逆向接头：正常焊接至碰头处，适当减少加丝量并持续摆动焊接，双向焊道搭接重叠 10～15mm 后，停止加丝将电弧稍加速摆动 1～2 个来回后带到一侧熄弧。

注意事项：收头和接头熄弧一定要填满弧坑，防止出现缩孔缺陷。

◆第四节练习过程说明：

收头缩孔是手工钨极氩弧焊操作中常见缺陷。为了防止缩孔缺陷的产生，焊机设计者研发了收弧功能——电流衰减。在收头前，焊接熔池液态处于高温，通过电流衰减使输入熔池的热量逐渐减小，熔池向四周散热降温，它的面积逐渐减小。最后电弧熄灭停止加热，小面积的熔池由液态冷却到固体的过程中没有杂质的中心聚集和较高的拉伸应力，理论上讲也就避免了收头弧坑缩孔的产生。但是情况却并非如此。

收头前，处于高温的液态熔池即使通过电流衰减散热降温，它的面积也会有一些减小，但此时的熔池是一个内凹的坑（俗称弧坑），已经存在的杂质聚集与拉伸应力不会消失，经过衰减过程依然无法避免收头弧坑缩孔的产生，而合适的方法是“先填满弧坑、再衰减降温”。收头前填满弧坑的方法是：先用焊丝挡住电弧（将焊丝放置在电弧正下方的熔池上），电弧的热量几乎全部用来熔化焊丝而熔池得以大幅降温；然后边化边往边上带（电弧与焊丝一起边熔化边带向熔池前方的一侧），熔池的高温点由中心向焊道边缘转移，转移中熔池温度有大幅下降，并且原来的弧坑被彻底填满；最后衰减熄弧（按下或松开电源开关衰减熄弧）时已经不再存在杂质聚集与拉伸应力的弧坑，因此也就避免了收头弧坑缩孔的产生。弧坑被填满的标志就是在熄弧后的收头处会留下一个尾巴状的渐细型焊肉。

手工钨极氩弧焊的顺向接头焊相比焊条焊要容易得多，在接头预热过程中有充足的时间来熔化搭接。需要注意的是在宽焊道接头时，由于熔池温度较低，如果将焊丝熔化到焊道中央，再向两侧带的过程不仅费时、费力还有咬边的可能。因此，宽焊道接头可以采取左右两侧分别断续少量送丝的方式，待熔池温度上升较高后恢复原来的加丝位置即可。逆向接头双向焊道重叠搭接 10～15mm 后，停止加丝用空电弧继续向前摆动 1～2 个来回，目的就是让熔深继续降温，防止出现因弧坑骤冷造成的缩孔。

本单元模块的课程内容较多，主要是为了后续对接接头焊接训练打下坚实的基础。在本单元模块中加大训练的数量，旨在达到操作动作熟练、双手配合默契的目的。

单元二　手工钨极氩弧焊（TIG） 20Gϕ42×5 小径管对接焊

Ⅱ-2-1　手工钨极氩弧焊小径管水平转动焊 1G 特点及演练

手工钨极氩弧焊小径管水平转动焊 1G 特点及演练是管道对接焊入门训练项目，做好这部分项目训练会使初学者依据“循序渐进”的原则，为后续独立操作打下良好的基础。本模块练习步骤分为 4 部分的课程：

1. 训练前的准备；　　　　　　　　2. 练习试件的定位焊接；
3. 练习试件的打底层焊接；　　　　4. 练习试件的盖面层焊接。

1　训练前的准备

1.1　材料：20G 钢管，规格（直径、壁厚、长度）——ϕ42mm×5mm×60mm，坡口加工尺寸如图 1 所示。

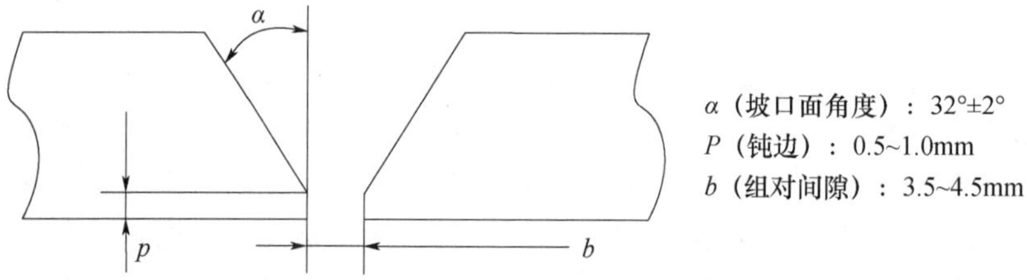

图 1　坡口加工尺寸

1.2　焊接材料：ER50（J50）焊丝，规格（直径）——ϕ2.5mm，瓶装氩气。

1.3　焊接设备：弧焊电源型号，WSME350（500）或 ZX-400。

注事意项：弧焊电源进接 380V 电源，两根输出电缆线分别附带地线钳和氩弧焊枪。

1.4　焊接工具：头戴式面罩（附带 9～11 号滤光镜）、清渣用扁铲和榔头、钢丝刷和锉刀、角向磨光机、砂纸。

1.5　焊工劳动防护用品：工作鞋服（棉制、白色、阻燃）、工作鞋（绝缘）、帽子（棉制）、手套（全皮）、口罩（防烟尘、有害气体）、白光护目眼镜。

1.6　焊机的检查：

由专业电工连接好电焊机 380V 进接电源线（一次线），练习者在指导教师的指导下连接好焊机的输出电源线、焊枪及氩气气路。经指导教师检查确认设备连接安全可靠后，练习者合上电源开关，启动焊机，焊接前要确认焊接电缆线的地线连接牢固可靠。

1.7　焊前清理：①使用角向磨光机将钢板表面的油、锈、漆等污物彻底清除干净；

②使用砂纸打磨焊丝表面的污物（镀铜的免擦焊丝也要仔细检查有无污物）。

1.8 钨极修磨：把整根长 400mm 的钨极根据焊枪的最长容量切成短节，在砂轮机上将短节钨极的两端均修磨成锥子状，锥度 30°左右，端头留 0.5mm 的钝尖。钨极修磨好后安装在焊枪上，钨极伸出喷嘴的长度在 10mm 左右（图 2）。

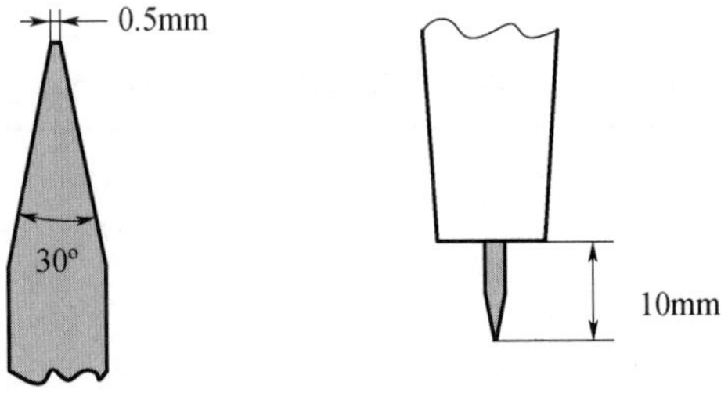

图 2 钨极修磨形状及伸出长度

1.9 焊接层道及焊接顺序：

焊接操作时的焊接顺序自坡口最根部的深处，由里向外焊接两层（第一层是打底层、第二层是盖面层），每层焊接一道，如图 3 所示。

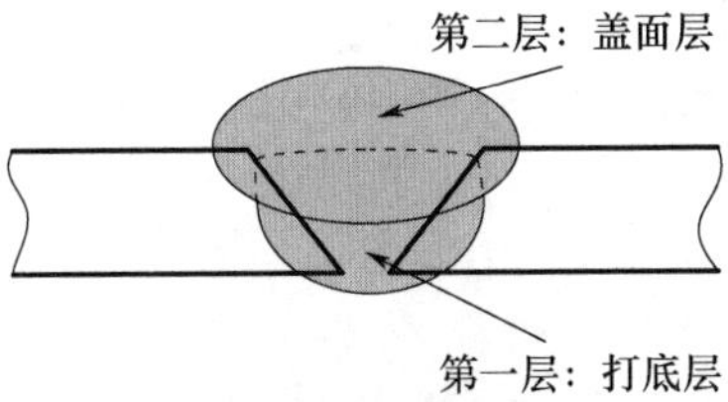

图 3 焊缝的剖面图

打底层焊接时管子轴向水平放置，使定位焊段处于时钟 12 点的位置，电弧由管子时钟 9 点位置起弧，沿着圆周立向上焊接至 12 点与定位焊段搭接重合，于是完成焊段 1 的焊接。将管子圆周顺时针旋转 90°，使定位焊段处于时钟 3 点位置，再次让电弧由此时的时钟 9 点位置起弧，沿着圆周立向上焊接至 12 点与焊段 1 搭接重合，于是完成焊段 2 的焊接。同样的步骤焊接完成焊段 3 后，将管子顺时针旋转 90°，此时定位焊处于管子时钟 9 点位置。在定位焊上起弧，沿着圆周立向上焊接至 12 点与焊段 3 搭接重合，焊接完成焊段 4 的焊接。于是整条打底焊段的焊接完成了。如图 4 所示为管子打底焊圆周方向焊接顺序。

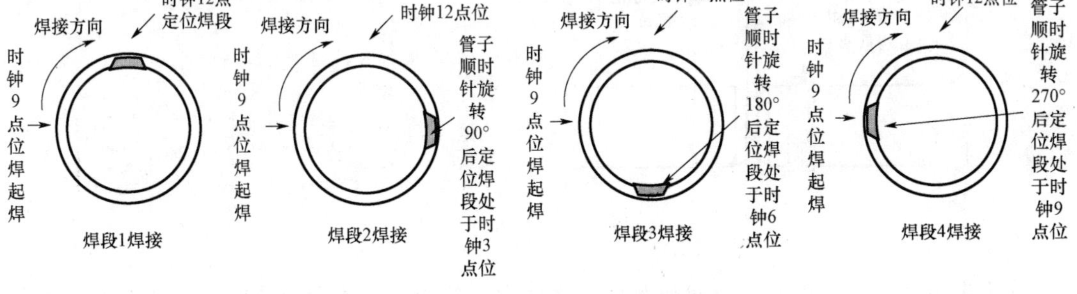

图 4 管子打底焊圆周方向焊接顺序

盖面层焊接时管子轴向水平放置，使打底层定位焊段放置于管子时钟 9 点位置，由此起弧沿着圆周立向上焊接至 12 点，完成管子第一个 1/4 盖面焊段。然后与打底层相反，将管子逆时针旋转 90°，接着收弧处立向上焊接管子圆周的第二个 1/4，再旋转 90°焊接第三个 1/4。最后，旋转 90°焊接第四个 1/4 焊段并与盖面起焊处搭接重合完成整个盖面焊。

1.10　焊接参数（表 1）

表 1　焊接参数表

参数 项目	焊丝规格（mm）	焊接电流（A）	电源极性（注）	焊枪纵向角度（喷嘴与焊接点管子切线的角度）	焊枪横向角度（喷嘴与试件纵向角度）
定位焊	ϕ2.5	90～100	正接	70°～120°（随管子圆周变化）	90°
打底层焊接	ϕ2.5	90～100	正接	70°～120°（随管子圆周变化）	90°
盖面层焊接	ϕ2.5	90～100	正接	70°～120°（随管子圆周变化）	90°

注：正接就是焊接试件连接焊接输出端的正极，焊枪连接负极。

2　训练第一节——试件的定位焊接

练习方法：搭桥点焊定位法

练习目的：具备按要求装配管件对接焊接练习试件的能力

焊接电流：90～100A

操作过程：

第一步：准备

练习者用角向磨光机将加工好的试件钢板坡口面及两侧范围 10～20mm 的油锈漆等污物清除干净，直至露出金属光泽。清理后用锉刀将试件加工出 0.5～1mm 的钝边（图 5）。

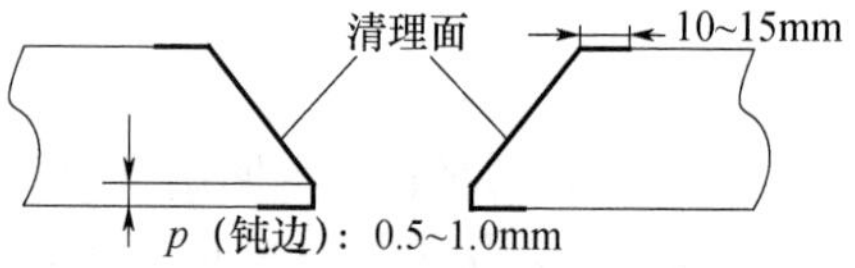

图 5　试件清理

练习者将清理好的两块管子试件水平放置在对口钳的两个钳口，将对口钳夹紧螺柱调节好并夹紧管子。取一根直径 2.5mm 的焊丝，将焊丝的一端插入管子两个坡口之间，使两个坡口之间保持 2.5mm 的间隙（图 6）。将焊丝抽出后，拿起夹好管子的对口钳，视线经过管子左右两端的内径，检查两个管子内壁是否平齐。如果有错口，适当调整左右两根管子的位置直至内壁平齐后就可以进行定位焊了。

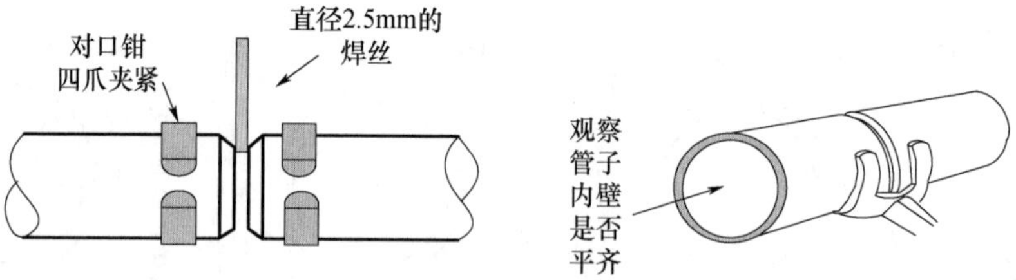

图 6　试件组对

注意事项：初学者调整对口钳的加紧度要适中，锁紧后左右管子应能用手可适当旋转和掰动。这样在遇到管子对口间隙不合适时，旋转管子即可调整间隙，左右掰动管子即可调整内口平齐度。

第二步：左右焊点堆敷搭桥

操作者先戴好面罩，用右手握好焊枪、找好支点并对准起焊点，抓握焊丝的左手顺势将面罩翻转就位，按动焊枪开关引燃电弧。起弧后对准左侧坡口下部熔化坡口并送给焊丝形成第一个焊点，再将电弧横移至右侧坡口的相同位置熔化给丝形成第二个焊点，然后将电弧移至焊道中间熔化刚才形成的两个焊点并加丝形成第三个焊点，3 个焊点的焊肉连接成一体并形成一个完整的焊接熔池，如图 7 所示。

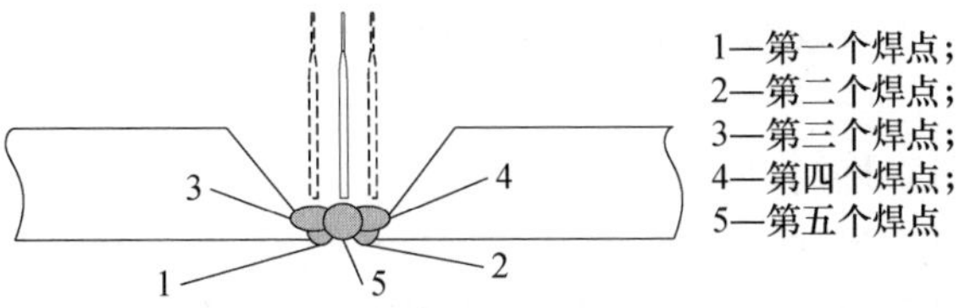

图 7　左右两侧坡口焊点搭桥

第三步：断丝焊接定位焊道

当定位焊接坡口一端形成一个完整的熔池后应将电弧深入坡口熔化 3 个焊点搭桥连接成的第一个焊接熔池与坡口根部的结合处并形成熔孔，再将电弧稍微抬起让焊丝伸进来，将焊丝送给到熔池的前部，熔化形成第二个熔池后再深入电弧至坡口根部打开熔孔，再加丝、再熔化、再打开熔孔，重复动作焊接 10～15mm 左右长度即可熄弧，如图 8 所示。

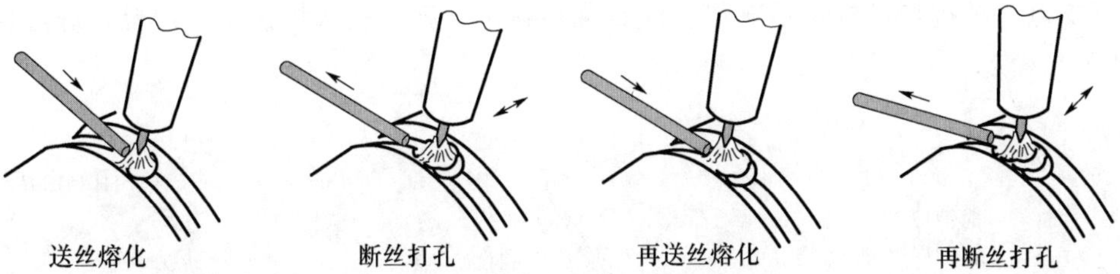

图 8　电弧熔化焊丝、打开熔孔

注意事项：电弧在坡口中左右熔化坡口根尖形成的豁口每侧一般在 1～2mm。

第四步：收头焊接

将焊丝放置在电弧正下方的熔池上，让焊丝挡住熔孔，电弧与焊丝一起边熔化边带向坡口的左侧，按下或松开电源开关衰减熄弧。

注意事项：在电弧与焊丝一起带向熔池一侧熄灭电弧后，要在收头处留下一个尾巴状的渐细型衰减焊肉，防止出现缩孔（图 9）。

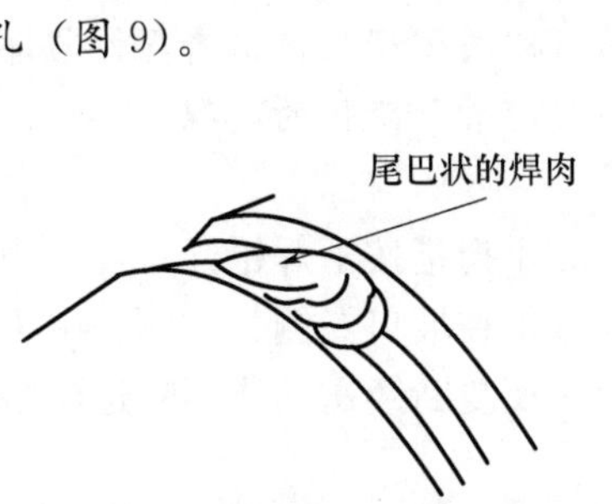

图 9　收头处尾巴状的渐细型衰减焊肉

◆定位焊练习过程说明：

由于左右两个管子外壁有漆、锈，起弧后出现管子一侧导电而另一侧导电不良，这时在导电的一侧给上第一滴铁水后，可用焊丝作为导体斜靠在管子坡口上使另一侧导电并熔化给上第二滴铁水后，再给中间第三滴铁水连接形成熔池。

熔化送给的前两滴铁水一定要给到坡口的根部，以便给上第三滴铁水后将管子两侧的根部熔透。如果前两滴铁水送给位置靠上，没有熔化坡口最根部，也可以在给上第三滴铁水形成整个熔池后再将电弧左右摆动熔化，使管子坡口熔透。

3　训练第二节——试件的打底层焊接

练习方法：断续送丝焊接法

练习目的：具备氩弧焊对接管子平焊单面焊双面成型能力

焊接电流：90～100A

操作过程：

第一步：准备

定位焊结束后，练习者将练习试件上的对口钳取下，检查好管子对口间隙及平齐度，确认后再进行焊接。焊接前，将管子水平放置在小型工作平板上，使其高度保持与操作者腰部平齐，把管子一端可夹持对口钳来固定，这样既牢固又方便焊接过程中的水平转动。

操作者身体站在管子试件一侧，让管子坡口正对着操作者，先戴好面罩，用右手握好焊枪、找好支点，抓握焊丝的左手顺势将面罩翻转就位，就可引弧焊接了（焊枪、焊丝角度如图 10 所示）。

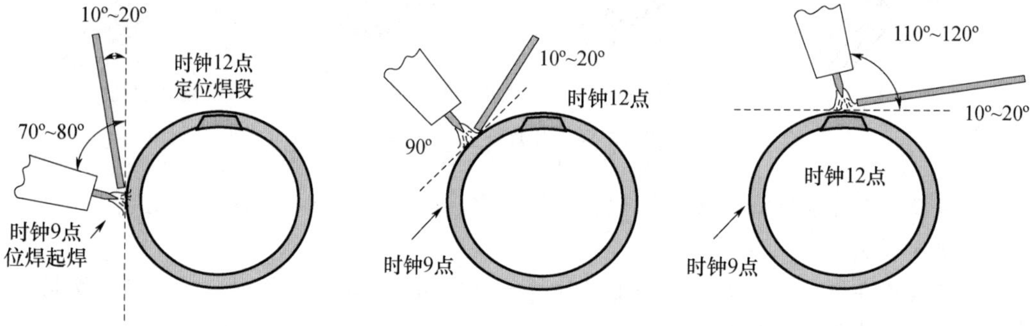

图 10　打底层焊枪及焊丝角度

注意事项：操作者在焊接前可以关闭焊机，拿着焊枪与焊丝不戴面罩的模拟演练整个过程，体会焊枪、焊丝与视线的角度随管子变化的过程。

第二步：焊接

操作者左手将面罩罩好后，右手拇指按下焊枪开关，采用高频引弧法引燃电弧。

电弧引燃后，像定位焊一样分别在坡口左侧、右侧、中央焊接 3 个焊点（图 11），使铁水搭桥形成熔池，再如图 8 所示用反复断续送丝法不断送丝熔化、断丝开孔，一直焊接到定位焊处。

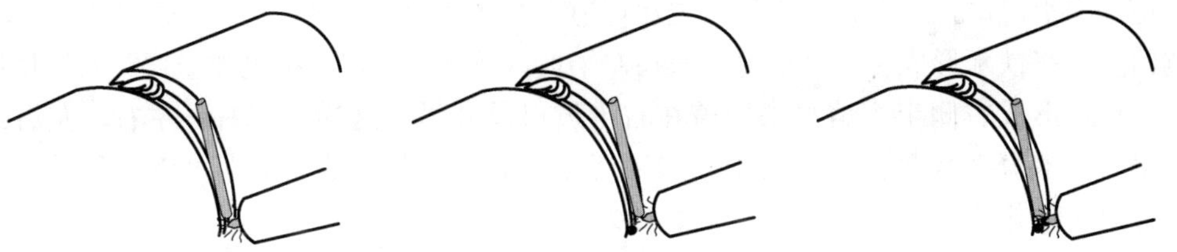

图 11　打底层起头 3 点给丝

注意事项：操作者起焊以后一定要注意在头的带领下，颈、肩、上肢、手腕等随管子弧度变化而动作，以便实现焊枪、视线、焊丝由管子时钟 9 点到 12 点的移动焊接保持适当的角度（图 10）。

第三步：逆向接头焊接

焊接至定位焊碰头处，暂停加丝电弧在原地持续加热熔透根部，然后适当减小加丝量并持续摆动焊接，使前后焊道搭接重叠 10～15mm 后，停止加丝将电弧稍加速摆动 1～2 个来回后带到左侧衰减熄弧。

注意事项：这里所说的逆向接头是指所有后续焊道的尾与先前焊道的首相遇、相接的情况。

熄弧后将管子顺时针旋转 90°，重新在此时的 9 点位起弧焊接至 12 点位收头，将管子旋转 90°，再焊接 1/4 圆周收头，最后旋转 90°焊接 1/4 后就完成整道打底焊了（详见图 4 所示管子打底焊圆周方向焊接顺序）。

◆打底层练习过程说明：

打底焊的训练重点在体会氩弧焊的熔透，熔透的标志就是在焊接熔池前方出现熔孔。此时训练一定要注意一个细节就是电弧在坡口摆动不能过宽，过宽的摆动会造成电弧热量“漂浮”在管子坡口的外部，不仅会造成管子内壁不易熔透，还会出现管子坡口外边线被熔掉，给下一层盖面焊造成困难。

在这里，一开始推荐初学者先控制打底焊的厚度稍薄，也就是断续少量给丝，给丝后尽量“抑制”电弧摆动宽度，甚至都可以尝试不摆动。先明确“熔透的意识”，知晓电弧不摆动即可实现坡口的熔透，而摆动动作的目的只是使打底焊道与坡口面结合得更加平滑，以利于后续盖面层的焊接。

待到熟练掌握熔透以后，操作者可以适当加大送丝量，把打底厚度加大，配合电弧适当摆动熔化即可。推荐盖面前的焊道预留量为 2～2.5mm。

4　训练第四节——试件的盖面层焊接

练习方法：连续送丝法焊接

练习目的：具备氩弧焊 V 形坡口对接水平转动焊盖面能力

焊接电流：90～100A

操作过程：

第一步：起头

操作者将面罩罩好，持焊枪的右手选好支点，左手握好焊丝拨下面罩，在管子 9 点位的打底焊道表面引燃电弧。电弧引燃后，先在焊道中央轻微摆动预热，待形成熔池后将电弧带到左侧给上半滴铁水形成左半个熔池覆盖在左半坡口及外沿。接着把电弧横摆至右侧稍停并给上半滴铁水形成右侧半个熔池来覆盖在右半坡口及外沿。这样，左右、左右、左右经过3～4个来回，待熔池温度升高左右半个熔池逐渐变成一个整熔池后，即可将焊丝放置在焊道中央并与熔池相连开始连续送丝了（图12）。

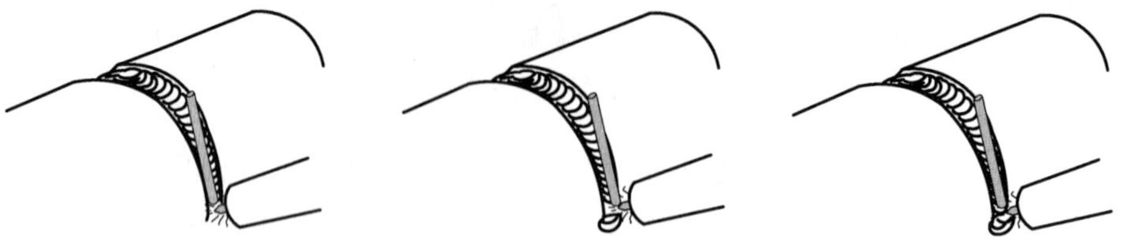

图12　盖面断续送丝起头

第二步：焊接

连续送丝时，电弧连续横向摆动锯齿形，在电弧横向摆动到焊道中央时横切熔化焊丝，同时焊丝送进还是与熔池相连，并等待下一次电弧横切。电弧横向摆动到坡口一侧时适当停顿并压低电弧，让铁水充分覆盖坡口边缘后再重新摆向另一侧。这样，电弧反复锯齿摆动、横切熔化，焊丝持续连接熔池、不断送进，焊接到时钟12点位置即可熄弧（图13）。

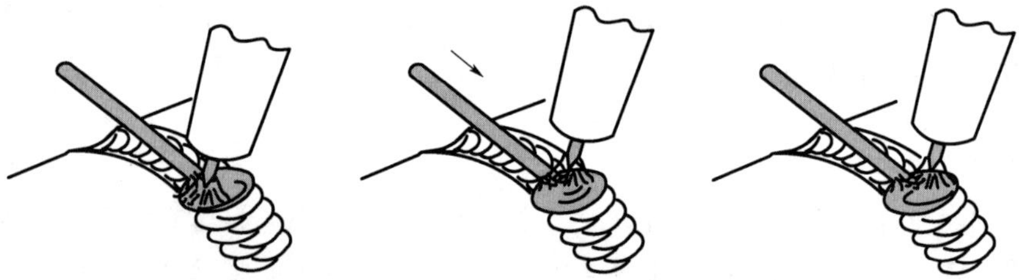

图13　盖面层动作

第三步：收头

将焊丝放置在电弧正下方的熔池上，电弧与焊丝一起边熔化边带向熔池前方的一侧，按下或松开电源开关衰减熄弧。

注意事项：在电弧与焊丝一起带向熔池一侧熄灭电弧后，要在收头处留下一个尾巴状的渐细型衰减焊肉。

第四步：顺向接头

盖面焊接完成1/4，将管子逆时针旋转90°，此时原来的收头处于时钟9点位。在收头处前方10mm处引燃电弧，将电弧匀速拉回收头处预热熔化形成熔池，断续左右半滴给丝持续3～4个来回，分摊铁水覆盖搭接收头处的弧坑后即可正常的连续送丝焊接了。

第五步：逆向接头

焊接完成前3个1/4后，最后1/4焊至碰头处，适当减小加丝量并持续摆动焊接，双向焊道搭接重叠10～15mm后，停止加丝将电弧稍加速摆动1～2个来回后带到一侧熄弧即可完成整道盖面焊道了。

◆**盖面层练习过程说明：**

盖面层焊接时，操作者的主要操作意图是保持良好的焊道外观平直度。

打底焊道焊接完成后，焊道表面两侧坡口整齐的边线就是盖面层焊接时的基准线。电弧在左右横向摆动到坡口边缘线时，要“引导”熔池铁水流动到坡口外边缘并覆盖坡口边线增宽 0.5～1mm。电弧经过横切焊丝后整个熔池的温度会下降，如果电弧过快摆动到一侧坡口，而由于坡口边缘温度低，铁水不能及时跟上电弧到坡口，则电弧将坡口外边熔化容易造成咬边缺陷。因此，电弧经过横切后一定要以适当的速度摆动到坡口一侧，具体速度是否适宜要看是否有铁水及时跟过来。当及时跟进的铁水被电弧“引导”到坡口一侧后，电弧还应适当压低并停顿（图 14），以便铁水充分覆盖、贴合坡口边缘，防止咬边。

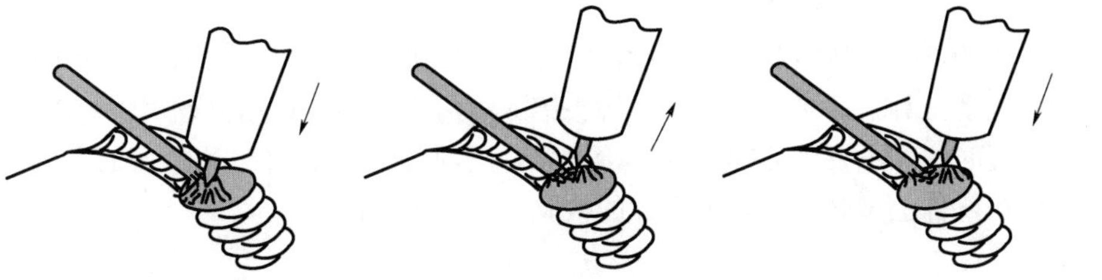

图 14　盖面层焊接电弧压低

开始焊接时的 9 点至 11 点段相当于立焊，此时熔池中的铁水受重力下坠较快，因此焊道容易起高度，注意送丝量与电弧摆动配合，防止焊道过高。

当焊接由 11 点至 12 点段时，焊接位置转换成平焊，此时熔池温度升高明显，熔池中的铁水流动性大大加强，在电弧锯齿形摆动向前焊接时，会有许多铁水跟着电弧沿着焊接方向移动，造成焊道过低。此时，应注意加大给丝量，让熔池保持成一个明显鼓起的球状，待电弧向前移动后，焊肉高度下降，最终冷却凝固成高度合适的焊道。此段焊接还要注意由于熔池温度升高、熔化深度加大，严重时会将打底层完全熔透，造成盖面焊形成的背面焊道焊瘤甚至烧塌缺陷。纠正措施是加大送丝量给熔池降温，适当提高焊接速度，同时将焊枪角度倾斜（如图 10 所示的 110°～120°），减少电弧输入熔池的热量。

保证管子焊接质量的要诀在于转动，即操作者肢体位置为了顺应管子弧度变化要进行变化（转动），以便控制焊枪沿着管子行走弧线的同时保持较适宜的角度，致使焊接电弧跟随管子弧度变化的同时始终保持适当的弧长，最终焊接出合格的焊道。水平转动焊训练中，建议初学者在开始引弧处（管子时钟 9 点位）站好位后身体由直立变为向右转动，即颈向右歪、肩向右斜、腰向右倾、肘和腕往外伸，起弧后在头的引领下颈、肩、腰先由歪斜状态逐渐回复正中，其回复会自然带动肘和腕的旋转，使右手控制焊枪沿着管子完成一部分弧度的转动。颈、肩、腰回中后，再将颈稍微向左歪，让头继续引领肘和腕的回复，从而实现进一步的旋转，使右手控制焊枪沿着管子完成最后部分弧度的转动后收头即可。

人体完成转动动作依靠的主要是颈部、肩部、肘部、手腕和腰部等关节的活动。这些关节部位在活动过程中都有一个共同的特点，那就是保持中立（不左不右为中，自然下垂为立）的位置状态最舒适，否则就会产生疲劳和不适。多数人反映，焊接一个焊段开始引弧时摆出不适的肢体位置，然后随着电弧运行肢体位置变化得越来越舒适，最后在较舒适的状态熄弧完成，那么这样的一个操作过程会使操作者心理产生一种轻松的感觉，肢体不易产生疲劳，操作者会连续焊接出许多优质的焊道。基于这样一个现象，建议初学者在训练时也采取上述这种“先苦后甜”的动作变化原则，一开始肢体位置“别扭”，越往后焊越“舒服”，最后在较舒适的状态下熄弧完成。具体的做法是先让身体处于收头（一段焊段的结尾处）的地方，尽量使关节部位保持中立，然后反方向（与焊接的方向相反）活动肢体至焊段起头处，再在此处引弧焊接即可体会“先苦后甜”的操作动作了。如果焊接的焊道较长，那么操作者可站在焊段中部，身体的颈部、肩部、肘部、手腕和腰部等关节均向右移，在“别扭”的右端起头，慢慢焊到中部身体越来越“舒服”，经过中部以后身体向左移动虽然“别扭”的感觉又会越来越重，但是由于经历了一个较长的中部“舒适区”，且越来越接近终点，因此这种不适也会变得让人易于接受了。

焊接完成的试件自然冷却至室温后，将焊缝及周围的焊渣、飞溅彻底清除干净。清理时一般不使用电动工具，而是使用扁铲、榔头铲除焊渣、飞溅后再用钢丝刷将焊缝表面周围刷净即可。清理时注意不要破坏焊缝的原始状态，同时注意做好自己和他人的安全防护工作。清理完成后在试件上做好标记，为后续的检验、评定做好准备。

Ⅱ-2-2　手工钨极氩弧焊小径管垂直固定焊 2G 特点及演练

手工钨极氩弧焊小径管垂直固定焊 2G 特点及演练是典型的压力管道对接焊训练项目，做好这部分项目训练会为学员具备独立的焊接操作能力打下良好的基础。本模块练习步骤分为 4 部分的课程：

1. 训练前的准备；
2. 练习试件的定位焊接；
3. 练习试件的打底层焊接；
4. 练习试件的盖面层焊接。

1　训练前的准备

1.1～1.8　内容与《手工钨极氩弧焊小径管水平转动焊 1G 特点及演练》对应章节雷同，在此不再赘述。

1.9　焊接层道及焊接顺序

焊接操作时的焊接顺序自坡口最根部的深处，由里向外焊接两层（第一层是打底层、第二层是盖面层），每层焊接一道，如图 1 所示。

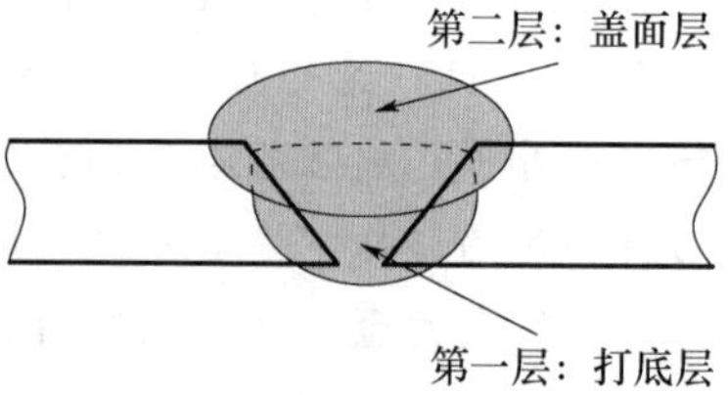

图 1　焊缝的剖面图

打底焊接时，将管子轴向与水平面垂直，并夹持固定。由定位焊段的右侧管子圆周 1/4 起头，焊接管子圆周 1/4 到定位焊段与之逆向接头熄弧，再由定位焊段顺向接头焊接管子圆周 1/4 收头，再顺向接头焊接管子圆周 1/4 收头，最后顺向接头焊接管子圆周最后的 1/4 与最开始起头进行逆向接头熄弧即可完成整道打底焊道（图 2）。

图 2　管子打底焊圆周方向焊接顺序（俯视图）

盖面焊接时，由定位焊段起头焊接管子圆周 1/4 收头，顺向接头焊接管子圆周 1/4 收头，顺向接头焊接管子圆周 1/4 再收头，最后顺向接头焊接管子圆周最后 1/4 至最开始起头处进行逆向接头熄弧即可完成整道盖面焊道（图 3）。

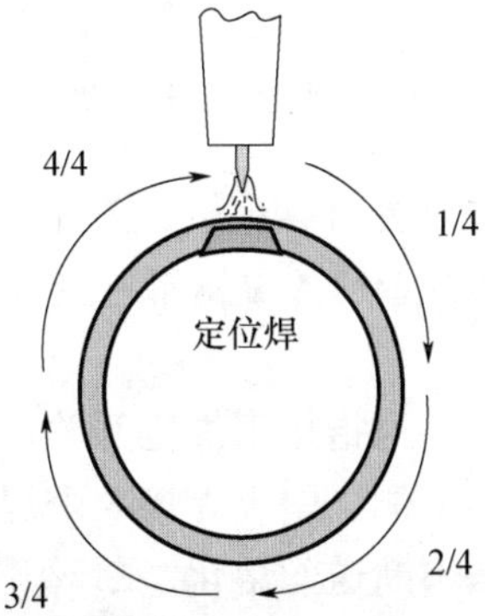

图 3　管子盖面焊圆周方向焊接顺序（俯视图）

1.10　焊接参数（表 1）

表 1　焊接参数表

参数 / 项目	焊丝规格（mm）	焊接电流（A）	电源极性（注）	焊枪纵向角度（喷嘴与焊接点管子切线的角度）	焊枪横向角度（喷嘴与试件纵向角度）
定位焊	φ2.5	90～100	正接	70°～120°（随管子圆周变化）	90～100°
打底层焊接	φ2.5	90～100	正接	70°～120°（随管子圆周变化）	90～100°
盖面层焊接	φ2.5	90～100	正接	70°～120°（随管子圆周变化）	90～100°

注：正接就是焊接试件连接焊接输出端的正极，焊枪连接负极。

2　训练第一节——试件的定位焊接

本节内容与《手工钨极氩弧焊小径管水平转动焊 1G 特点及演练》对应章节雷同。

3　训练第二节——试件的打底层焊接

练习方法：断续送丝焊接法

练习目的：具备氩弧焊对接管子垂直固定焊单面焊双面成型能力

焊接电流：90～100A

操作过程：

第一步：准备

定位焊结束后，练习者将练习试件上的对口钳取下，检查好管子对口间隙及平齐度，确认后再进行焊接。焊接前，将管子垂直水平放置，高度处于与操作者视线平视且较舒适的位置。操作者身体站在管子试件一侧，让管子坡口正对着操作者，先戴好面罩，用右手握好焊枪，找好支点，抓握焊丝的左手顺势将面罩翻转就位，就可引弧焊接了（焊枪、焊丝角度见图 4）。

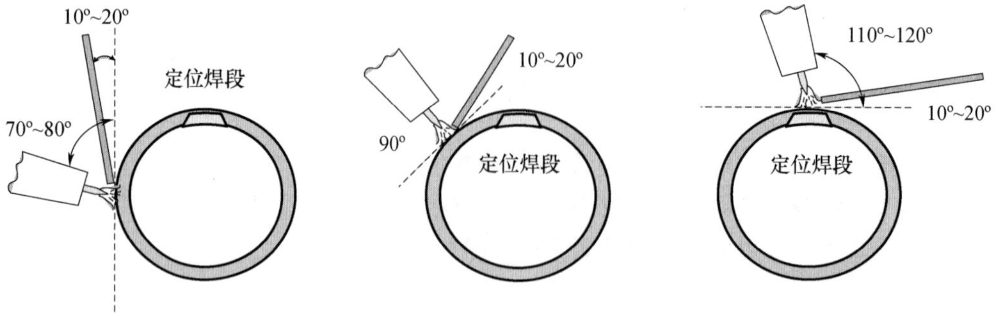

图 4　打底层焊枪及焊丝角度（俯视图）

注意事项：操作者在焊接前可以关闭焊机，拿着焊枪与焊丝不戴面罩地模拟演练一下整个过程，体会一下焊枪、焊丝与视线的角度随着管子变化的过程。

第二步：焊接

操作者左手将面罩罩好后，右手拇指按下焊枪开关，高频引弧法引燃电弧。

电弧引燃后分别在坡口下侧、上侧、中央焊接 3 个焊点（图 5），使铁水搭桥形成熔池，然后如图 6 所示用反复断续送丝法不断送丝熔化、断丝开孔，一直焊接到定位焊处。

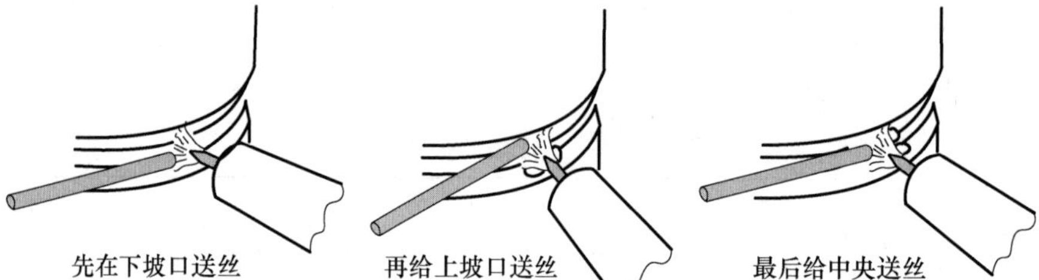

图 5　打底层起头 3 点给丝

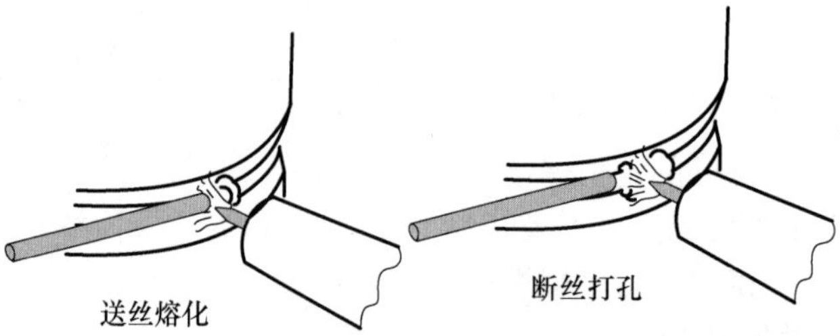

图 6　反复断续送丝焊接

注意事项：操作者起焊以后一定要注意在头的带领下，颈、肩、上肢、手腕等随着管子弧度变化而动作，以便实现焊枪、视线、焊丝在变化中保持适当的角度（图4）。

第三步：逆向接头

焊接至定位焊碰头处，暂停加丝电弧在原地持续加热熔透根部，然后适当减小加丝量并持续摆动焊接，使前后焊道搭接重叠10～15mm后停止加丝，将电弧稍加速摆动1～2个来回后带到坡口下方衰减熄弧。

注意事项：这里所说的逆向接头是指所有后续焊段的尾与先前焊段的首相遇、相接的情况。

第四步：顺向接头

焊接完成第一个1/4后，调整身体站位在前一焊段收头处后方10mm处引燃电弧，将电弧沿焊接方向上下横向摆动慢速加热，直到收头处充分预热并充分熔化形成熔池，再断续半滴给丝熔化、打孔焊接3～4个来回，待熔池温度上升即可正常的断续送丝焊接了。

注意事项：这里所说的顺向接头是指所有后续焊段的首与先前焊段的尾相接的情况。

使用相同的方法，焊接剩余的3/4，并在最后1/4收尾进行逆向接头后就完成了整道打底焊了（详见图2所示管子打底焊圆周方向焊接顺序）。

◆打底层练习过程说明：

水平固定管子对接打底焊的训练重点是在熔透的基础上控制好熔池温度的均匀性，即合理控制横焊位置的熔孔形状。

由于热量传递中有着“反重力”（热量向上传导的速度快）的特性，所以横焊位置的焊道熔池下部的温度始终低于上部，因此操作时通过调整焊枪角度和电弧停顿时间来刻意增加熔池下部热量，以便尽可能地实现焊接熔池温度的均匀化。具体到手工钨极氩弧焊横焊操作，如果改变焊枪角度偏下会给操作带来不便，那么采取适当延长电弧在熔池下部的停顿加热时间会是一个不错的选择，尤其是打底焊中采取这个方法会有效控制上坡口熔孔不至于过大的同时保证下坡口充分熔透。

操作一开始，还是推荐初学者先控制打底焊的厚度稍薄，也就是断续少量给丝，给丝后尽量“抑制”电弧摆动宽度，不去刻意向上坡口大幅摆动即可观察到清晰的上坡口熔孔，而在下坡口的摆动、停顿即可保证熔透又能使焊道与下坡口过渡平滑。

待到熟练掌握熔透以后，操作者可以适当加大送丝量，把打底厚度加大，配合电弧适当摆动熔化即可。推荐盖面前的焊道预留量为2～2.5mm。

4　训练第三节——试件的盖面层焊接

练习方法：连续送丝法焊接

练习目的：具备氩弧焊V形坡口对接垂直固定焊盖面能力

焊接电流：90～100A

操作过程：

第一步：起头

操作者将面罩罩好，持焊枪的右手选好支点，左手握好焊丝拨下面罩在管子定位焊处的打底焊道表面引燃电弧。电弧引燃后，先在焊道中央轻微摆动预热，待熔池宽度能够达到焊道宽度的2/3后，断续少量送丝到焊道中央。焊丝送一点，电弧上下摆动熔化一点，每多给一点电弧摆动宽度就适当加大一点，熔池的宽度也相应增大一点。这样，一点一摆、一点一摆……经过 3～4 个来回熔池温度升高且熔池逐渐覆盖整个上下坡口（图 7）后，即可完成起头焊了。

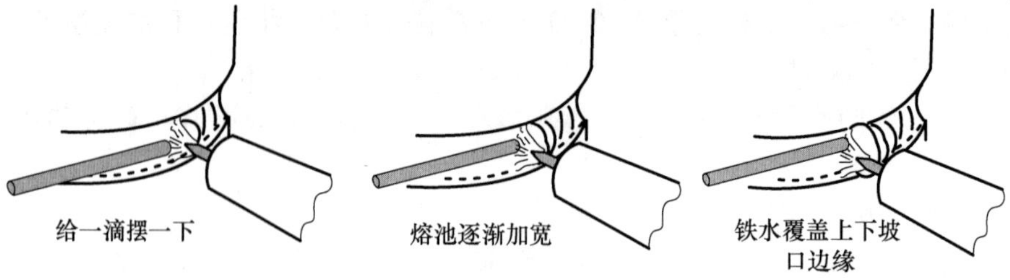

图 7　盖面断续送丝起头

第二步：焊接

起头后，将焊丝放置在打底焊道上部并与熔池相连开始连续送丝。连续送丝时，电弧连续上下摆动锯齿形。电弧摆横焊道上部时熔化焊丝，同时焊丝主动向熔池直线送进。保证铁水充分覆盖上坡口后，电弧向下摆动到焊道下部并压低电弧适当停顿，让跟随电弧流淌下来的铁水充分覆盖下坡口（图 8）边缘后再重新摆向上坡口。这样，电弧反复摆动、熔化，焊丝持续送进、连接，一直焊接管子圆周的 1/4 即可熄弧。

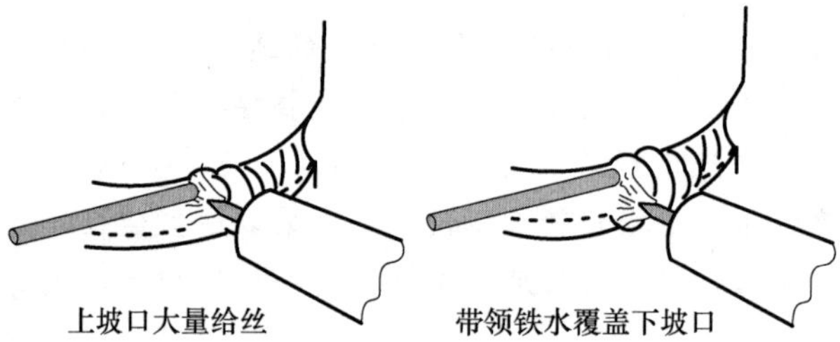

图 8　盖面层动作

第三步：收头

将焊丝放置在电弧正下方的熔池上，电弧与焊丝一起边熔化边带向熔池前方的下坡口一侧，按下或松开电源开关衰减熄弧。

注意事项：在电弧与焊丝一起带向熔池一侧熄灭电弧后，要在收头处留下一个尾巴状的渐细型衰减焊肉。

第四步：顺向接头

盖面焊接完成 1/4，就继续下一个 1/4 焊段的焊接。在收头处前方 10mm 处引燃电弧，将电弧匀速拉回收头处预热熔化形成熔池，断续给丝持续 3～4 个来回，上下拖动铁水覆盖搭接收头处的弧坑后即可正常地连续送丝焊接了。

第五步：逆向接头

焊接完成前三个 1/4 后，最后 1/4 焊至碰头处，适当减小加丝量并持续摆动焊接，双向焊道搭接重叠 10～15mm 后，停止加丝将电弧稍加速摆动 1～2 个来回后带到下坡口一侧熄弧即可完成整道盖面焊道了。

◆**盖面层练习过程说明：**

垂直固定焊管子盖面层焊接时，操作者首要解决的是过量铁水下坠造成的焊道焊肉偏下（图 11）的问题。焊道下坠是焊接熔池在重力作用下的自然结果，它不仅影响焊道整体美观度，还容易造成上坡口的未填满、咬边等缺陷。解决方案就是操作者通过与熔池连接的焊丝来实现"提拉"铁水，以便克服重力、防止下坠。具体的做法是：电弧向上摆动到焊道上部时，焊丝置于电弧下方并一次送"足"铁水，让熔池鼓起一个"鼓包"。然后摆动电弧向下，引导上边熔池一部分铁水向下去熔化覆盖下坡口，而此时焊丝会像一个钉子一样"钉"在焊道上部熔池里，由于电弧的移走与熔池一起散热、冷却，将铁水牢牢地"固定"在坡口上部，接着就是电弧再次上移、焊丝又一次送"足"铁水，再下移、再"固定"，重复直至焊段结束。

盖面层焊接时，操作者还应注意保持良好的焊道外观平直度。打底焊道焊接完成后，焊道表面两侧坡口整齐的边线就是盖面层焊接时的基准线。电弧在上下横向摆动到坡口边缘线时，要"引导"熔池铁水流动到坡口外边缘并覆盖坡口边线增宽 0.5～1mm。电弧摆动到下坡口边缘温度低，铁水不能及时跟上电弧到坡口，造成电弧将坡口外边熔化，也会造成咬边缺陷。因此，电弧在坡口上部完成焊丝熔化、送进后，一定要以适当的速度摆动到下坡口，具体速度是否适宜要看是否有铁水及时跟过来。当及时跟进的铁水被电弧"引导"到下坡口后，电弧也应适当压低并停顿，以便铁水充分覆盖、贴合坡口边缘，防止咬边。

小径管焊接，随着电弧热量持续输入，管子局部散热速度减慢，常常出现焊接熔池温度过高造成盖面层铁水不易控制，影响焊道成型。因此，垂直固定焊焊接（包括打底层、填充层和盖面层），随着熔池温度升高，相应提高焊接速度和送丝速度，会相应减缓熔池的升温速度，使铁水易于控制。实现提高焊接速度的途径是逐渐加大锯齿形摆动的锯齿齿间距；完成加快送丝速度的方法是将焊枪角度倾斜逐渐加大（如图 4 所示的由开始的 70°渐变成 120°）。

在小径管的焊接过程中，操作者不仅要依靠颈、肩、上肢、手腕等肢体的运动来跟上管子弧度变化，而且还要通过更多的肢体部位协调、配合来完成速度的变化，难度之大可想而知。因此，训练中常怀一颗平常之心，戒骄戒躁中才能有所收获。

焊接完成的试件自然冷却至室温后，将焊缝及周围的焊渣、飞溅彻底清除干净。清理时一般不使用电动工具，而是使用扁铲、榔头铲除焊渣、飞溅后再用钢丝刷将焊缝表面周围刷净即可。清理时注意不要破坏焊缝的原始状态，同时注意做好自己和他人的安全防护工作。清理完成后在试件上做好标记，为后续的检验、评定做好准备。

Ⅱ-2-3 手工钨极氩弧焊小径管水平固定焊 5G 特点及演练

手工钨极氩弧焊小径管水平固定焊 5G 特点及演练是管道对接焊重点训练项目，做好这部分项目训练会为后续独立操作打下良好的基础。本模块练习步骤分为 4 部分的课程：

1. 训练前的准备；
2. 练习试件的定位焊接；
3. 练习试件的打底层焊接；
4. 练习试件的盖面层焊接。

1　训练前的准备

1.1～1.8　内容与《手工钨极氩弧焊小径管水平转动焊 1G 特点及演练》对应章节雷同，在此不再赘述。

1.9　焊接层道及焊接顺序

焊接操作时的焊接顺序：自坡口最根部的深处，由里向外焊接两层（第一层是打底层、第二层是盖面层），每层焊接一道，如图 1 所示。

打底层焊接时管子轴向水平放置，使定位焊段处于时钟 12 点的位置，电弧由管子时钟 6 点位置起弧，顺时针沿着圆周立向上焊接至 9 点收头，于是完成焊段 1 的焊接。由 9 点位置起弧，沿着圆周立向上焊接至 12 点与定位焊段搭接重合收头完成焊段 2 的焊接。焊段 3 也是由管子时钟 6 点位置起弧，但方向与焊段 1 相反，逆时针沿着圆周立向上焊接至 3 点收头。最后在管子时钟 3 点位置起弧，继续逆时针沿着圆周立向上焊接至 12 点与焊段 1 搭接重合，完成焊段 4 焊接同时整条打底焊就完成了。

盖面层焊接顺序步骤与打底焊相同，详见图 2 所示管子打底焊和盖面焊圆周方向焊接顺序。

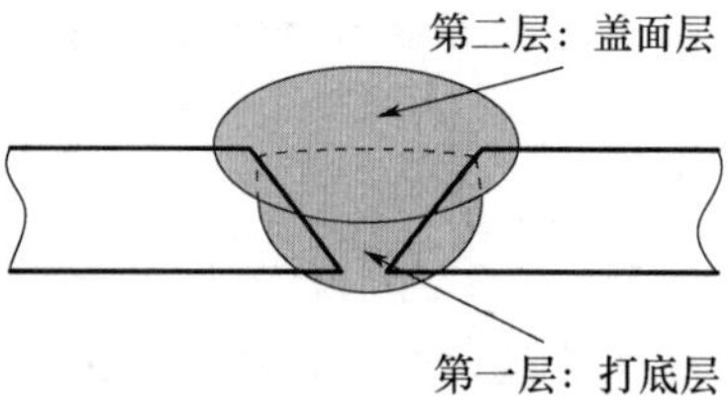

图 1　焊缝的剖面图

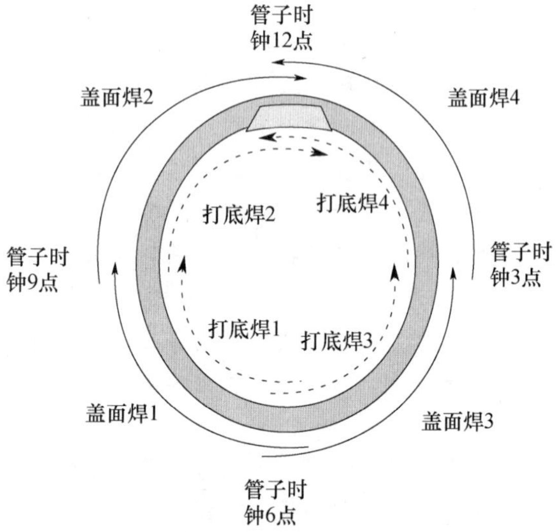

图 2　管子打底焊与盖面焊圆周方向焊接顺序

1.10　焊接参数（表 1）

表 1　焊接参数表

项目 \ 参数	焊丝规格（mm）	焊接电流（A）	电源极性（注）	焊枪纵向角度（喷嘴与焊接点管子切线的角度）	焊枪横向角度（喷嘴与试件纵向角度）
定位焊	ϕ2.5	90～100	正接	70°～120°（随管子圆周变化）	90°
打底层焊接	ϕ2.5	90～100	正接	70°～120°（随管子圆周变化）	90°
盖面层焊接	ϕ2.5	90～100	正接	70°～120°（随管子圆周变化）	90°

注：正接就是焊接试件连接焊接输出端的正极，焊枪连接负极。

2　训练第一节——试件的定位焊接

本节内容与《手工钨极氩弧焊小径管水平转动焊 1G 特点及演练》对应章节雷同。

3　训练第二节——试件的打底层焊接

练习方法：断续送丝焊接法

练习目的：具备氩弧焊对接管子水平固定焊单面焊双面成型能力

焊接电流：90～100A

操作过程：

第一步：准备

定位焊结束后，练习者将练习试件上的对口钳取下，检查好管子对口间隙及平齐度，确认后再进行焊接。焊接前，将管子水平固定在试件架上，使其高度保持与操作者腰部平齐。

操作者身体站在管子试件一侧，让管子坡口正对着操作者，先戴好面罩，腰部向右大幅倾斜（弯腰使上下肢呈 60°～80°角）同时头向右斜（头与右肩呈 10°～30°角）。用右手握好焊枪、找好支点，抓握焊丝的左手顺势将面罩翻转就位，就可引弧焊接了（具体的身体姿态见图 3；焊枪、焊丝角度见图 5）。

图 3　打底层起头操作者姿势及变化

注意事项：在焊接前可以关闭焊机，拿着焊枪与焊丝，不戴面罩地模拟演练一下整个过程，体会一下焊枪、焊丝与视线的角度随着管子变化的过程，尤其要练习身体的变化动作。

第二步：焊接

操作者左手将面罩罩好后，右手拇指按下焊枪开关，高频引弧法引燃电弧。

电弧引燃后，像定位焊一样分别在坡口左侧、右侧、中央焊接 3 个焊点，使铁水搭桥形成熔池，然后如图 4 所示用反复断续送丝法不断送丝熔化、断丝开孔，送丝时注意尽量将焊丝向管子坡口里送入其根部，这样一直焊接到 9 点处收头熄弧。

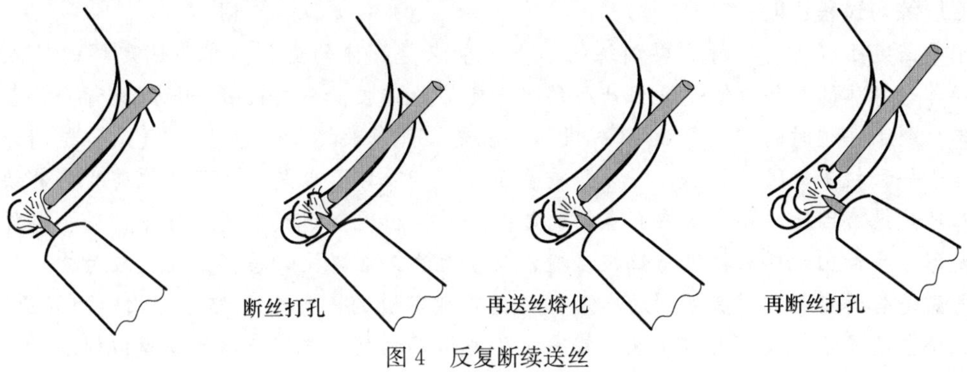

图 4　反复断续送丝

注意事项：操作者起焊以后一定要注意在头的带领下，颈、肩、上肢、手腕等随着管子弧度变化而动作，以便实现焊枪、视线、焊丝由管子时钟 6 点到 9 点的移动焊接保持适当的角度（图 5）。

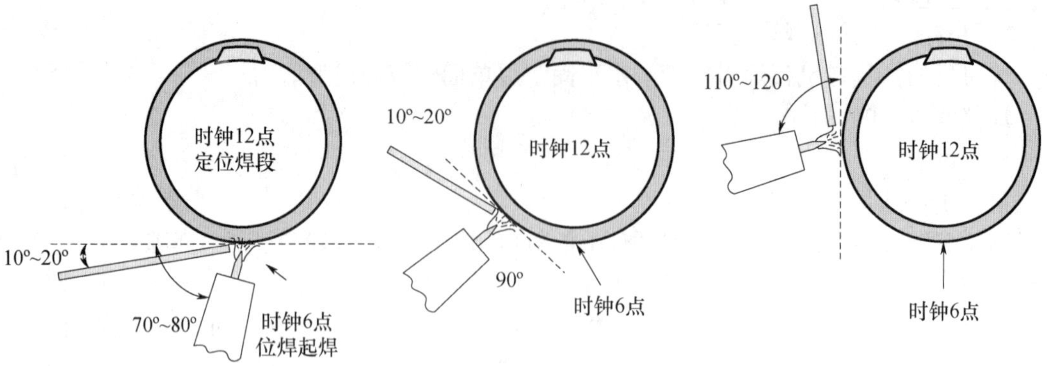

图 5　打底层焊枪及焊丝角度

第三步：顺向接头

焊接完成第一个 1/4 后，调整身体姿势在前一焊段收头处（时钟 9 点）下方 10mm 处引燃电弧，将电弧沿焊接方向左右横向摆动慢速加热，直到收头处充分预热并充分熔化形成熔池，再断续半滴给丝熔化、打孔焊接 3～4 个来回，待熔池温度上升即可正常地断续送丝焊接了。

注意事项：这里所说的顺向接头是指所有后续焊段的首与先前焊段的尾相接的情况。

第四步：逆向接头焊接

焊接至 12 点定位焊碰头处，暂停加丝电弧在原地持续加热熔透根部，然后适当减小加丝量并持续摆动焊接，使前后焊道搭接重叠 10～15mm 后，停止加丝将电弧带到左侧衰减熄弧。

注意事项：这里所说的逆向接头是指所有后续焊道的尾与先前焊道的首相遇、相接的情况。

熄弧后，转换位置到管子另一侧，使用相同方法重新由管子 6 点位起弧逆时针焊接至 12 点位收头就完成了整道打底焊了（详见图 2 所示管子打底焊圆周方向焊接顺序）。

◆打底层练习过程说明：

水平固定小径管对接打底焊训练的第一个重点是身体的变化。水平固定焊的 6 点位起头，操作者身体的姿势就像是一位严厉的老师费力地猫腰低头去检查一张课桌背面是否被调皮的学生刻上字迹时的“气急败坏”。没错，就是“气急败坏”的感觉。“气急”是因为此时身体处于一种极不舒服的状态，呼吸严重受阻；那“败坏”更是由于视线偏转、头部缺氧造成了心理焦虑。因此，初学者在 6 点位的起头经常会出现：视线不清、肢体抖动、操作动作完全变形，导致出现焊丝接连与钨极碰撞、粘连无法正常焊接的恶劣情况。应对这一状况的办法首先是告诉自己“所有遇到的麻烦都是再正常不过的，每个人都会有相同的经历”，在心理上给自己暗示，放下思想包袱。其次就是关闭焊机电源进行身体动作模拟训练，先让肢体慢慢适应这个高难度的姿态及其变化，然后去真正起弧焊接。

打底焊训练的第二个重点是焊接位置的变化。管子时钟 6 点至 7 点是仰焊位置、7 点至 8 点是仰焊到立焊的过渡位置、8 点至 9 点是立焊位置。在这三个阶段，操作者的焊接动作及操作意图都会发生变化。6 点至 7 点的仰焊位置，焊丝要深入坡口根部尽量向坡口背面送进（图 6），焊枪角度较小（焊枪与管子焊接点切线呈 70°角）配合电弧横向摆动要窄，以便防止背面焊道内凹。7 点至 8 点的过渡段，由于管子温度升高和铁水下坠趋势相对缓和，给丝量可适当加大，配合电弧摆动宽度也适当加宽，焊道厚度有所增加。最后 8 至 9 点的立焊位置，熔池温度已经升得很高，可将焊枪角度调大（焊枪与管子焊接点切线成 120°角）来使更多的热量熔化更多的焊丝，实现熔池降温，得到的焊道厚度增加。虽然在此叙述时人为地分成三个不同的阶段，但在实际操作中的动作变化是渐进的、平缓的，没有明显的段落界限区分。

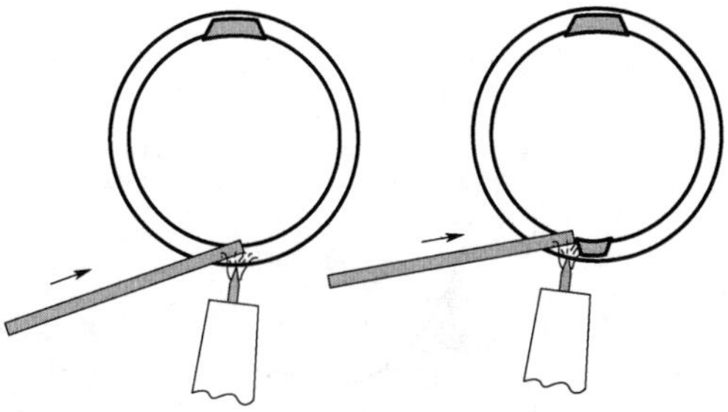

图 6 焊丝深入坡口根部

配合焊接位置的变化时的人体动作是这样变化的：6 点位起弧上下肢弯曲 60°～80°，待起头焊接完成后肢体保持不动焊接至 7 点位附近，然后头开始向左肩方向回正并带动肩部左向翻转，肩部带动上肢逐渐回正到与下肢成 90°左右的状态。继续焊接至 8 点处，头部向上挺起，脖子伸长带动上肢直立加上腕部向内侧旋转，下肢弯曲角度增大到 120°～140°（上下肢角度为 180°时呈一直线），完成 8 至 9 点位的焊接即可收头。同理，为了方便叙述肢体变化将动作分解成不同的几步，然而在实际训练中动作的变化也是渐进的，没有明显的段落界限区分。

管子时钟 6 点至 3 点逆时针焊接遇到的问题与 6 点至 9 点一样，不过要注意此时起弧后要有一个顺向接头，注意接头充分预热。而后的 9 点至 12 点和 3 点至 12 点与水平转动焊（1G）的训练内容相同，难度不高，不再赘述。需要注意的是，焊接至 12 点定位焊段时双方都与其有搭接、重叠，除了可以实现接头充分熔合外，还能使 12 点位厚度加大，给后续盖面带来便利（盖面焊至 12 点位的平焊时，焊道容易出现余高过低的问题）。

同样，一开始推荐初学者先控制打底焊的厚度稍薄，也就是断续少量给丝，给丝后尽量“抑制”电弧摆动宽度，明确“熔透的意识”，先保证根部背面的熔透，而后再逐渐增加送丝量及摆动宽度来增加焊道厚度和实现焊道与坡口过渡平滑，以利于后续盖面。

5mm 厚度的管子在打底层较薄的情况下也可以增加填充层后再焊接盖面层，以便实现打底熔透、填充平滑、盖面轻薄的不同层次间的不同焊接操作需求。

4 训练第四节——试件的盖面层焊接

练习方法：连续送丝法焊接

练习目的：具备氩弧焊 V 形坡口对接水平固定焊盖面能力

焊接电流：90～100A

操作过程：

第一步：起头

操作者将面罩罩好，持焊枪的右手选好支点，左手握好焊丝，拨下面罩，在管子 6 点位的打底焊道表面引燃电弧。电弧引燃后，先在焊道中央轻微摆动预热，待形成熔池后将电弧带到左侧给上半滴铁水形成左半个熔池覆盖在左半坡口及外沿。接着把电弧横摆至右侧稍停并给上半滴铁水形成右侧半个熔池来覆盖在右半坡口及外沿。这样，左右、左右、左右经过 3～4 个来回，待熔池温度升高，左右半个熔池逐渐变成一个整熔池后，即可将焊丝放置在焊道中央并与熔池相连开始连续送丝了（图 7）。

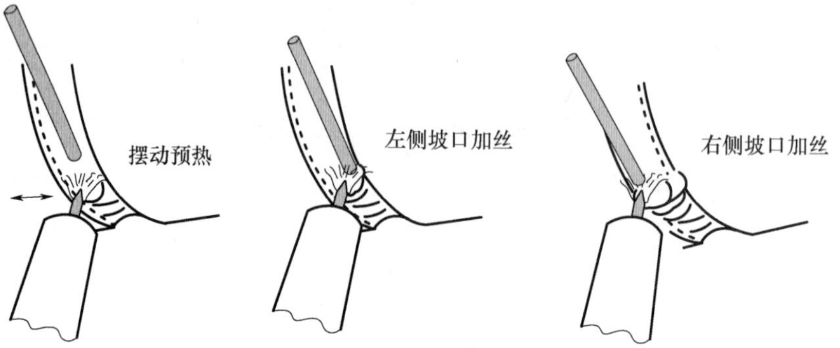

图 7　盖面断续送丝起头

第二步：焊接

连续送丝时，电弧连续横向摆动锯齿形，在电弧横向摆动到焊道中央时横切熔化焊丝，同时焊丝送进还是与熔池相连，并等待下一次电弧横切。电弧横向摆动到坡口一侧时适当停顿并压低电弧，让铁水充分覆盖坡口边缘后再重新摆向另一侧（图 8）。这样，电弧反复锯齿摆动、横切熔化，焊丝持续连接熔池、不断送进，焊接到时钟 9 点位置即可熄弧。

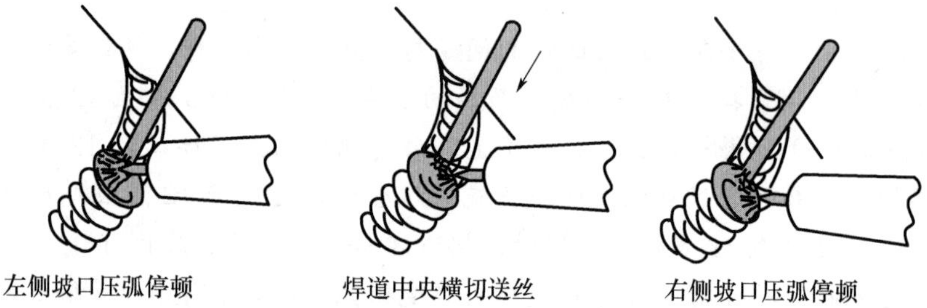

图 8　盖面层动作

第三步：收头

将焊丝放置在电弧正下方的熔池上，电弧与焊丝一起边熔化一边带向熔池前方的一侧，按下或松开电源开关衰减熄弧。

第四步：顺向接头

盖面焊接完成 1/4，重新调整身体姿态，在收头处上方 10mm 处引燃电弧，将电弧匀速拉回收头处预热熔化形成熔池，断续左右半滴给丝持续 3～4 个来回，分摊铁水覆盖搭接收头处的弧坑后即可正常地连续送丝焊接了。

第五步：逆向接头

焊接完成前三个 1/4 后，最后 1/4 焊至碰头处，适当减小加丝量并持续摆动焊接，双向焊道搭接重叠 10～15mm 后，停止加丝将电弧稍加速摆动 1～2 个来回后带到一侧熄弧即可完成整道盖面焊道了。

◆盖面层练习过程说明：

盖面层焊接时，操作者的主要操作意图是保持良好的焊道外观平直度。

打底焊道焊接完成后，焊道表面两侧坡口整齐的边线就是盖面层焊接时的基准线。电弧在左右横向摆动到坡口边缘线时，要“引导”熔池铁水流动到坡口外边缘并覆盖坡口边线增宽 0.5～1mm。电弧经过横切焊丝后整个熔池的温度会下降，如果电弧过快摆动到一侧坡口，而由于坡口边缘温度低，铁水不能及时跟上电弧到坡口，造成电弧将坡口外边熔化，容易造成咬边缺陷。因此，电弧经过横切后一定要以适当的速度摆动到坡口一侧，具体速度是否适宜要看是否有铁水及时跟过来。当及时跟进的铁水被电弧“引导”到坡口一侧后，电弧还应适当压低并停顿（图 9），以便铁水充分覆盖、贴合坡口边缘，防止咬边。

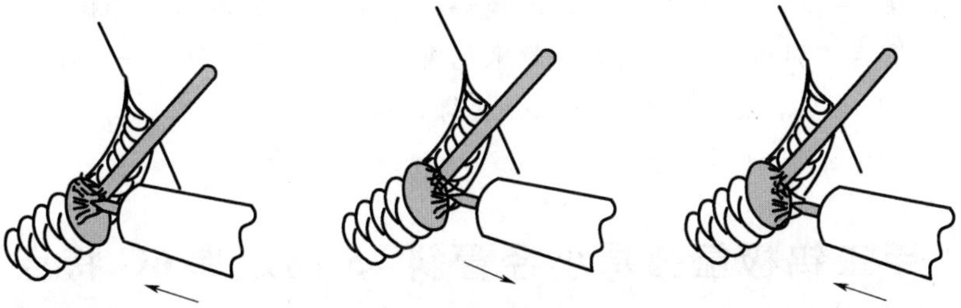

图 9 盖面层焊接电弧压低

开始焊接时的 6 点起头时，管子温度较低，一定要放慢焊接速度，具体表现为电弧摆动锯齿形的齿间距小、送丝量小、电弧两侧停顿时间长。随着管子温度逐步升高，焊接熔池的面积变大，可以适当加大焊接速度并改变焊枪角度来给熔池降温。总之，小径管焊接存在一个矛盾，即起头越是急于让熔池升温但它却不紧不慢、收头希望温度不要再涨时它却急速反扑。缓解这个矛盾的办法只有通过调整主观意识和客观动作来控制电弧实现本焊段自始至终的一个均匀的加速过程。

当焊接由 11 点至 12 点段时，焊接位置转换成平焊，此时熔池温度升高明显，熔池中的铁水流动性大大加强，在电弧锯齿形摆动向前焊接时，会有许多铁水跟着电弧沿着焊接方向移动，造成焊道过低。此时，应注意加大给丝量，让熔池保持成一个明显鼓起的球状，待电弧向前移动后，焊肉高度下降，最终冷却凝固成高度合适的焊道。此段焊接还要注意由于熔池温度升高、熔化深度加大，如果严重的话会将打底层完全熔透，造成盖面焊形成的背面焊道焊瘤甚至烧塌缺陷。纠正措施是加大送丝量给熔池降温，适当提高焊接速度，同时将焊枪角度倾斜（如图 5 所示的 110°～120°），减少电弧输入熔池的热量。

保证管子焊接质量的要诀在于转动，即操作者肢体位置为了顺应管子弧度变化要进行变化（转动），以便控制焊枪沿着管子行走弧线的同时保持较适宜的角度，致使焊接电弧跟随管子弧度变化的同时始终保持适当的弧长，最终焊接出合格的焊道。转动焊训练中，建议初学者注重在头的引领下颈、肩、腰先由歪斜状态逐渐回复正中的过程，颈、肩、腰的回复会自然带动肘和腕的旋转，使右手控制焊枪沿着管子完成一部分弧度的转动。颈、肩、腰回中后，再将颈轻微向左歪，让头继续引领肘和腕的回复，从而实现进一步的旋转，使右手控制焊枪沿着管子完成最后部分弧度的转动后收头即可。

需要再次叙述的是，人体完成转动动作依靠的主要是颈部、肩部、肘部、手腕和腰部等关节的活动。这些关节部位在活动过程中都有一个共同的特点，那就是保持中立（不左不右为中，自然下垂为立）的位置状态最舒适，否则就会产生疲劳和不适。多数人反映，焊接一个焊段开始引弧时摆出不适的肢体位置，然后随着电弧运行肢体位置变化的越来越舒适，最后在较舒适的状态熄弧完成，那么这样的一个操作过程会使操作者心理产生一种轻松的感觉，肢体不易产生疲劳，操作者会连续焊接出许多优质的焊道。基于这样一个现象，建议初学者在训练时也采取上述这种“先苦后甜”的动作变化原则，一开始肢体位置“别扭”，越往后焊越“舒服”，最后在较舒适的状态下熄弧完成。具体的做法是先让身体处于你要收头（一段焊段的结尾处）的地方，尽量使关节部位保持中立，然后反方向（与你要焊接的方向相反）活动肢体至焊段起头处，再在此处引弧焊接即可体会“先苦后甜”的操作动作了。如果焊接的焊道较长，那么操作者可站在焊段中部，身体的颈部、肩部、肘部、手腕和腰部等关节均向右移，在“别扭”的右端起头，慢慢焊到中部身体越来越“舒服”，经过中部以后身体向左移动，虽然“别扭”的感觉又会越来越重，但是由于经历了一个较长的中部“舒适区”，且越来越接近终点，因此这种不适也会变得让人易于接受了。

Ⅱ-2-4　手工钨极氩弧焊小径管斜45°固定焊6G特点及演练

手工钨极氩弧焊小径管斜45°固定焊6G特点及演练是管道对接焊重点训练项目，做好这部分项目训练会为后续独立操作打下良好的基础。本模块练习步骤分为4部分的课程：

1. 训练前的准备；　　2. 练习试件的定位焊接；

3. 练习试件的打底层焊接；　　4. 练习试件的盖面层焊接。

1　训练前的准备

1.1～1.8　内容与《手工钨极氩弧焊小径管水平转动焊1G特点及演练》对应章节雷同，在此不再赘述。

1.9　焊接层道及焊接顺序

焊接操作时的焊接顺序自坡口最根部的深处，由里向外焊接两层（第一层是打底层，第二层是盖面层），每层焊接一道，如图1所示。

打底层焊接时管子轴线与水平面呈45°放置，使定位焊段处于时钟12点的位置，电弧由管子时钟6点位置起弧，顺时针沿着圆周立向上焊接至9点收头，于是完成焊段1的焊接。由9点位置起弧，沿着圆周立向上焊接至12点与定位焊段搭接重合收头完成焊段2的焊接。焊段3也是由管子时钟6点位置起弧，但方向与焊段1相反，逆时针沿着圆周立向上焊接至3点收头。最后在管子时钟3点位置起弧，继续逆时针沿着圆周立向上焊接至12点与焊段1搭接重合，完成焊段4焊接同时整条打底焊就完成了。

盖面层焊接顺序步骤与打底焊相同，详见图2所示管子打底焊和盖面焊圆周方向焊接顺序。

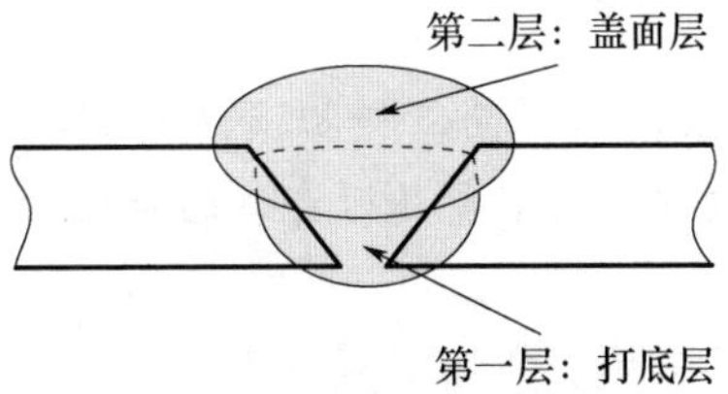

图 1　焊缝的剖面图

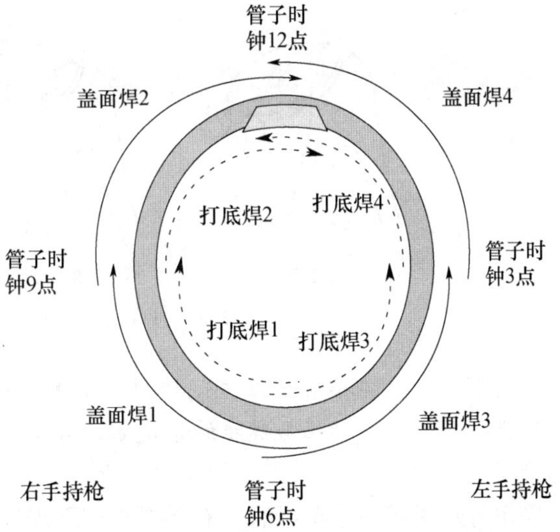

图 2　管子打底焊与盖面焊圆周方向焊接顺序

1.10　焊接参数（表 1）

表 1　焊接参数表

项目＼参数	焊丝规格（mm）	焊接电流（A）	电源极性（注）	焊枪纵向角度（喷嘴与焊接点管子切线的角度）	焊枪横向角度（喷嘴与试件纵向角度）
定位焊	$\phi 2.5$	90～100	正接	70°～120°（随管子圆周变化）	90°
打底层焊接	$\phi 2.5$	90～100	正接	70°～120°（随管子圆周变化）	90°
盖面层焊接	$\phi 2.5$	90～100	正接	70°～120°（随管子圆周变化）	90°

注：正接就是焊接试件连接焊接输出端的正极，焊枪连接负极。

2　训练第一节——试件的定位焊接

本节内容与《手工钨极氩弧焊小径管水平转动焊 1G 特点及演练》对应章节雷同。

3　训练第二节——试件的打底层焊接

练习方法：断续送丝焊接法

练习目的：具备氩弧焊对接管子斜 45°固定焊单面焊双面成型能力

焊接电流：90～100A

操作过程：

第一步：准备

定位焊结束后，练习者将练习试件上的对口钳取下，检查好管子对口间隙及平齐度，确认后再进行焊接。焊接前，将管子水平固定在试件架上，使其高度保持与操作者腰部平齐。

操作者身体站在管子时钟 9 点位一侧，让管子坡口正对着操作者，先戴好面罩，腰部向右大幅倾斜（弯腰使上下肢呈 60°～80°）同时头向右斜（头与右肩呈 10°～30°）。用右手握好焊枪，找好支点，抓握焊丝的左手顺势将面罩翻转就位，就可引弧焊接了（具体的身体姿态见图 3；焊枪、焊丝角度见图 5）。

图 3　打底层起头操作者姿势及变化

注意事项：在焊接前可以关闭焊机，拿着焊枪与焊丝，不罩面罩模拟演练一下整个过程，体会一下焊枪、焊丝与视线的角度随着管子变化的过程，尤其要练习身体的变化动作。

第二步：焊接

操作者左手将面罩罩好后，右手拇指按下焊枪开关，高频引弧法引燃电弧。

电弧引燃后，像定位焊一样分别在坡口左侧、右侧、中央焊接 3 个焊点，使铁水搭桥形成熔池，然后如图 4 所示用反复断续送丝法不断送丝熔化、断丝开孔，送丝时注意尽量将焊丝向管子坡口里送入其根部，这样一直焊接到 9 点处收头熄弧。

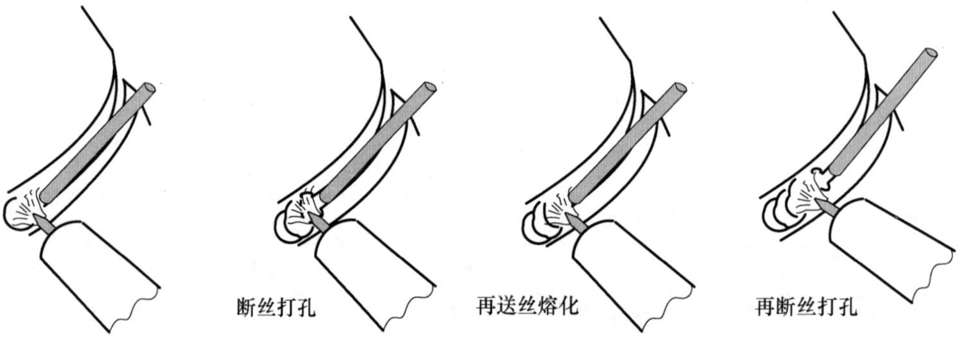

图 4　反复断续送丝（时钟 3 点位一侧左手持枪）

注意事项：操作者起焊以后一定要注意在头的带领下，颈、肩、上肢、手腕等随着管子弧度变化而动作，以便实现焊枪、视线、焊丝由管子时钟 6 点到 9 点的移动焊接保持适当的角度（图 5）。

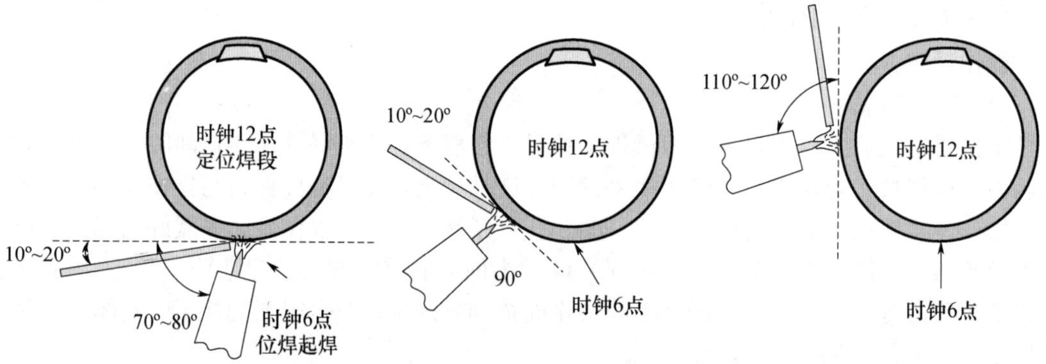

图 5　打底层焊枪及焊丝角度

第三步：顺向接头

焊接完成第一个1/4后，调整身体姿势在前一焊段收头处（时钟9点）下方10mm处引燃电弧，将电弧沿焊接方向左右横向摆动慢速加热，直到收头处充分预热并充分熔化形成熔池，再断续半滴给丝熔化、打孔焊接3～4个来回，待熔池温度上升即可正常地断续送丝焊接了。

注意事项：这里所说的顺向接头是指所有后续焊段的首与先前焊段的尾相接的情况。

第四步：逆向接头焊接

焊接至12点定位焊碰头处，暂停加丝电弧在原地持续加热熔透根部，然后适当减小加丝量并持续摆动焊接，使前后焊道搭接重叠10～15mm后，停止加丝将电弧带到左侧衰减熄弧。

注意事项：这里所说的逆向接头是指所有后续焊道的尾与先前焊道的首相遇、相接的情况。

熄弧后，转换位置到管子时钟3点位的一侧，使用左手持枪采用相同方法重新由管子6点位起弧逆时针焊接至12点位收头就完成了整道打底焊了（详见图2所示管子打底焊圆周方向焊接顺序）。

◆打底层练习过程说明：

水平固定小径管对接打底焊训练的第一个重点是左右开弓。在斜45°固定焊时，由于管子倾斜，两个半周不宜使用单手持枪操作。一般操作过程是：管子时钟6点到9点再到12点的半个圆周用右手持枪施焊，时钟6点到3点再到12点的另半个圆周采用左手持枪施焊，这样左右手交替焊接的方法称为“左右开弓”。那么，操作中的左手持枪的6点经3点到12点的半个圆周就成为新的操作难点。这个难点主要在于心理上的适应，只有克服左手持枪的“畏缩情绪”大胆地坚持训练，在右手成功操作的基础上身体会迅速适应，难题迎刃而解。

打底焊训练的第二个重点依然是身体配合焊接位置的变化。水平固定焊的6点位起头，操作者身体的姿势难拿，呼吸不畅，初学者在训练中要克服视线不清、肢体抖动、操作动作完全变形等难题，加大关闭焊机电源进行身体动作模拟训练的数量，先让肢体慢慢适应这个高难度的姿态及其变化，然后去真正起弧焊接。管子时钟6点至9点（3点）位置变化中，操作者的焊接动作及操作意图都会发生变化。6点至7点的仰焊位置，焊丝要深入坡口根部尽量向坡口背面送进（图6），焊枪角度较小（焊枪与管子焊接点切线呈70°角），配合电弧横向摆动要窄，以便防止背面焊道内凹。7点至8点的过渡段，由于管子温度升高和铁水下坠趋势相对缓和，给丝量可适当加大，配合电弧摆动宽度也可适当加宽，焊道厚度有所增加。最后8点至9点的立焊位置，熔池温度已经升得很高，可将焊枪角度调大（焊枪与管子焊接点切线成120°角）来使更多的热量熔化更多的焊丝，实现熔池降温，得到的焊道厚度增加。虽然在此叙述时人为地分成三个不同的阶段，但在实际操作中的动作变化是渐进的、平缓的，没有明显的段落界限区分。

配合焊接位置的变化时的人体动作是这样变化的：6点位起弧上下肢弯曲60°～80°，待起头焊接完成后肢体保持不动焊接至7点位附近，然后头开始向左肩方向回正并带动肩部左向翻转，肩部带动上肢逐渐回正到与下肢成90°左右的状态。继续焊接至8点处，头部向上挺起，脖子伸长带动上肢直立加上腕部向内侧旋转，下肢弯曲角度增大到120°～140°（上下

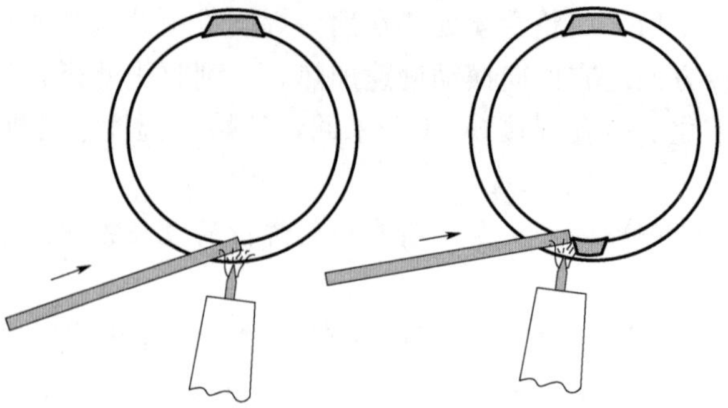

在管子时钟6点位焊丝通过间
隙及熔孔尽量送进坡口背面

图6　焊丝深入坡口根部

肢角度为180°时成一直线），完成8点至9点位的焊接即可收头。同理，为了方便叙述肢体变化将动作分解成不同的几步，然而在实际训练中动作的变化也是渐进的，没有明显的段落界限区分。

管子时钟6点至3点逆时针焊接遇到的问题与6点至9点一样，不过要注意此时起弧后要有一个顺向接头，注意充分预热接头。而后的9点至12点和3点至12点与水平转动焊（1G）的训练内容相同，难度不高，不再赘述。需要注意的是，焊接至12点定位焊段时双方都与其有搭接、重叠，除了可以实现接头充分熔合外，还能使12点位厚度加大，给后续盖面带来便利（盖面焊至12点位的平焊时，焊道容易出现余高过低的问题）。

同样，一开始推荐初学者先控制打底焊的厚度稍薄，也就是断续少量给丝，给丝后尽量“抑制”电弧摆动宽度，明确“熔透的意识”，先保证根部背面的熔透，而后再逐渐增加送丝量及摆动宽度来增加焊道厚度和实现焊道与坡口过渡平滑，以利于后续盖面。

5mm厚度的管子在打底层较薄的情况下也可以增加填充层后再焊接盖面层，以便实现打底熔透、填充平滑、盖面轻薄的不同层次间的不同焊接操作需求。

4　训练第四节——试件的盖面层焊接

练习方法：连续送丝法焊接

练习目的：具备氩弧焊V形坡口对接斜45°固定焊盖面能力

焊接电流：90～100A

操作过程：

第一步：起头

操作者将面罩罩好，持焊枪的右手选好支点，左手握好焊丝拨下面罩在管子6点位的打底焊道表面引燃电弧。电弧引燃后，先在焊道中央轻微摆动预热，待形成熔池后将电弧带到上侧给上半滴铁水形成上半个熔池覆盖在上半坡口及外沿。接着把电弧横摆至下侧稍停并给上半滴铁水形成下侧半个熔池来覆盖在下半坡口及外沿。这样，左右、左右、左右经过3～4个来回，待熔池温度升高，左右半个熔池逐渐变成一个整熔池后，即可将焊丝放置在焊道中央并与熔池相连开始连续送丝了（图7）。

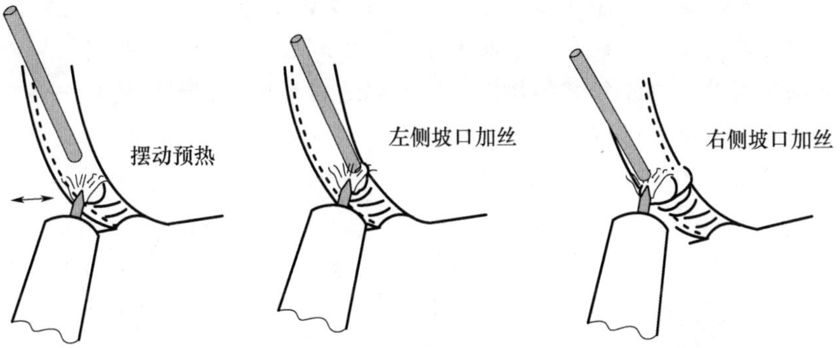

图 7 盖面断续送丝起头（右手持枪）

第二步：焊接

连续送丝时，电弧连续横向摆动锯齿形，在电弧横向摆动到焊道中央时横切熔化焊丝，同时焊丝送进还是与熔池相连，并等待下一次电弧横切。电弧横向摆动到坡口一侧时适当停顿并压低电弧，让铁水充分覆盖坡口边缘后再重新摆向另一侧（图 8）。这样，电弧反复锯齿摆动，横切熔化，焊丝持续连接熔池，不断送进，焊接到时钟 9 点位置即可熄弧。

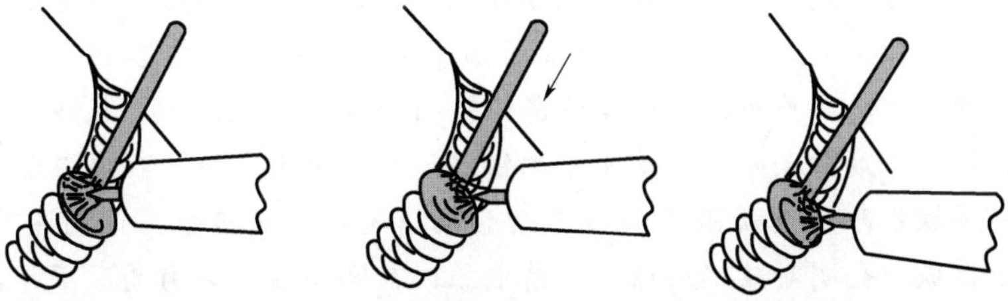

图 8 盖面层动作（左手持枪）

第三步：收头

将焊丝放置在电弧正下方的熔池上，电弧与焊丝一起边熔化一边带向熔池前方的一侧，按下或松开电源开关衰减熄弧。

第四步：顺向接头

盖面焊接完成 1/4，重新调整身体姿态，在收头处上方 10mm 处引燃电弧，将电弧匀速拉回收头处预热熔化形成熔池，断续上下半滴铁水，给丝持续 3～4 个来回，分摊铁水覆盖搭接收头处的弧坑后即可正常地连续送丝焊接了。

第五步：逆向接头

焊接完成前三个 1/4 后，最后 1/4 焊至碰头处，适当减小加丝量并持续摆动焊接，双向焊道搭接重叠 10～15mm 后，停止加丝，将电弧稍加速摆动 1～2 个来回后带到一侧熄弧即可完成整道盖面焊道了。

◆盖面层练习过程说明：

盖面层焊接时，操作者的主要操作意图是保持良好的焊道外观平直度。

打底焊道焊接完成后，焊道表面两侧坡口整齐的边线就是盖面层焊接时的基准线。电弧在左右横向摆动到坡口边缘线时，要“引导”熔池铁水流动到坡口外边缘并覆盖坡口边线增宽 0.5～1mm。电弧经过横切焊丝后整个熔池的温度会下降，如果电弧过快摆动到一侧坡口，而由于坡口边缘温度低，铁水不能及时跟上电弧到坡口，造成电弧将坡口外边熔化，容易造成咬边缺陷。因此，电弧经过横切后一定要以适当的速度摆动到坡口一侧，具体速度是否适宜要看是否有铁水及时跟过来。当及时跟进的铁水被电弧“引导”到坡口一侧后，电弧还应适当压低并停顿（图 9），以便铁水充分覆盖、贴合坡口边缘，防止咬边。

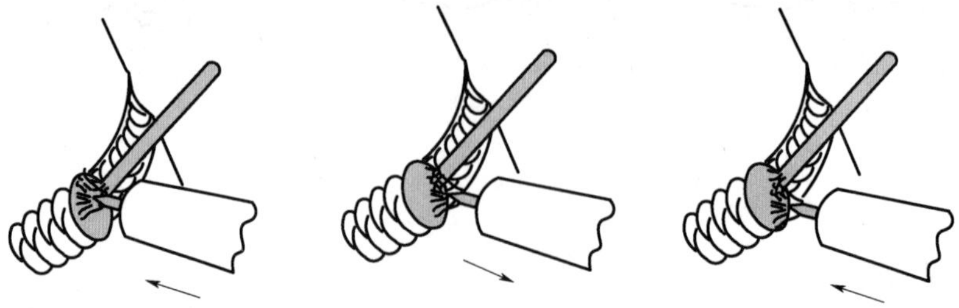

图 9　盖面层焊接电弧压低（左手持枪）

开始焊接时的 6 点起头时，管子温度较低，尤其是管子下坡口注意增加电弧的停顿加热。此时要放慢焊接速度，具体表现为电弧摆动锯齿形的齿间距小、送丝量小、电弧两侧停顿时间长（下坡口比上坡口稍长）。随着管子温度逐步升高，焊接熔池的面积变大，可以适当加大焊接速度并改变焊枪角度来给熔池降温。当焊接由 11 点至 12 点段时，焊接位置转换成平焊，此时熔池温度升高明显，熔池中的铁水流动性大大加强，在电弧锯齿形摆动向前焊接时，会有许多铁水跟着电弧沿着焊接方向移动，造成焊道过低。此时，应注意加大给丝量，让熔池保持成一个明显鼓起的球状，待电弧向前移动后，焊肉高度下降，最终冷却凝固成高度合适的焊道。此段焊接还应注意由于熔池温度升高、熔化深度加大，如果严重的话会将打底层完全熔透，造成盖面焊形成背面焊道焊瘤甚至烧塌缺陷。纠正措施是加大送丝量给熔池降温，适当提高焊接速度，同时将焊枪角度倾斜（如图 5 所示的 110°～120°），减少电弧输入熔池的热量。

操作中肢体的转动训练依然是训练的一个重点。建议初学者注重在头的引领下颈、肩、腰先由歪斜状态逐渐回复正中的过程，颈、肩、腰的回复会自然带动肘和腕的旋转，使右手控制焊枪沿着管子完成一部分弧度的转动。颈、肩、腰回中后，再将颈轻微向左歪，让头继续引领肘和腕的回复，从而实现进一步的旋转，使右手控制焊枪沿着管子完成最后部分弧度的转动后收头即可。

再次强调的是，完成转动动作依然采取“先苦后甜”的动作变化原则。一开始肢体位置“别扭”，越往后焊越“舒服”，最后在较舒适的状态下熄弧完成。具体的做法是先让身体处于你要收头（一段焊段的结尾处）的地方，尽量使关节部位保持中立，然后反方向（与你要焊接的方向相反）活动肢体至焊段起头处，再在此处引弧。这样，随着焊接电弧在管子弧度上的移动，你的身体会逐渐“回中”，全身肌肉和关节会越来越“舒服”，在较之前“轻松”的状态下完成焊段。如果焊接的焊道较长，那么操作者可站在焊段中部，身体的颈部、肩部、肘部、手腕和腰部等关节均向右移，在“别扭”的右端起头，慢慢焊到中部身体越来越“舒服”，经过中部以后身体向左移动，虽然“别扭”的感觉又会越来越重，但是由于经历了一个较长的中部“舒适区”，且越来越接近终点，这种不适也会变得让人易于接受了。

Ⅱ类中容易出现缺陷的成因及防止措施

未焊透

产生原因：断续给丝中熔孔不清晰及接头熔池温度过低。

防止措施：让电弧充分熔化出清晰的熔孔再继续给丝，接头时充分预热，一开始少量送丝。

根部透度不均匀

产生原因：给丝位置不当，平焊太深、仰焊太浅。

防止措施：根据管子焊口的空间位置变化相应调整给丝深浅，仰焊宜深且焊道窄而薄、平焊宜浅且焊道宽而厚。

层间未熔合

产生原因：盖面层加丝量过大、打底层存在深角。

防止措施：适当减少加丝量或随着温度增长逐渐加大，消除打底层深角。

盖面咬边

产生原因：熔池温度不均匀，给丝位置不当，电弧在坡口内横向移动过快。

防止措施：加丝熔化后让电弧引领铁水流动到坡口边缘，压低电弧稍加停顿后再移开。

盖面成型不良

产生原因：打底层焊接破坏了坡口线，盖面焊视线不良。

防止措施：盖面时以两侧坡口线为基准掌握好宽度，采用较小的视角来观察熔池的高度，注意小管经盖面焊接是一个均匀加速的过程。

打底层表面缩孔

产生原因：打底焊收头熔池急冷。

防止措施：打底焊收头使用衰减收弧法，电弧移向坡口边时用焊丝挡在电弧与熔池之间会产生温度缓降、弧坑填满的良好效果。

平焊位盖面烧瘤打底

产生原因：打底层过薄、盖面熔池温度过高。

防止措施：适当加厚打底层（尤其是管子12点位），盖面随着熔池温度的升高逐渐加大给丝量（焊枪倾角变小，电弧热量更多地熔化焊丝）。

第三部分

Ⅰ类（高级）

单元一　手工钨极氩弧焊和电弧焊（TIG/SMAW）12Cr1MoVGϕ42×5小径管十字障碍焊接

Ⅰ-1-1　氩加电小径管十字障碍垂直固定焊 2G 特点及演练

氩加电小径管十字障碍垂直固定焊 2G 特点及演练是典型的电站压力管道对接焊训练项目，做好这部分项目训练会为学员具备独立的焊接操作能力打下良好的基础。本模块练习步骤分为 4 部分的课程：

1. 训练前的准备；　　2. 练习试件的定位焊接；

3. 练习试件的打底层焊接；　　4. 练习试件的盖面层焊接。

1　训练前的准备

1.1～1.8　内容与《手工钨极氩弧焊小径管水平转动焊 1G 特点及演练》对应章节雷同，在此不再赘述。

1.9　焊接模拟操作障碍

为了训练操作者适应电站锅炉现场焊接，在本模块操作时增加了焊接模拟操作障碍，具体的情况如图 1 所示。

1.10　焊接层道及焊接顺序

焊接操作时的焊接顺序自坡口最根部的深处，由里向外焊接两层（图 2），第一层 1 道是打底层（焊道①），第二层 2 道是盖面层（焊道②③）。由于焊口被四周的障碍管分隔成 4 段，因此无论打底层还是盖面层都只能分 4 次分别焊接 4 个焊段才能完成整个焊道。

打底焊接时，将管子轴向与水平面垂直，并夹持固定。由定位焊段的右侧管子 1/4 圆周起头，焊接管子 1/4 圆周到定位焊段与之逆向接头熄弧，再由定位焊段顺向接头焊接管子 1/4 圆周收头，再顺向接头焊接管子 1/4 圆周收头，最后顺向接头焊接管子最后的 1/4 圆周与最开始起头进行逆向接头熄弧即可完成整道打底焊道（图 3）。所示管子打底焊圆周方向焊接顺序。

盖面焊接时，第一道由定位焊段起头焊接管子 1/4 圆周收头，在管子截面逆时针（与打底层焊接方向相反）焊接管子 1/4 圆周收头，接头后逆时针焊接管子 1/4 圆周再收头，再接头后逆时针焊接管子 1/4 圆周再收头，最后接头并逆时针接头焊接管子最后的 1/4 圆周至最开始起头处进行逆向接头熄弧即可完成整道焊接（图 4）。第二道在第一道的上方，焊接顺序同前一道相同，但注意起头、收头、接头尽量与第一道错开。

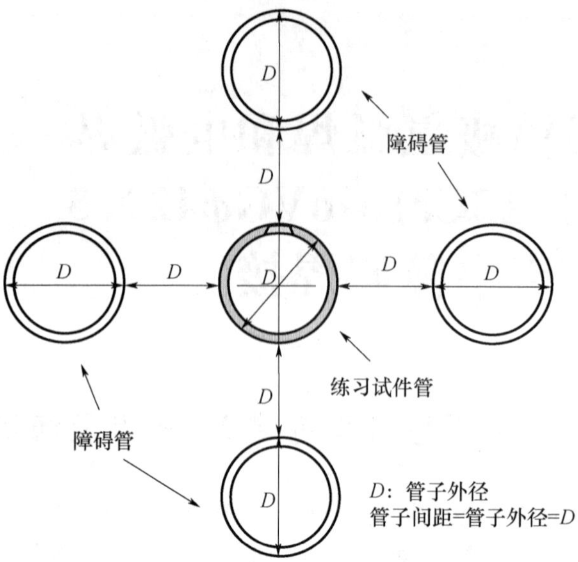

图 1 焊接模拟操作障碍（俯视图）

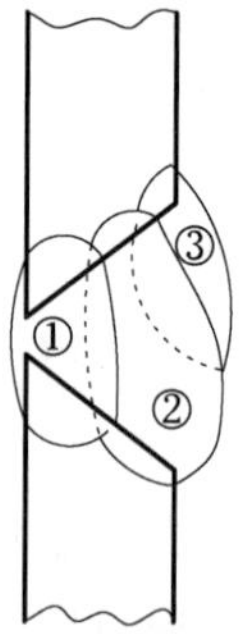

图 2 焊缝的剖面图

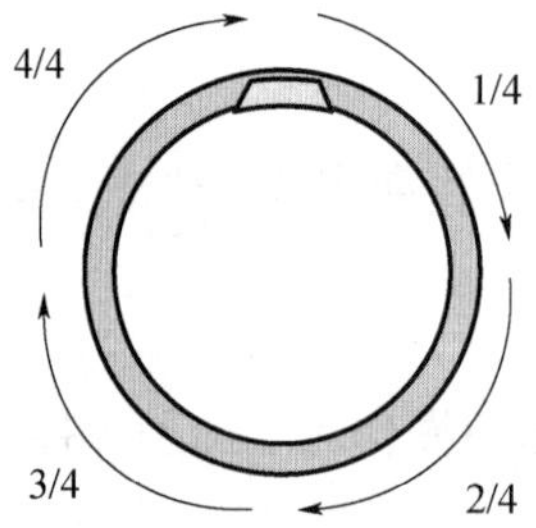

图 3 打底层顺序（俯视图）

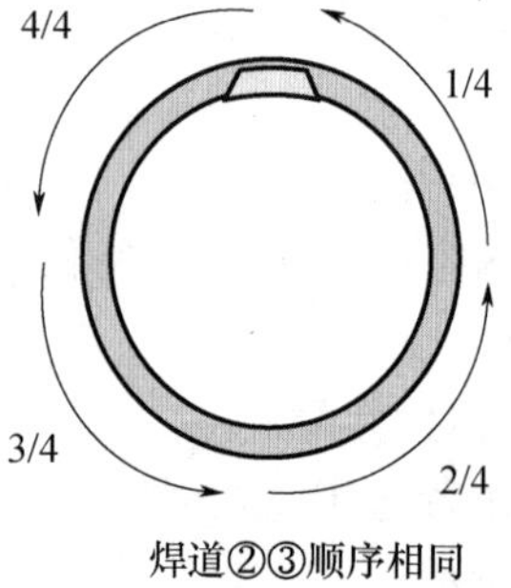

图 4 盖面层顺序（俯视图）

1.11 焊接参数（表 1）

表 1 焊接参数表

参数 项目	焊丝（条）规格（mm）	焊接电流（A）	电源极性（注）	焊枪纵向角度（喷嘴与焊接点管子切线的角度）	焊枪横向角度（喷嘴与试件纵向角度）
定位焊	丝 ϕ2.5	90～100	正接	70°～90°～120°（随管子变化）	90°～100°
打底层焊接	丝 ϕ2.5	90～100	正接	70°～90°～120°（随管子变化）	90°～100°
盖面层焊接	条 ϕ2.5	75～80	反接	70°～90°～120°（随管子变化）	90°～100°

注：正接就是焊接试件连接焊接输出端的正极，焊枪连接负极。

2 训练第一节——试件的定位焊接

本节内容与《手工钨极氩弧焊小径管水平转动焊 1G 特点及演练》对应章节雷同。

3 训练第二节——试件的打底层焊接

练习方法：断续送丝焊接法

练习目的：具备管子对接垂直固定十字障碍氩弧焊打底能力

焊接电流：90～100A

操作过程：

第一步：准备

定位焊结束后，练习者将练习试件上的对口钳取下，检查好管子对口间隙及平齐度，确认后再进行焊接。焊接前，将管子垂直水平放置在障碍架上固定好，高度处于与操作者视线平视且较舒适的位置，每焊接 1/4 焊段，熄弧收头后再变换站位，重新引弧接头焊接另一个 1/4 焊段。

为了保持焊丝角度不受障碍管的影响，在焊接前预先估计 1/4 打底焊道消耗的焊丝长度，然后把焊丝依据管子弧度弯曲 90°弧，将焊丝通过前一个障碍管与管子的空当延伸来完成送进。

操作者身体站在管子试件一侧，让管子坡口正对着操作者，先戴好面罩，用右手握好焊枪、找好支点，抓握焊丝的左手顺势将面罩翻转就位，最后将焊丝穿过空当搭靠在焊口引弧附件，就可引弧焊接了（焊枪、焊丝角度如图 5 所示）。

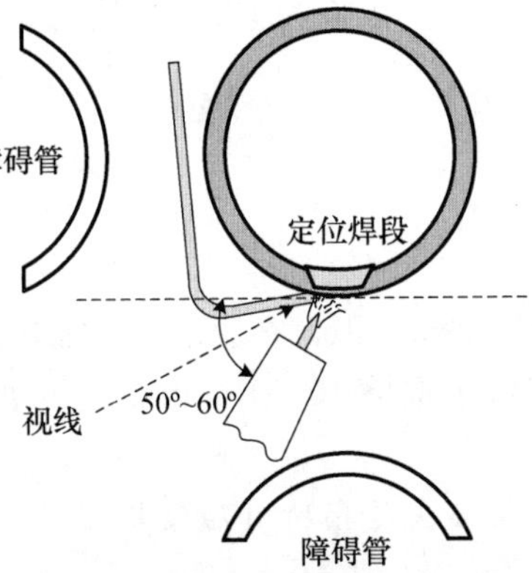

图 5　打底层焊枪及焊丝角度（俯视图）

注意事项：操作者在焊接前可以关闭焊机，拿着焊枪与焊丝，不戴面罩的模拟演练整个过程，体会焊枪、焊丝与视线的角度随着管子变化的过程。

第二步：焊接

操作者持枪的右手支点选择在将要焊接的 1/4 焊段的中部距离下坡口不小于 80mm（防止烫伤）的管壁上。拇指按下焊枪开关，采用高频引弧法在坡口内引燃电弧。

电弧引燃后，借助光亮将其沿着坡口向右拉动至右侧障碍管与焊管中心线的坡口处，压低电弧分别熔化上下坡口并送给焊丝（图 6），使铁水搭桥形成熔池，然后用反复断续送丝法不断焊接。

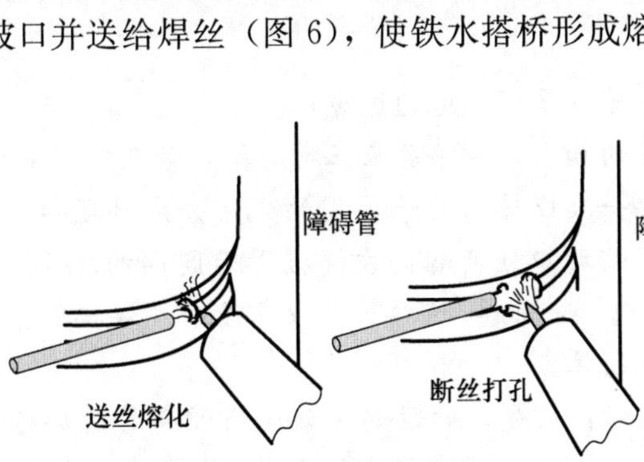

图 6　打底层起头给丝

注意事项：操作者起焊后一定要注意在头的带领下，颈、肩、上肢、手腕等随着管子弧度变化而动作，以便实现焊枪、视线、焊丝在变化中保持适当的角度。

第三步：穿越障碍

电弧向左逐渐移动焊接，距离左侧障碍管越来越近，操作者的视线由于障碍管的阻挡难以准确判断熔池时，熄弧收头。抓握焊丝、焊枪的左右手保持原位置不变，头部向左摆动使视线越过左侧障碍管，通过障碍管与焊管的空当（与焊丝的深入类似）来变换成较小的视角，而后引弧接头继续焊接。电弧持续运行到障碍管与焊管中心连线的坡口处再向左 10mm 的坡口处，熄灭收头即可（图 7）。

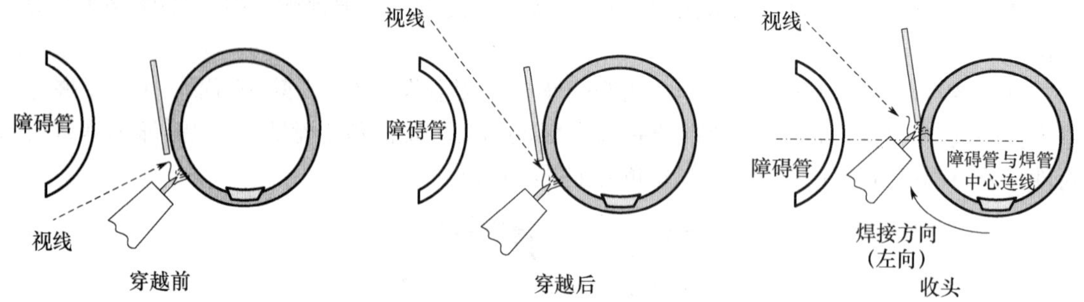

图 7　穿越障碍（俯视图）

第四步：逆向接头

焊接至定位焊碰头处，暂停加丝电弧，在原地持续加热熔透根部，然后适当减小加丝量并持续摆动焊接，使前后焊道搭接重叠 10～15mm 后停止加丝，将电弧带到坡口一侧衰减熄弧。

注意事项：这里所说的逆向接头是指所有后续焊段的尾与先前焊段的首相遇、相接的情况。

第五步：顺向接头

焊接完成第一个 1/4 后，调整身体站位在前一焊段收头处后方 10mm 处引燃电弧，将电弧沿焊接方向上下横向摆动慢速加热，直到收头处充分预热并充分熔化形成熔池，再断续半滴给丝熔化、打孔焊接 3～4 个来回，待熔池温度上升即可正常的断续送丝焊接了。

注意事项：这里所说的顺向接头是指所有后续焊段的首与先前焊段的尾相接的情况。

使用相同的方法，焊接剩余的 3/4，并在最后 1/4 收尾进行逆向接头后就完成了整道打底焊（详见图 4 所示管子打底焊圆周方向焊接顺序）。

◆打底层练习过程说明：

管子对接打底焊的训练重点是顺利地通过障碍。

首先，来看由于障碍管的加入，会给原来正常的操作带来哪些麻烦？

为了叙述方便，把将要一次焊接的管子圆周的 1/4 分成 3 段（图 8）来说明。第一段：自右侧障碍管与焊管中心线的坡口处开始向左焊接管子圆周的 1/12；第二段：连接第一段再向左焊接管子圆周的 1/12；第三段：连接第二段继续向左焊接管子圆周的 1/12 到左侧障碍管与焊管中心线的坡口处的结束。

第一段遇到的问题及应对：首先，此段起头处没有障碍管时焊枪、视线和焊丝的角度，再来看障碍管存在后焊枪、视线和焊丝的角度。通过对比发现三者中焊枪、视线的角度发生

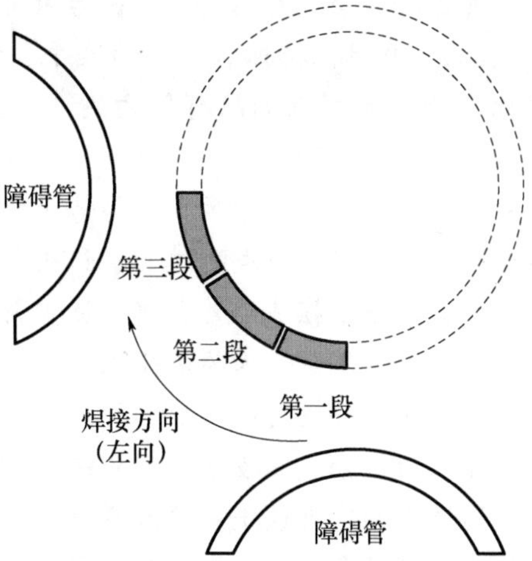

图8 将管子圆周的1/4人为分成三段后的问题及应对（俯视图）

了明显的变化，也就是说由于障碍管的阻挡，焊枪、视线无法保持舒适的角度。经过反复的实例验证，目前还没有找到更好的解决办法。那么，此段焊接也只能通过操作者反复训练来克服起头处的“不舒适感”，幸好管子间的空当不算太小（$1D=42$mm），改变后的焊枪、视线角度也能够顺利起头，并且随着电弧向左移动两者角度又会逐渐恢复正常，“不舒适感”慢慢得到改善。此段起头需要注意钨极不能伸得过长（小于8mm），预热充分后加丝时将电弧稍稍抬起，给焊丝让出一点空间，防止焊丝与钨极碰撞。

第二段遇到的问题及应对：此段开始处（连接第一段的尾部，是为了便于讨论故意分开的，实际操作中是连续的）有、无障碍管时焊枪、视线和焊丝的角度的对比，发现三者中焊丝角度变大，无法保持舒适的角度，并且随着电弧向左移动送丝会变得越来越困难。开始解决问题的思路是在第二段调整焊丝位置，使其越过左侧障碍管通过障碍管与焊管的空当穿越过来继续送进。可随即带来的问题是什么时刻调整？过早穿越焊丝送给不上，过晚穿越又会失去实际效果，并且焊丝穿越动作本身还会对操作的稳定性带来影响。后来经过尝试发现，在第一段引弧前就预先估计1/4打底焊道消耗的焊丝长度，把焊丝依据管子弧度弯曲90°的弧，将焊丝提前穿越通过前一个障碍管与焊管的空当，再引弧连续焊接直至结束，焊丝的送进就不会受障碍管的影响了。

第三段遇到的问题及应对：不用对比就能知道，此段开始焊接不久操作者为了视线不被障碍管阻断，头部停止向左移动，于是视角就会增大并迅速接近90°，焊枪喷嘴严重阻碍了视线，无法清晰观察电弧长度和熔池状态。解决问题的方法只有一个，那就是让视线穿越障碍。在穿越时面临两个选择：一是穿越前熄弧收头，焊丝、焊枪均不变化，只将头部移动到障碍左侧，而后重新引弧接头焊接（俗称多接头法）；二是不熄弧，在视角接近极限前保持焊丝、焊枪不动，迅速将头摆动到障碍管的左侧（俗称摆头法），调整好视角继续焊接。前者在一个焊口圆周里收头、接头的数量增长了1倍，焊接效率下降，同时出现缺陷（据统计，90%以上的焊接缺陷集中在收头和接头）的风险加大；后者收、接头数量及效率均不变，但是操作难度大大增加（要求操作者在做摆头动作时，焊丝、焊枪均保持不动，否则会出现电弧过长、钨极与焊丝碰撞）。

两个方法各有优缺点，具体选择时：在视角接近90°时闭上左眼，头向左稍微移动仅依靠右眼（左眼视线已经被障碍管完全阻断）勉强地观察电弧、熔池，坚持向左焊接到右眼的极限。而后，把焊丝送进熔池并保持连接，再迅速将电弧后撤至刚刚焊接完的打底焊道表面并适当拉长弧（小心过长出气孔）。此时保持抓握焊丝的左手、抓握焊枪的右手以及颈部以下的身体不动，迅速向左弯曲颈部使头摆动到障碍管左侧，就会发现左眼刚刚能够看到电弧，而右眼视线被障碍完全阻断（建议闭上右眼）。接下来，轻柔地移动上肢和转动头部，直到两只眼睛都能清晰地看到电弧为止。移动中原本保持静止的左右手难免要跟着晃动，但在左眼的注视下晃动幅度不会太大，很难造成电弧过长、钨极与焊丝碰撞的问题。两只眼睛观察电弧、熔池的视线良好后才完成整个摆头动作，将电弧重新移回熔化焊接直到焊枪被障碍管阻挡，实在无法向前移动再收头、熄弧。因为熄弧点已经远远超过障碍管与焊管中心连线处，所以调整站位后焊接下一个 1/4 焊段时的焊丝、视线、焊枪均能保持舒适的角度。

经过对焊口圆周焊段的 1/4 人为地分成三段来进行介绍，得出的结论就是操作方法 1 的步骤：引弧前弯好焊丝→焊丝通过左侧空当最先穿越障碍→在右侧障碍的空当坚持起头→接近左侧障碍的极限→熄弧、收头→调整身体使视线穿越障碍→双眼明视下起弧、接头→继续到焊枪的极限→熄弧收头。操作方法 2 的步骤：引弧前弯好焊丝→焊丝通过左侧空当最先穿越障碍→在右侧障碍的空当坚持起头→接近左侧障碍时闭上左眼→坚持到右眼的极限→连丝、后撤电弧、静止双手及身体→摆头使左眼看到电弧→调整身体使双眼明视→继续到焊枪的极限→熄弧收头。

4　训练第四节——试件的盖面层焊接

练习方法：焊条焊连弧

练习目的：具备对垂直固定管碱性焊条焊盖面能力

焊接电流：70～80A

操作过程：

第一步：第一道起头

操作者站在左右两个障碍管之间，右手持夹好焊条的焊枪，左手将面罩罩好（图 9）后，在左侧障碍管与焊管中心连线处靠右 20mm 处的坡口中引燃电弧。起弧后，借助弧光把电弧向左推至左侧障碍管与焊管中心连线处。到位后压短弧并上下摆动电弧，使熔池的上部与上坡口线平齐（或偏下 1mm），使熔池下部覆盖下坡口边线并向下 1mm 左右即可完成起头焊了。

第二步：第一道运条

起头后，电弧仍然上下做锯齿形摆动（图 10），保持熔池上下边缘分别覆盖到与上坡口线平齐和下坡口边线向下 1mm。随着温度升高，电弧反上下摆动的幅度逐渐减小，慢慢地又由摆动变成直线运行，直至焊接到右侧障碍管与焊管中心连线处再靠右 10mm 左右的地方即可熄弧。

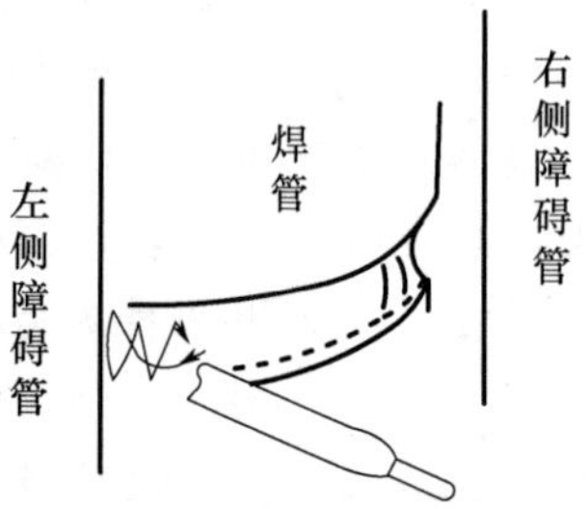

图 9　盖面起头图

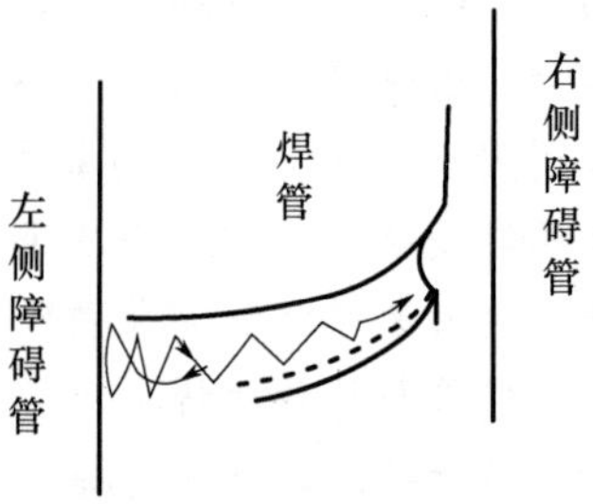

图 10　盖面层电弧运行轨迹

第三步：第一道收头

熄弧前停止电弧移动，并尽可能压短电弧原地使电弧燃烧 1s，然后向右上方甩灭电弧即可完成圆周 1/4 的焊接了。

第四步：第一道顺向接头

盖面焊接完成 1/4，就要继续下一个 1/4 焊段的焊接。在收头处前方 20mm 处引燃电弧，将电弧匀速拉回收头处，电弧由上至左再向右至下画出一个椭圆，再上下做锯齿形摆动（图 11），保持熔池上下边缘分别覆盖到与上坡口线平齐和下坡口边线向下 1mm，即可完成接头焊接。

第五步：逆向接头

逆向接头出现在完成前三个 1/4 后，焊接最后的 1/4 与第一个 1/4 首尾相接处。电弧到达碰头处之前，已经由锯齿形摆动慢慢地转换成直线运条。到达碰头处，适当提高电弧直线运行的速度，使前后焊道搭接重叠 10～15mm 后，压短电弧原地使电弧燃烧 1s，然后向右上方甩灭电弧即可完成整道焊接。

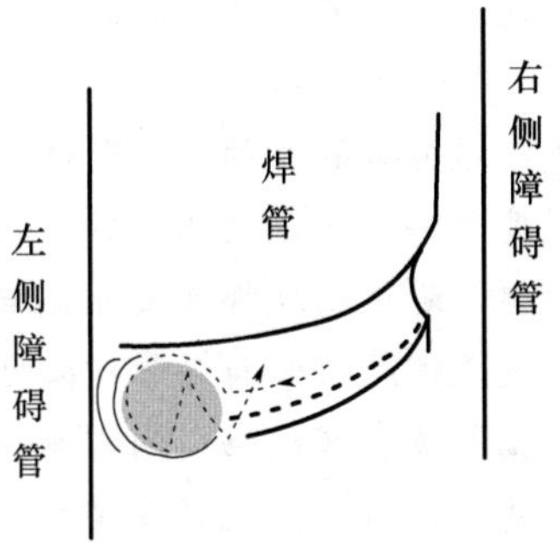

图 11　盖面层接头动作

第六步：第二道起头

彻底清除第一道的熔渣、飞溅后就可以焊接第二道了。第二道焊条角度变化，在第一道首尾相接处左侧 20mm 的焊口上坡口边引燃电弧，然后迅速向左推动焊条，使电弧向左退回到左侧障碍管与焊管中心连线处（与第一道首尾连接处错开）的上坡口线，压弧后直线运条向右持续焊接。

第七步：第二道运条

直线运条中，焊条药皮套筒的下边缘轻贴第一道上部，电弧中心对准上坡口线，弧长稍长。

第八步：第二道收头

电弧一直向右，焊接到右侧障碍管与焊管中心连线处再靠右 10mm 左右的地方熄弧即可。

第九步：第二道接头

顺向接头：在收头处前方 20mm 上坡口线处引燃电弧，将电弧匀速拉回收头处，压弧并直线运条即可。

逆向接头：到达碰头处，适当提高电弧直线运行的速度，使前后焊道搭接重叠 10～15mm 后，压短电弧原地使电弧燃烧 1s，然后向右上方甩灭电弧。

◆盖面层练习过程说明：

在练习垂直固定焊条焊管子盖面层（以下简称横焊）时，操作者首要解决的问题是接头。

在宽度有限的坡口内，横焊管子分成上下两个焊道，因此每一个焊道都比较窄，在这狭窄的空间里接头就成了问题。如果电弧引燃后没有及时在坡口运行起来就会很容易在接头处产生超高或焊瘤现象。因此，解决问题的方法就是要在接头时使电弧尽量别停顿，使其一直在接头处运动。

第一道需要覆盖较宽（与上坡口线平齐和下坡口边线向下 1mm），之前收头处留下的弧坑面积较大，因此电弧引燃后先会退至弧坑的上部，然后沿着弧坑左沿由上至下、先右后左画一个圆弧，在运动中将铁水撒匀就避免了超高问题。画好弧后电弧紧接着上、下运行锯齿形，以便保持焊道宽度。随着热量的持续输入，焊接熔池的温度越来越高，熔池的面积变大，不用焊条摆动就能得到要求的宽度。此时熔池的面积变大，但在厚度方向变得扁平，如果不采取措施，铁水冷却后焊道余高会变低，造成这 1/4 焊道前高后低，且后边一接头就出现高的问题。防止措施就是随着熔池升温，电弧逐渐减小上下摆动的幅度，直至最后不用摆动转换成直线运条后，将电弧压低并配合焊条角度变化（减小到小于 90°），刻意放慢电弧运行速度，尽量让熔池总结厚度。最后，收头前电弧原地停顿燃烧 1s，再次刻意加厚收头处，以便接下来的接头。

第一道焊接完成后，焊肉几乎将整个坡口填满，只给第二道留下了一个浅浅的上坡口线。这样做的目的主要是防止上坡口咬边，但也给第二道接头带来了麻烦。由于第二道焊道宽度变得更窄，电弧已经无法摆动，所以只能靠适当提高电流、拉高弧长来尽量使铁水喷洒均匀，避免出现焊道窄而高与第一道脱节。第二道的第一个 1/4 焊段起弧尽量不要过于向左超过左侧障碍管与焊管中心连线处，以防止焊条倾角过大出现起头群孔缺陷。起头后适当拉高弧长做直线运条，向右直至深入到右侧障碍管与焊管中心连线处，并且在视线不良的情况下将电弧尽可能地再向右推进，向右超过中心连线处 10～20mm 熄弧。在接头时，由于电流适当提高，电弧引燃后运行动作可适当加快，电弧一着就退至收头处，到位迅速压低同时加速回拉出收头的弧坑，再降低速度匀速直线运动即可。

上面是横焊管子第一道和第二道的顺向接头的叙述，它们的逆向接头（首尾相接）使用的方法一样，都是搭接重叠。注意两道间的接头尽量错开。

接下来看看十字障碍垂直固定管子盖面层焊接时，遇到的问题——穿越障碍。

先按照打底焊的思路想一想，能采用使焊条提前预弯或者电弧行进中摆头的办法吗？显然行不通。因为，一则碱性焊条弯曲药皮很容易脱离失去保护，二则电弧行进中的大幅度动作会对质量造成致命的损伤。排除了前两种打底焊用到的办法，最后只剩下一个办法，那就是：遇到障碍停焊熄弧，调整站位到另一组障碍之间，再重新起弧接头焊接。接下来进行分析。

使焊条在左侧障碍管与焊管中心连线处向右 20mm 的坡口内引燃电弧，此处视角与焊条角度均能保持理想状态。电弧向右行进，没过多久就到了距离右侧障碍管与焊管中心连线向左 30mm 处，焊条近似垂直、视线变差。熄弧、收头，而后调整身体站到右边下一组障碍管间，就会发现刚才收头处距离操作者很远，深深地缩在此时左侧障碍管与焊管间的空当中。如果操作者在此时左侧障碍管与焊管中心连线处向右 20mm 的坡口内引燃电弧，将电弧向左反方向推向空当深处的收头处，其焊条角度会越来越小、视线越来越不清晰，最终出现的情况不是焊条过于倾斜导致电弧熄灭就是电弧过长在接头处产生群孔。经过多次反复试验，发现这种方法质量难以保证。那么，是不是就没有别的办法了呢？

前人偶然间在进行上边的试验中发现，在焊接到距离右侧障碍管与焊管中心连线向左 30mm 处不停弧，继续大胆地行进，使焊条角度由常规的锐角（小于 90°）逐变为垂直甚至钝角，配合上视线由平视改为俯视，电弧居然能够稳定地燃烧到超出右侧障碍管与焊管中心连线向右 20mm 处（超出的最后 10mm 是半盲焊）。这样一来，后边的接头问题迎刃而解，那么采取右向焊条反推穿越障碍的方法，成功地解决了盖面障碍的难题。

盖面层焊接时，操作者还应注意保持良好的焊道外观平直度。打底焊道焊接完成后，焊道表面两侧坡口整齐的边线就是盖面层焊接时的基准线。第一道电弧在坡口的中部偏下，并开始及行进中要上下横向摆动，使熔池上边与上坡口线平齐和下边覆盖下坡口边线向下1mm。注意要有意增高第一道的余高，一般不小于2mm，这样做是为了给第二道起到依托作用，同时也便于两道紧密结合。第二道电弧冲准坡口的上边线，弧长适当拉长弧，有助于铁水喷洒开，使熔池的下边覆盖第一道的中线、上边熔化增宽上坡口1mm左右。

小径管焊接，随着电弧热量持续输入，管子局部散热速度减慢，常常出现焊接熔池温度过高造成铁水不易控制，影响焊道成型的超温问题。垂直固定焊打底层随着熔池温度升高，相应提高焊接速度和送丝速度，会相应减缓熔池的升温速度，使铁水易于控制；盖面层为了防止后段超温一般选用较小的电流，起头通过齿形摆动而后逐渐减小摆幅最后停摆变直线来实现刻意的焊速由慢到快的变化。另外，盖面层的直线运条阶段，焊条角度由锐角向钝角变化，配合电弧的紧压，对后部熔池温度的过快增长起到了很好的抑制作用。

训练中，操作者不仅要依靠颈、肩、上肢、手腕等肢体的运动来跟上管子弧度的变化，还要通过更多的肢体部位协调、配合来完成速度的变化，再加上障碍对视线的阻挡，完成任务的难度可想而知。因此，训练中常怀一颗平常之心，戒骄戒躁才能有所收获。

焊接完成的试件自然冷却至室温后，将焊缝及周围的焊渣、飞溅彻底清除干净。清理时一般不使用电动工具，而是使用扁铲、榔头铲除焊渣、飞溅后再用钢丝刷将焊缝表面周围刷净即可。清理时注意不要破坏焊缝的原始状态，同时注意做好自己和他人的安全防护工作。清理完成后在试件上做好标记，为后续的检验、评定做好准备。

Ⅰ-1-2 氩加电小径管十字障碍水平固定焊5G特点及演练

氩加电小径管十字障碍水平固定焊5G特点及演练是电站压力管道对接焊经常遇到的训练项目，做好这部分项目训练为后续独立操作打下良好的基础。本模块练习步骤分为4部分的课程：

1. 训练前的准备；
2. 练习试件的定位焊接；
3. 练习试件的打底层焊接；
4. 练习试件的盖面层焊接。

1 训练前的准备

1.1～1.8 内容与《手工钨极氩弧焊小径管水平转动焊1G特点及演练》对应章节雷同，在此不再赘述。

1.9 焊接模拟操作障碍

为了训练操作者适应电站锅炉现场焊接，在本模块操作时增加了焊接模拟操作障碍，具体的情况如图1所示。

1.10 焊接层道及焊接顺序

焊接操作时的焊接顺序自坡口最根部的深处，由里向外焊接两层（第一层是打底层、第二层是盖面层），每层焊接一道，如图2所示。

打底层焊接时管子轴向水平放置，使定位焊段处于时钟12点的位置，电弧由管子时钟6点位置起弧，顺时针沿着圆周立向上焊接至9点收头，于是完成焊段1的焊接。由9点位置起弧，沿着圆周立向上焊接至 12 点与定位焊段搭接重合收头完成焊段 2 的焊接。焊段 3 也是由管子时钟 6 点位置起弧，但方向与焊段 1 相反，逆时针沿着圆周立向上焊接至 3 点收头。最后在管子时钟 3 点位置起弧，继续逆时针沿着圆周立向上焊接至 12 点与焊段 1 搭接重合，完成焊段 4 焊接同时整条打底焊就完成了。

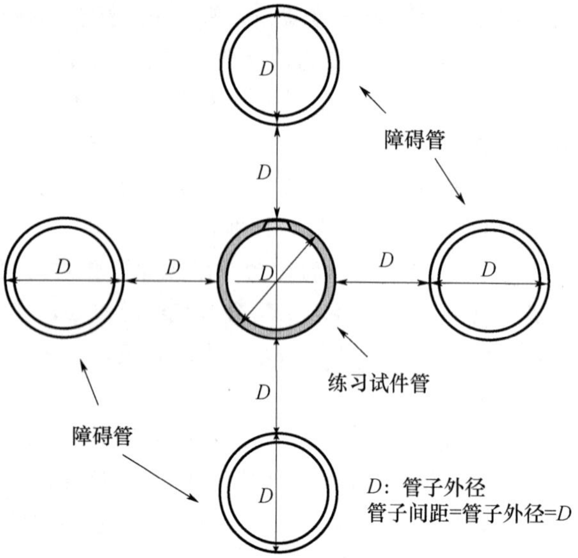

图 1　焊接模拟操作障碍（剖面图）

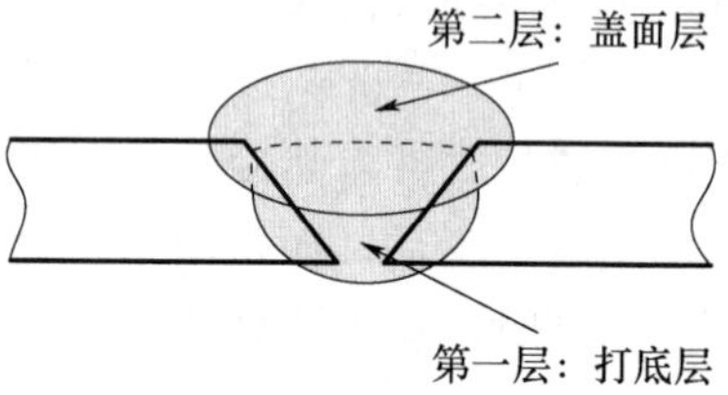

图 2　焊缝的剖面图

盖面层焊接顺序步骤与打底焊相同，详见图 3 所示管子打底焊与盖面焊圆周方向焊接顺序。

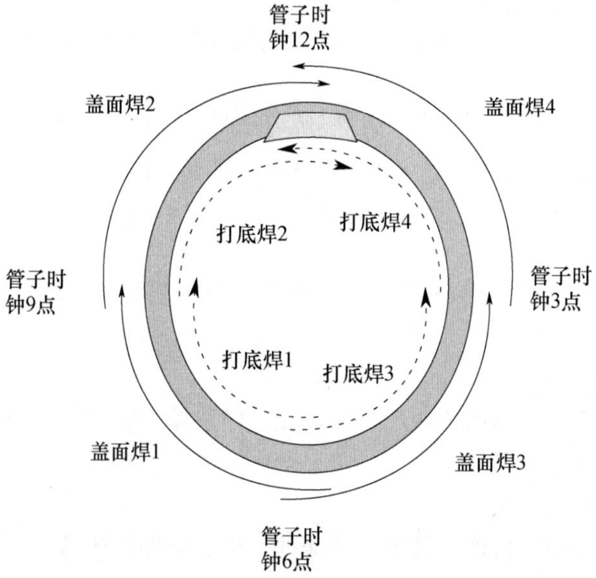

图 3　管子打底焊与盖面焊圆周方向焊接顺序

1.11　焊接参数（表1）

表1　焊接参数表

参数 项目	焊丝（条）规格（mm）	焊接电流（A）	电源极性（注）	焊枪纵向角度（喷嘴与焊接点管子切线的角度）	焊枪横向角度（喷嘴与试件纵向角度）
定位焊	丝 ϕ2.5	90～100	正接	70°～90°～120°（随管子变化）	90°～100°
打底层焊接	丝 ϕ2.5	90～100	正接	70°～90°～120°（随管子变化）	90°～100°
盖面层焊接	条 ϕ2.5	62～67	反接	70°～90°～120°（随管子变化）	90°～100°

注：正接就是焊接试件连接焊接输出端的正极，焊枪连接负极。

2　训练第一节——试件的定位焊接

本节内容与《手工钨极氩弧焊小径管水平转动焊1G特点及演练》对应章节雷同。

3　训练第二节——试件的打底层焊接

练习方法：断续送丝焊接法

练习目的：具备管子对接水平固定十字障碍氩弧焊打底能力

焊接电流：90～100A

操作过程：

第一步：准备

定位焊结束后，练习者将练习试件上的对口钳取下，检查好管子对口间隙及平齐度，确认后再进行焊接。焊接前，将管子水平固定在试件架上，使其高度保持与操作者腰部平齐。

操作者身体站在管子试件一侧，使管子坡口正对着操作者，先戴好面罩，腰部向右大幅倾斜（弯腰使上下肢呈60°～80°）同时头向右斜（头与右肩呈10°～30°）。用右手握好焊枪、找好支点，抓握焊丝的左手顺势将面罩翻转就位，就可以在管子时钟6点引弧焊接了（具体的身体姿态如图4所示）。

图4　打底层起头操作者姿势及变化

注意事项：在焊接前可以关闭焊机，拿着焊枪与焊丝不戴面罩的模拟演练整个过程，体会焊枪、焊丝与视线的角度随着管子变化的过程，尤其要练习身体的变化动作。

第二步：焊接

操作者左手将面罩罩好后，右手拇指按下焊枪开关，在管子6点采用高频引弧法引燃电弧。

电弧引燃后，像定位焊一样分别在坡口左侧、右侧、中央焊接3个焊点，使铁水搭桥形成熔池，然后用反复断续送丝法不断送丝熔化、断丝开孔，送丝时注意尽量将焊丝向管子坡口里送入其根部，这样一直向 9 点处焊接。

注意事项：操作者起焊后一定要注意在头的带领下，颈、肩、上肢、手腕等随着管子弧度变化而动作，以便实现焊枪、视线、焊丝由管子时钟 6 点到 9 点的移动焊接保持适当的角度。

第三步：穿越障碍

电弧向上逐渐移动焊接，距离与焊管 9 点位平齐的侧障碍管越来越近。操作者的视线由于障碍管的阻挡难以准确判断熔池时，果断熄弧收头。抓握焊丝、焊枪的左右手保持原位置不变，头部向左摆动使视线越过障碍管，在障碍管上方通过障碍管与焊管的空当（与焊丝的深入类似）来变换成较小的视角，而后引弧接头继续焊接。电弧持续运行到障碍管与焊管中心线的坡口处再向上 10mm 的坡口处，熄灭收头即可（图 5）。

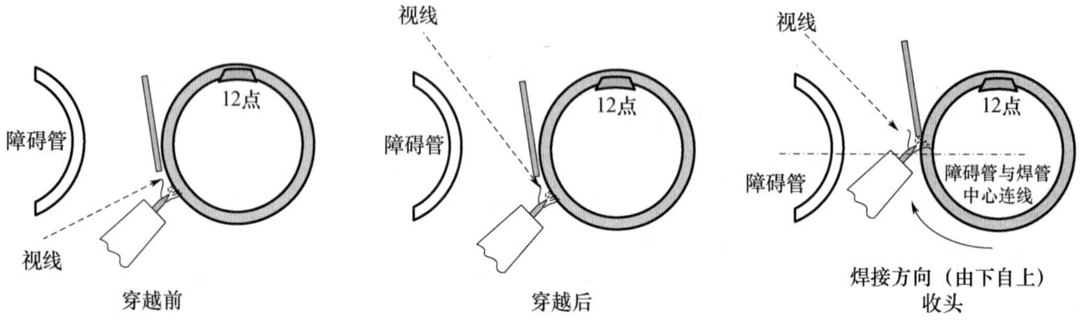

图 5　穿越 9 点位障碍

穿越管子时钟 3 点、12 点对应障碍时使用与 9 点相同的方法。

第四步：顺向接头

焊接完成第一个 1/4 后，调整身体姿势，在 9 点位的收头处上方 10mm 处引燃电弧，将电弧顺向拉至 9 点位靠下 10mm 处左右横向摆动慢速加热，直到收头处充分预热并充分熔化形成熔池，再断续半滴给丝熔化、打孔焊接 3～4 个来回，待熔池温度上升即可正常的断续送丝焊接了。

注意事项：这里所说的顺向接头是指所有后续焊段的首与先前焊段的尾相接的情况。

第五步：逆向接头

继续焊接，经历多接头完成 12 点位障碍管的穿越，再向前就到了与定位焊碰头处。碰头封口后，暂停加丝电弧在原地持续加热熔透根部，然后适当减小加丝量并持续摆动向 1 点方向焊接，使前后焊道搭接重叠 10～15mm 后，停止加丝将电弧带到坡口一侧衰减熄弧。

注意事项：这里所说的逆向接头是指所有后续焊段的尾与先前焊段的首相遇、相接的情况。

使用相同的方法，在管子时钟 6 点逆向接头，焊接至 3 点收头，再接头焊接至 12 点定位焊段的另一侧碰头封口，就完成了剩余的 1/2，整个打底焊道也就完成了（详见图 3 所示管子打底焊圆周方向焊接顺序）。

◆打底层练习过程说明：

水平固定十字障碍小径管对接打底焊训练重点依然是穿越障碍。

在水平固定焊中，推荐讨论多接头与摆头两种方法解决穿越障碍的问题。后者由于身体的极限弯曲与逐渐恢复，完成起来更加困难。

打底焊训练的第二个重点是焊接位置的变化。管子时钟 6 点至 7 点是仰焊位置、7 点至 8 点是仰焊到立焊的过渡位置、8 点至 9 点是立焊位置。在这三个阶段，操作者的焊接动作及操作意图都会发生变化。6 点至 7 点的仰焊位置，焊丝要深入坡口根部尽量向坡口背面送进，焊枪角度较小（焊枪与管子焊接点切线呈 70°角），配合电弧横向摆动要窄，以便防止背面焊道内凹。7 点至 8 点的过渡段，由于管子温度升高和铁水下坠趋势相对缓和，给丝量可适当加大，配合电弧摆动宽度，焊道厚度有所增加。最后 8 点至 9 点的立焊位置，熔池温度已经升得很高，可通过将焊枪角度调大（焊枪与管子焊接点切线呈 120°角）来使更多的热量熔化更多的焊丝实现熔池降温，得到的焊道厚度增加。虽然在此叙述时人为的分成三个不同的阶段，但在实际操作中的动作变化是渐进地、平缓地，没有明显的段落界限区分。

配合焊接位置的变化时的人体动作是这样变化的：6 点位起弧上下肢弯曲 60°～80°，待起头焊接完成后肢体保持不动焊接至 7 点位附近，然后头开始向左肩方向回正并带动肩部左向翻转，肩部带动上肢逐渐回正到与下肢呈 90°左右的状态。继续焊接至 8 点处，头部向上挺起，脖子伸长带动上肢直立加上腕部向内侧旋转，下肢弯曲角度增大到 120°～140°（上下肢角度为 180°时呈一直线），完成 8 点至 9 点位的焊接即可收头。同理，为了方便叙述肢体变化将动作分解成不同的几步，然而在实际训练中动作的变化也渐进地、没有明显的段落界限区分。

管子时钟 6 点至 3 点逆时针焊接遇到的问题与 6 点至 9 点一样，但要注意此时起弧后要有一个顺向接头，注意接头充分预热。而后的 9 点至 12 点和 3 点至 12 点与水平转动焊（1G）的训练内容相同，难度不高不再赘述，需要注意的是焊接至 12 点定位焊段时双方都有与其搭接、重叠，除了可以实现接头充分熔合外，还能使 12 点位厚度加大，给后续盖面带来便利（盖面焊至 12 点位的平焊时，焊道容易出现余高过低的问题）。

同样，一开始推荐初学者先控制打底焊的厚度稍薄，也就是断续少量给丝，给丝后尽量“抑制”电弧摆动宽度，先明确“熔透的意识”，再保证根部背面的熔透，然后逐渐增加送丝量及摆动宽度来增加焊道厚度和实现焊道与坡口过渡平滑，以利于后续盖面。

5mm 厚度的管子在打底层较薄的情况下也可以增加填充层后再焊接盖面层，以便实现打底熔透、填充平滑、盖面轻薄的不同层次间的不同焊接操作需求。

4　训练第四节——试件的盖面层焊接

练习方法：连弧渐变摆动法焊接

练习目的：具备氩弧焊 V 形坡口对接水平固定焊盖面能力

焊接电流：90～100A

操作过程：

第一步：起头

盖面焊的身体站位与打底焊时不同，下半部左右两个 1/4 焊段采取蹲位，上半部采用站立。起头前，操作者蹲在管子一侧，使右耳与焊口长度方向保持冲齐。夹持好焊条，持焊枪的右手上举，将焊条穿过障碍管与焊管间的空当，使前半段轻搭在管子 9 点位的打底焊道表面（焊条端头铁芯不与打底接触）。面罩罩好，右手轻轻向下拉动焊条，使焊条端头铁芯划过打底焊道 9 点位，在 8 点位开始接触 7 点位引燃电弧。电弧引燃后，慢速下拉至 6 点附近，将电弧先在摆动到坡口左侧，而后运行一个弧线摆动至右侧坡口，再运行直线摆动至左侧坡口画出来一个近似半圆。接着把电弧在坡口内横向左右摆动锯齿形，就起头焊接了（图 6）。

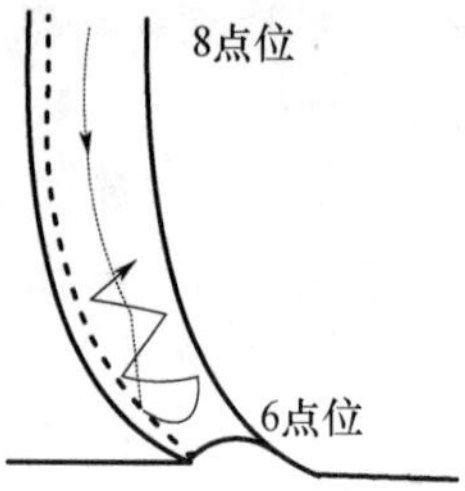

图 6　盖面起头

第二步：焊接

开始时，电弧连续横向锯齿形摆动，随着熔池温度的升高摆动幅度越来越小，待到熔池宽度足以覆盖整个坡口后，电弧微微拉长直线上推即可（图 7）。这样，电弧反复锯齿形摆动、越摆越窄、直线上推，一直焊接到时钟 9 点位置即可熄弧。

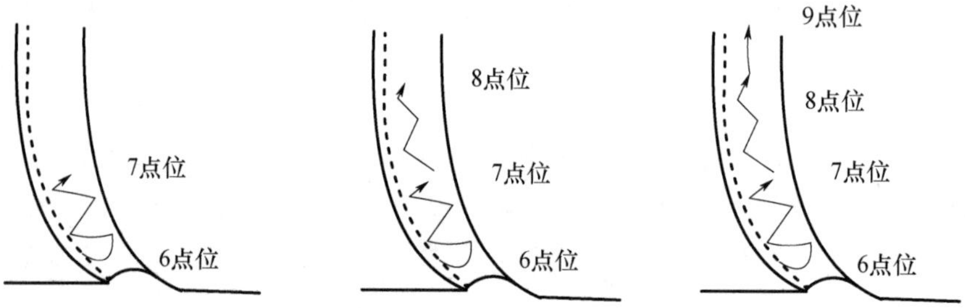

图 7　盖面层动作

第三步：收头

焊条焊接到 9 点位后，将电弧原地停留不再继续向前，并且适当压低电弧长度，停顿 1s 后向左甩动焊条熄弧、收头。

第四步：顺向接头

盖面焊接完成 1/4，调整身体姿态变成站位，焊条前半段轻搭在管子 12 点位的打底焊道表面（焊条端头铁芯不与打底接触）。

拉动焊条在 11 点附近引燃电弧，将电弧向下慢速拉回 9 点位的收头，先摆至左侧坡口再沿着收头弧坑画半圆弧至右侧坡口，而后直线摆动至左侧坡口后开始左右来回摆动焊接。

第五步：逆向接头

6 点位逆向接头：完成左半圈一上一下两个 1/4 焊段后，移动至管子右侧先采用蹲位焊接下半 1/4，具体的姿势引弧细节与左侧相同。电弧拉动到 6 点左向起头处，先摆至左侧坡口再画半圆弧至右侧坡口，使刚才画的半圆弧与先前焊段起头的半圆弧充分搭接，而后直线摆动至左侧坡口后开始左右来回摆动焊接。

12 点位逆向接头：焊接完成前三个 1/4 后，最后 1/4 焊段电弧由开始的横向锯齿形摆动渐变直线推动，至碰头处电弧继续向前，使双向焊道搭接重叠 10～15mm 后，将电弧由右至后再至左原地画一个圆形，最后向右前方甩动熄灭即可完成整道盖面焊道。

◆**盖面层练习过程说明：**

在练习十字障碍水平固定小径管盖面层焊接时，操作的难点依然是穿越障碍。

焊条从管子焊口圆周时钟 6 点位起头焊接到 8 点位视线良好，由 8 点到 9 点需要做一些调整才能保证视线有效。具体的调整是在到 8 点位之前颈部往下缩，头部向左偏转，使视线经由 9 点位障碍管与焊口空当下边的左侧看去。此时，观察起来电弧长度清晰但熔池右侧被电弧、焊条阻挡变得有些模糊。继续向上，电弧到达 9 点位后，视线基本也处于极限。如果凭借训练经验，半盲状态坚持再向上还能焊 10～20mm，那么就会给后续顺向接头带来方便。

如果刚才完成的下半个 1/4 焊段的收头处于 9 点位以下，那么此时视线调整到由 9 点位障碍管与焊口空当上边的左侧就很难看清晰，顺向接头难度大大增加。此时，操作者只能在半盲状态下使电弧伸入 9 点位以下的收头处，依靠训练经验控制弧长完成接头画半圆动作，再摆动 2～3 个来回锯齿后才能得到较清晰的视线。当然，依靠扎实的训练经验，上述情况也能应对。但是尽管操作者加强训练、小心谨慎，在实际焊接时此处出问题的概率依旧很大。与其这样，倒不如在收头时再向上半盲状态坚持过 9 点位 10～20mm，于是就能保证顺向接头视线的清晰，大大降低此处焊接缺陷的产生概率。

焊条从管子焊口圆周时钟 9 点位接头焊接到 12 点位，穿越 12 点位上方的障碍管的方法与 9 点位相同。同样，为了保证后续由 3 点位到 12 点位焊段与之逆向接头的质量，焊条由 9 点位焊接到 12 点位后，依旧半盲状态坚持再向前过 12 点位 10～20mm。

水平固定小径管盖面层焊接时，操作的另一个难点是控制熔池升温速度。焊接小径管时，由于管径小、管壁薄，如果焊接电流选用不当，很容易在起焊不久就会遇到熔池超温难以控制的问题，尤其对于氩弧打底电焊盖面的水平固定管子，盖面层熔池一旦超温非常容易在 8 点位产生烧穿打底层的恶性缺陷。

防止超温首先要降低电流。那么到底电流降低到什么程度适宜呢？就以训练中的 42×5 管子为例讨论一下为什么推荐选用 62～67A 的电流。如果先选 70A 的电流，在 6 点位起头会感觉起弧顺畅，开始摆动时熔池温度适中，可一旦向上移动电弧到 7 点位时就会发现熔池变宽、变扁平，且上下方向上变得越来越长，铁水逐渐坠向熔池下部，而熔池上部与打底焊道边缘开始出现被电弧越咬越深的凹坑。继续焊接至 8 点附近，凹坑深度加大，终于致使打底焊道被电弧穿透性熔化，铁水突然下坠，打底出现孔洞被盖面焊烧穿的情况。如果选用 60A 的电流，引燃电弧后带到 6 点位，无论操作者怎样小心翼翼，电弧只要一压低焊条就会粘连，不压低就出群孔。如果选用 65A 的电流，引燃电弧后由 8 点位慢慢带到 6 点位，给管子以及焊条一个预热的过程，然后小心翼翼地压低电弧，摆动焊条起头。此时的感觉是电流刚刚能够勉强保住起头即可。随后继续焊接至 7 点半位置，电流感觉适中，当电弧焊接至 8 点位时，熔池温度上升较高，但铁水没有明显下坠现象，熔池温度升高但还不至于失去控制。过 8 点位后继续向 9 点位焊接，此时焊条角度倾斜越来越大，向熔池输入的热量相对减小，熔池升温速度减慢。这样一直焊接到 9 点位靠上 10～20mm，熔池刚刚要超温之前，电弧停止移动原地燃烧并压低，熔池降温并逐渐被铁水填满凹陷的部分，最后电弧熄灭完成收头。

防止超温其次是要合理控制温升。就以前面讨论过的选用 65A 电流焊接 6 点位到 9 点位的焊段为例说明。在 6 点位电流小、熔池温度低，希望温升快一些。那么，焊接时电弧适当拉长，使电弧电压升高，配合较宽的横向摆动，熔池的升温速度就快。按照这个逻辑，当电弧焊接至8点位熔池温度较高时，是不是应该尽量压低电弧，降低电弧电压，以便减少升温速度呢？答案是不适合。因为，在8点位熔池温度高，打底焊层近似被电弧熔透，如果压弧过低，会给打底焊层一个明显的电弧吹力，容易造成此处的烧穿。基于上述考虑，在8点位电弧长度保持适中，待焊接到9点位时，由于障碍管的阻挡，焊条角度开始大幅度倾斜，熔池升温速度明显减慢，再过9点靠上10～20mm收头处，铁水的下坠已经非常少，在此适当压短电弧原地补给铁水，不仅不会造成烧穿，而且会对收头防止弧坑缩孔、裂纹等缺陷起到很好的促进作用。

经过下半部1/4焊段的焊接，管子热量大量堆积在管子上部。此时，焊接9点至12点焊段，在9点接头向上焊接不久就会发现熔池明显的超温现象。减小摆幅、逐渐变换成直线，再配合压低电弧的方法，能够有效地降低熔池升温速度。由于处于平焊、半平焊位置，熔池没有铁水下坠现象，所以不必担心烧穿，只管大胆地将电弧压短、再压短，甚至感觉上几乎已经将电弧按灭在熔池中了。

水平固定十字障碍小径管盖面层焊接除了穿越障碍、控制温度之外，还有一个焊道外观成型控制的问题。常见第一个难点是6点位余高超高和12点位过低。解决办法就是之前已经阐述过的：6点位起头、逆向接头一定要使电弧运行半圆弧加锯齿形，只有使电弧在不停地运动中，铁水才会避免堆积在一个地方造成超高；12点位压低电弧、直线推行，焊接速度要慢，有意增加余高，并且先焊段一定要过12点位10～20mm再收头，后焊段过来逆向接头时，搭接、重叠20mm就可以有效解决余高过低的问题。第二个难点是咬边，大量出现在6点位起、接头与9（3）点位的起、接头。由于该项目管径小、旋转弧度快、壁厚较薄、盖面层没有太大的空间容纳铁水等因素，给操作者造成了非常大的心理压力，在操作中肌肉僵硬，出现动作不连贯甚至抖动。解决办法：给抓握焊枪的右手找一个依靠，让左手或者依靠物的依托感来使操作者放松。只要心理放松后，自然就能轻松地控制肌肉配合协调，连贯、清晰地完成整个动作。

Ⅰ-1-3　氩加电小径管十字障碍斜45°固定焊6G特点及演练

氩加电小径管十字障碍斜45°固定焊6G特点及演练是管道对接焊重点训练项目，做好这部分项目训练为后续独立操作打下良好的基础。本模块练习步骤分为4部分的课程：

1. 训练前的准备；
2. 练习试件的定位焊接；
3. 练习试件的打底层焊接；
4. 练习试件的盖面层焊接。

1　训练前的准备

1.1～1.8　内容与《手工钨极氩弧焊小径管水平转动焊1G特点及演练》对应章节雷同，在此不再赘述。

1.9　焊接模拟操作障碍

为了训练操作者适应电站锅炉现场焊接，在本模块操作时增加了焊接模拟操作障碍，具体的情况如图1所示。

1.10　焊接层道及焊接顺序

焊接操作时的焊接顺序自坡口最根部的深处，由里向外焊接两层（第一层是打底层、第二层是盖面层），每层焊接一道，如图 2 所示。

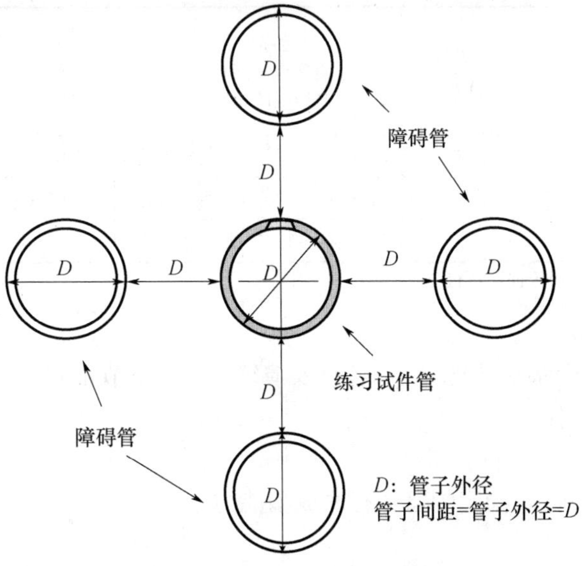

图 1　焊接模拟操作障碍（剖面图）

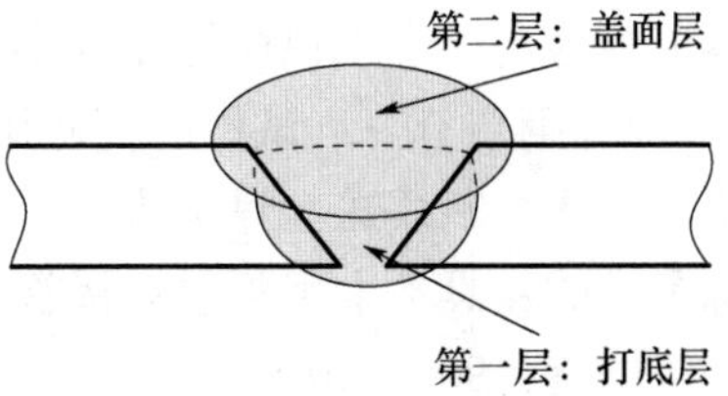

图 2　焊缝的剖面图

打底层焊接时管子轴线与水平面呈 45°角放置，使定位焊段处于时钟 12 点的位置，电弧由管子时钟 6 点位置起弧，顺时针沿着圆周立向上焊接至 9 点收头，于是完成焊段 1 的焊接。由 9 点位置起弧，沿着圆周立向上焊接至 12 点与定位焊段搭接重合收头完成焊段 2 的焊接。焊段 3 也是由管子时钟 6 点位置起弧，但方向与焊段 1 相反，逆时针沿着圆周立向上焊接至 3 点位收头。最后在管子时钟 3 点位置起弧，继续逆时针沿着圆周立向上焊接至 12 点与焊段 1 搭接重合，完成焊段 4 焊接同时整条打底焊就完成了。

盖面层焊接顺序步骤与打底焊相同，详见图 3 所示管子打底焊和盖面焊圆周方向焊接顺序。

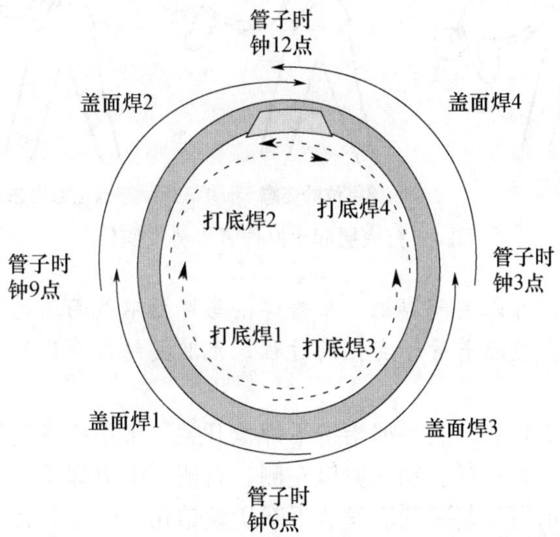

图 3　管子打底焊与盖面焊圆周方向焊接顺序

1.11 焊接参数（表1）

表1 焊接参数表

参数 项目	焊丝（条）规格（mm）	焊接电流（A）	电源极性（注）	焊枪纵向角度（喷嘴与焊接点管子切线的角度）	焊枪横向角度（喷嘴与试件纵向角度）
定位焊	丝 ϕ2.5	90～100	正接	70°～90°～120°（随管子变化）	90°～100°
打底层焊接	丝 ϕ2.5	90～100	正接	70°～90°～120°（随管子变化）	90°～100°
盖面层焊接	条 ϕ2.5	62～67	反接	70°～90°～120°（随管子变化）	90°～100°

注：正接就是焊接试件连接焊接输出端的正极，焊枪连接负极。

2 训练第一节——试件的定位焊接

本节内容与《手工钨极氩弧焊小径管水平转动焊1G特点及演练》对应章节雷同。

3 训练第二节——试件的打底层焊接

练习方法：断续送丝焊接法

练习目的：具备十字障碍对接管子斜45°固定焊氩弧打底成型能力

焊接电流：90～100A

操作过程：

第一步：准备

定位焊结束后，练习者将练习试件上的对口钳取下，检查好管子对口间隙及平齐度，确认后再进行焊接。焊接前，将管子水平固定在试件架上，使其高度保持与操作者腰部平齐。

操作者身体站在管子时钟9点位一侧，使管子坡口正对着操作者，先戴好面罩，腰部向右大幅倾斜（弯腰使上下肢呈60°～80°）同时头向右斜（头与右肩呈10°～30°）。用右手握好焊枪，找好支点，抓握焊丝的左手顺势将面罩翻转就位，就可引弧焊接了（具体的身体姿态见图4）。

图4 打底层起头操作者姿势及变化

注意事项：在焊接前可以关闭焊机，拿着焊枪与焊丝不戴面罩的模拟演练整个过程，体会焊枪、焊丝与视线的角度随着管子变化的过程，尤其要练习身体的变化动作。

第二步：焊接

操作者左手将面罩罩好后，右手拇指按下焊枪开关，采用高频引弧法引燃电弧。

电弧引燃后，像定位焊一样分别在坡口左侧、右侧、中央焊接3个焊点，使铁水搭桥形成熔池，然后如图5所示用反复断续送丝法不断送丝熔化、断丝开孔，送丝时注意尽量将焊丝向管子坡口里送入其根部，这样一直焊接到9点处收头熄弧。

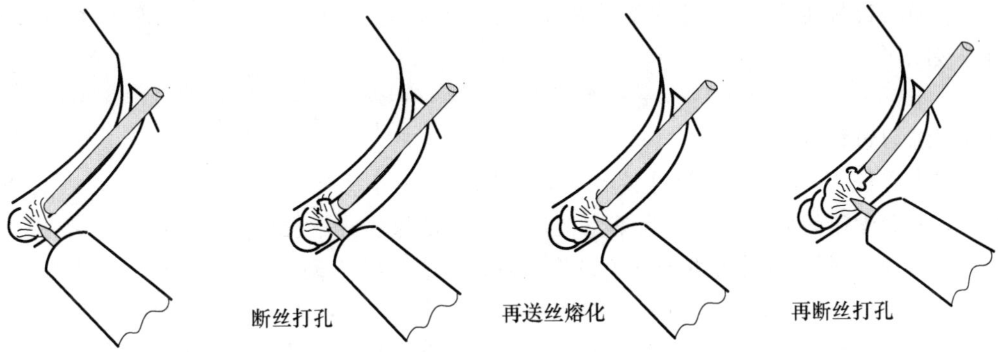

图 5 反复断续送丝（时钟 3 点位一侧左手持枪）

第三步：穿越障碍

电弧向上逐渐移动焊接，距离与焊管 9 点位平齐的侧障碍管越来越近。操作者的视线由于障碍管的阻挡难以准确判断熔池时，果断熄弧收头。抓握焊丝、焊枪的左右手保持原位置不变，头部向左摆动使视线越过障碍管，在障碍管上方通过障碍管与焊管的空当（与焊丝的深入类似）来变换成较小的视角，而后引弧接头继续焊接。电弧持续运行到障碍管与焊管中心线的坡口处再向上 10mm 的坡口处，熄灭收头即可（图 6）。

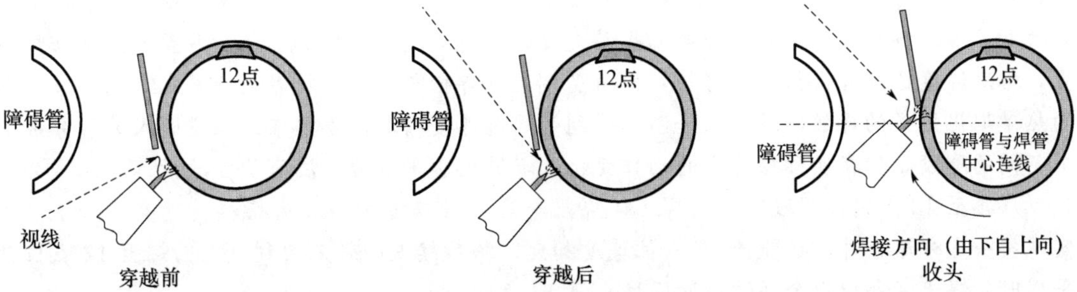

图 6 打底焊穿越 9 点障碍

穿越管子时钟 3 点、12 点对应障碍时使用与 9 点相同的方法。

第四步：顺向接头

焊接完成第一个 1/4 后，调整身体姿势在前一焊段收头处（时钟 9 点）下方 10mm 处引燃电弧，将电弧沿焊接方向左右横向摆动慢速加热，直到收头处充分预热并充分熔化形成熔池，再断续半滴给丝熔化、打孔焊接 3～4 个来回，待熔池温度上升即可正常的断续送丝焊接了。

注意事项：这里所说的顺向接头是指所有后续焊段的首与先前焊段的尾相接的情况。

第五步：逆向接头

焊接至 12 点定位焊碰头处，暂停加丝电弧在原地持续加热熔透根部，然后适当减小加丝量并持续摆动焊接，使前后焊道搭接重叠 10～15mm 后，停止加丝将电弧带到左侧衰减熄弧。

注意事项：这里所说的逆向接头是指所有后续焊道的尾与先前焊道的首相遇、相接的情况。

熄弧后，转换位置到管子时钟 3 点位的一侧，使用左手持枪采用相同方法重新由管子 6

点位起弧逆时针焊接至 12 点位收头就完成了整道打底焊了（详见图 3 所示管子打底焊圆周方向焊接顺序）。

◆**打底层练习过程说明：**

十字障碍斜 45°固定小径管对接打底焊训练的第一个重点依然是左右开弓。在斜 45°固定焊时，由于管子的倾斜两个半周不宜使用单手持枪操作。一般操作过程：管子时钟 6 点到 9 点再到 12 点的半个圆周用右手持枪施焊，时钟 6 点到 3 点到 12 点的另半个圆周采用左手持枪施焊，这样左右手交替焊接的方法称为“左右开弓”。那么，操作中由于障碍的加入就成为新的操作难点。这个难点主要在于心理上的适应，只有克服左手持枪的“畏缩情绪”大胆地坚持训练，在右手成功操作的基础上身体会迅速适应，难题迎刃而解。

打底焊训练的第二个重点依然是身体配合焊接位置的变化。水平固定焊的 6 点位起头，操作者身体的姿势难拿、呼吸不畅，初学者在训练中要克服视线不清、肢体抖动、操作动作完全变形等难题，加大关闭焊机电源进行身体动作模拟训练的数量，先让肢体慢慢适应这个高难度的姿态及其变化，再去真正起弧焊接。管子时钟 6 点至 9 点（3 点）位置变化中，操作者的焊接动作及操作意图都会发生变化。6 点至 7 点的仰焊位置，焊丝要深入坡口根部尽量向坡口背面送进，焊枪角度较小（焊枪与管子焊接点切线呈 70°角）配合电弧横向摆动要窄，以便防止背面焊道内凹。7 点至 8 点位的过渡段，由于管子温度升高和铁水下坠趋势相对缓和，给丝量可适当加大配合电弧摆动宽度，焊道厚度有所增加。最后 8 至 9 点的立焊位置，熔池温度已经升得很高，可将焊枪角度调大（焊枪与管子焊接点切线呈 120°角）使更多的热量熔化更多的焊丝实现熔池降温，得到的焊道厚度增加。虽然在此叙述时人为的分成三个不同的阶段，但在实际操作中的动作变化是渐进地、平缓地，没有明显的段落界限区分。

焊接至 12 点定位焊段时，前焊 1/4 焊段与后焊段双方都与其有搭接、重叠，除了可以实现接头充分熔合外，还能使 12 点位厚度加大，给后续盖面带来便利（盖面焊至 12 点位的平焊时，焊道容易出现余高过低的问题）。

同样，一开始推荐初学者先控制打底焊的厚度稍薄，也就是断续少量给丝，给丝后尽量“抑制”电弧摆动宽度，先明确“熔透的意识”，再保证根部背面的熔透，然后逐渐增加送丝量及摆动宽度来增加焊道厚度和实现焊道与坡口过渡平滑，以利于后续盖面。

5mm 厚度的管子在打底层较薄的情况下也可以增加填充层后再焊接盖面层，以便实现打底熔透、填充平滑、盖面轻薄的不同层次间的不同焊接操作需求。

4　训练第四节——试件的盖面层焊接

练习方法：斜锯齿连弧焊

练习目的：具备十字障碍小管对接斜 45°固定焊盖面能力

焊接电流：63A

操作过程：

第一步：起头

盖面焊的身体站位与打底焊不同，下半部左右两个 1/4 焊段采取蹲位，上半部采用站立。起头前，操作者蹲在管子左侧，让视线保持轻微俯视观察焊口。夹持好焊条，持焊枪的右手上举，将焊条穿过障碍管与焊管间的空当，使前半段轻搭在管子 9 点位的打底焊道表面（焊条端头铁芯不与打底接触）。面罩罩好，右手轻轻向下拉动焊条，让焊条端头铁芯划过打底焊道 9 点位，在 8 点位开始接触 7 点位引燃电弧。电弧引燃后，慢速下拉至 6 点附近，将电弧先摆动到 6 点位上坡口线，而后反方向推直线至 5 点半位的下侧坡口，随后沿着下坡口线直线慢速拉回至 6 点半位的下坡口，再摆斜线到 6 点位上坡口。这样，电弧在 6 点位附近，由上至下、先右后左运行了一个三角轨迹，接着把电弧在坡口内上下斜锯齿形摆动，就完成起头焊接了（图 7）。

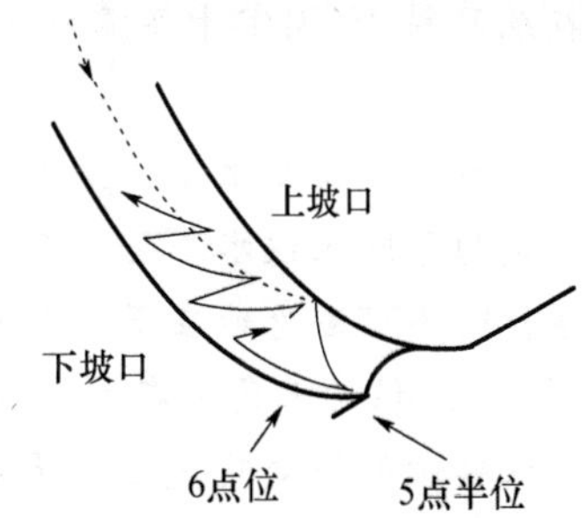

图 7　盖面焊起头三角（左侧起焊）

第二步：焊接

开始时，电弧连续上下斜锯齿形摆动，随着熔池温度升高斜锯齿的斜度越来越大，摆动宽度越来越小，待到熔池宽度足以覆盖整个坡口后，电弧逐渐变成前后运行，最后段甚至可以直线上下往复推拉（图 8）。这样，电弧反复锯齿摆动、越摆越窄、直线上下往复推拉，一直焊接到时钟 9 点位置即可熄弧。

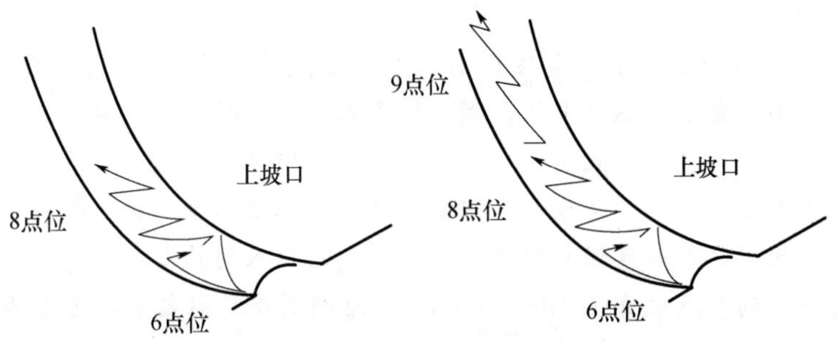

图 8　盖面层电弧运行轨迹动作（左手持枪）

第三步：收头

焊条焊接到 9 点位后，将电弧原地停留不再继续向前，并且适当压低电弧长度，停顿 1s 后向左甩动焊条熄弧、收头。

第四步：顺向接头

盖面焊接完成 1/4，调整身体姿态变成站位，焊条前半段轻搭在管子 12 点位的打底焊道表面（焊条端头铁芯不与打底接触）。

拉动焊条在 11 点附近引燃电弧，将电弧向下慢速拉回 9 点位的收头，先摆至上坡口与收头熔池的最宽处，再沿着收头弧坑画圆弧（又像对勾）至下坡口与收头熔池的最宽处，然后直线摆动至上坡口后开始上下来回斜锯齿形摆动焊接。

第五步：逆向接头

6 点位逆向接头：完成左半圈一上一下两个 1/4 焊段后，移动至管子右侧先采用蹲位焊接下半 1/4，具体的姿势引弧细节与左侧相同。电弧拉动到 6 点处，先摆至上坡口再沿着先焊焊段的起头弧线摆动至下坡口，然后在坡口中开始本侧的上下来回斜锯齿形（斜度与先前焊段正好相反）摆动焊接了。

12 点位逆向接头：焊接完成前三个 1/4 后，最后 1/4 焊段电弧由开始的斜锯齿形摆动渐变前后直线推动，至碰头处电弧恢复上下斜线摆动两个来回，再将电弧移动上坡口向前继续推直线，使双向焊道搭接重叠 10～15mm，最后上方甩动熄灭即可完成整道盖面焊道了。

◆**盖面层练习过程说明：**

在练习斜45°固定十字障碍小径管盖面层焊接时，操作的难点是防止铁水下坠、控制焊道成型。

先来看一下盖面上下三角形处理：盖面焊条在坡口中上下倾斜摆动，使电弧斜锯齿形运行，就是为了防止铁水下坠，在焊道坡口中有意将熔池拉长、拉成水平。但是，电弧在斜锯齿形运行时不可避免地在下（6点）上（12点）两个起、碰头处分别交叉出一个三角形和倒三角形。6点位的三角形在管子左侧起头就通过电弧运行由上至下、先右后左的正三角形来完成。这样做的好处就是在管子右侧进行6点位接头时，会看到一个顺应本侧斜度的起头，进行接头操作非常顺手、便利。12点位的倒三角形则需要在最后1/4焊段碰头焊接时，电弧前后往复至与管子左侧先焊段的12点位收头下坡口连接住，随即恢复成开始的上下斜锯齿摆动1个来回，再将电弧移至坡口上部向前推进，重叠、搭接后熄灭。

◆**防止超温的处理：**

首先是选用65A的电流，引燃电弧后由8点位慢慢带到6点位，给管子以及焊条一个预热的过程，然后小心翼翼地压低电弧，摆动焊条起头。此时的感觉是电流刚刚能够勉强保住起头即可。随后继续焊接至7点半位置，电流感觉适中，当电弧焊接至8点位时，熔池温度上升较高，但铁水没有明显下坠现象，熔池温度升高但还不至于失去控制。过8点位后继续向9点位焊接，此时焊条角度倾斜越来越大，向熔池输入的热量相对减小，熔池升温速度减慢。这样一直焊接到9点位靠上10～20mm，熔池刚刚要超温之前，电弧停止移动原地燃烧并压低，熔池降温并逐渐被铁水填满凹陷的部分，最后电弧熄灭完成收头。

其次是要合理控制温升。就以前面讨论过的选用65A电流焊接6点到9点位的焊段为例说明。在6点位电流小、熔池温度低，希望温升快一些。那么，焊接时电弧适当拉长，使电弧电压升高，配合较宽的横向摆动，熔池的升温速度就快。按照这个逻辑，当电弧焊接至8点位熔池温度较高时，是不是应该尽量压低电弧，降低电弧电压，以便减少升温速度呢？答案是不适合。因为，在8点位熔池温度高，打底焊层近似被电弧熔透，如果压弧过低，会给打底焊层一个明显的电弧吹力，容易造成此处的烧穿。基于上述考虑，在8点位电弧长度保持适中，待焊接到9点位时，由于障碍管的阻挡，焊条角度开始大幅度倾斜，熔池升温速度明显减慢，再过9点位靠上10～20mm收头处，铁水的下坠已经非常少，在此适当压短电弧原地补给铁水，不仅不会造成烧穿，还会对收头防止弧坑缩孔、裂纹等缺陷起到很好的促进作用。

经过下半部1/4焊段的焊接，管子热量大量堆积在管子上部。此时，焊接9点至12点焊段，在9点位接头向上焊接不久就会发现熔池明显的超温现象。减小摆幅、逐渐变换成直线，再配合压低电弧的方法，能够有效地降低熔池升温速度。由于处于平焊、半平焊位置，熔池没有铁水下坠现象，所以不必担心烧穿，只管大胆地将电弧前后往复直线拉动即可。

控制焊道外观成型的另一个难点是6点位余高超高和12点位过低。解决办法就是6点位起头、逆向接头一定要使电弧运行三角形，只有使电弧在不停地运动中铁水才会避免堆积在一个地方造成超高；12点位压低电弧、直线推行，焊接速度要慢，有意增加余高，并且先焊段一定要过12点10～20mm再收头，后焊段过来逆向接头时，搭接、重叠20mm就可以有效解决余高过低的问题。咬边大量出现在6点起、接头与9（3）点的起、接头。由于该项目管径小、旋转弧度快、壁厚较薄、盖面层没有太大的空间容纳铁水等因素，给操作者造成了非常大的心理压力，在操作中肌肉僵硬，出现动作不连贯甚至抖动。解决办法：给抓握焊枪的右手找一个依靠，让左手或者依靠物的依托感来使操作者放松。只要心理放松后，自然就能轻松地控制肌肉配合协调，连贯、轻松地完成整个动作。

单元二　手工钨极氩弧焊和电弧焊（TIG/SMAW）P22ϕ219×18 大径管焊接

Ⅰ-2-1　氩加电大径管垂直固定焊 2G 特点及演练

氩加电大径管垂直固定焊 2G 特点及演练是典型的电站压力管道对接焊训练项目，做好这部分项目训练为学员具备独立的焊接操作能力打下良好的基础。本模块练习步骤分为 5 部分的课程：

1. 训练前的准备；
2. 练习试件的定位焊接；
3. 练习试件的打底层焊接；
4. 练习试件的填充层焊接；
5. 练习试件的盖面层焊接。

1　训练前的准备

1.1　材料：12Cr2MoG（20G）钢管，规格（直径、壁厚、长度）——ϕ219mm×18mm×100mm，坡口加工尺寸如图 1 所示。

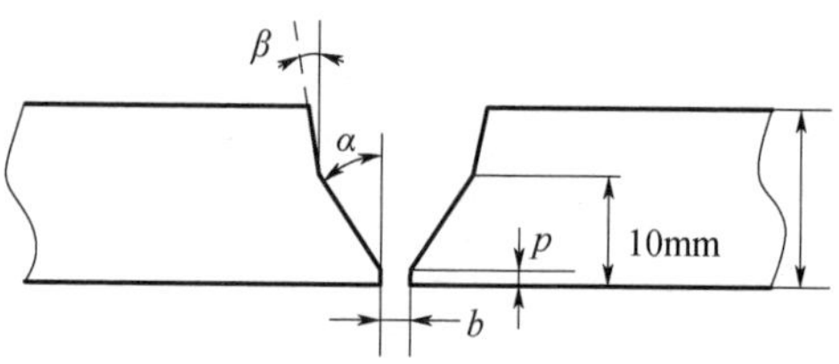

α=30°~40°；β=8°~12°；b=4~5mm；p=1~2mm

图 1　坡口加工尺寸

1.2　焊接材料：ER40（R40）焊丝，规格（直径）——ϕ2.5mm，瓶装氩气。

1.3　焊接设备：弧焊电源型号：WSME350（500）或 ZX-400。

注意事项：弧焊电源进接 380V 电源，两根输出电缆线分别附带地线钳和氩弧焊枪。

1.4　焊接工具：头戴式面罩（附带 9～11 号滤光镜）、清渣用扁铲和榔头、钢丝刷和锉刀、角向磨光机、砂纸。

1.5　焊工劳动防护用品：工作服（棉制、白色、阻燃）、工作鞋（绝缘）、帽子（棉制）、手套（全皮）、口罩（防烟尘、有害气体）、白光护目眼镜。

1.6　焊机的检查：

由专业电工连接好电焊机 380V 进接电源线（一次线），练习者在指导教师的指导下连接好焊机的输出电源线、焊枪及氩气气路。经指导教师检查确认设备连接安全可靠后，练习者合上电源开关，启动焊机，焊接前要确认焊接电缆线的地线连接牢固可靠。

1.7 焊前清理：①使用角向磨光机将钢板表面的油、锈、漆等污物彻底清除干净；②使用砂纸打磨焊丝表面的污物（镀铜的免擦焊丝也要仔细检查有无污物）。

1.8 钨极修磨：把整根长 400mm 的钨极根据焊枪的最长容量切成短节，在砂轮机上将短节钨极的两端均修磨成锥子状，锥度 30°左右，端头留 0.5mm 的钝尖。修磨好后的钨极安装在焊枪上，钨极伸出喷嘴的长度在 10mm 左右（图 2）。

1.9 焊接层道及焊接顺序

焊接操作时的焊接顺序自坡口最根部的深处，由里向外焊接六层（图 3），第一层一道是打底层（焊道①）、第二层两道是填充层（焊道②③）、第三层三道是填充层（焊道④⑤⑥）、第四层三道是填充层（焊道⑦⑧⑨）、第五层两道是填充层（焊道⑩⑪⑫⑬）、第六层两道是盖面层（焊道⑭⑮⑯⑰）。

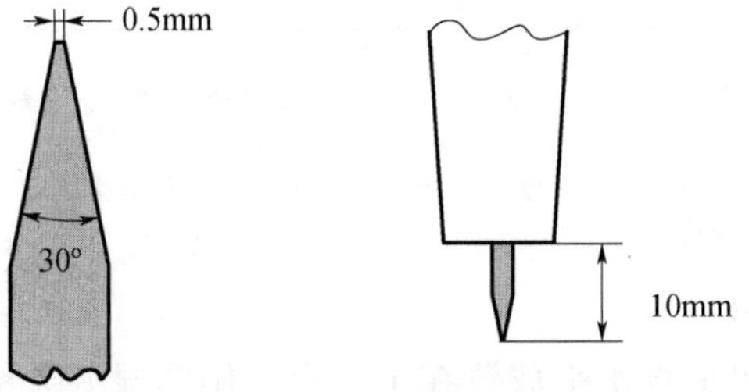

图 2 钨极修磨形状及伸出长度

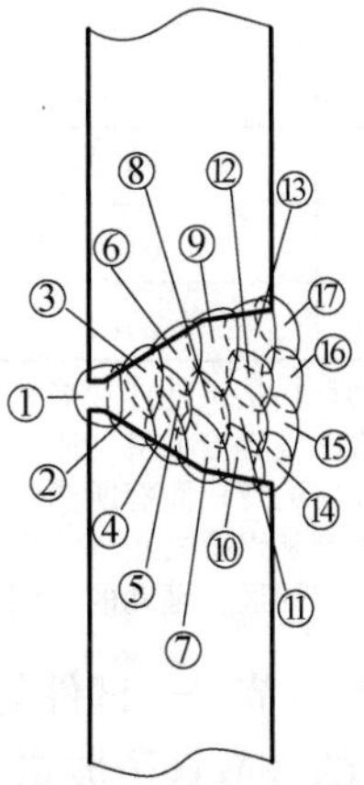

图 3 焊道层次

打底焊接时，将管子轴向与水平面垂直固定，由右至左焊接管子圆周一周（俯视管子圆周为顺时针方向一周）。

盖面焊接时，由左至右分别焊道②至⑰，每道焊接管子圆周一周后再焊接下一道（俯视管子圆周为顺时针方向一周）。各道间的起头、收头、接头要错开。

1.10 焊接参数（表 1）

表 1 焊接参数表

项目 \ 参数		焊丝（条）规格（mm）	焊接电流（A）	电源极性（注 1）	焊枪（条）纵向角度（注 2）	焊枪（条）横向角度（注 3）
定位焊		丝 ϕ2.5	120～140	正接	70°～90°	70°～100°
打底层焊接		丝 ϕ2.5	120～140	正接	70°～90°	70°～100°
填充层一	焊道②	条 ϕ3.2	120～130	反接	90°～120°	50°～70°
	焊道③	条 ϕ3.2	110～120	反接	90°～120°	120°～160°
填充层二	焊道④	条 ϕ3.2	140～150	反接	90°～120°	50°～70°
	焊道⑤	条 ϕ3.2	130～140	反接	90°～120°	70°～90°
	焊道⑥	条 ϕ3.2	120～130	反接	90°～120°	120°～160°

续表

项目＼参数		焊丝（条）规格（mm）	焊接电流（A）	电源极性（注1）	焊枪（条）纵向角度（注2）	焊枪（条）横向角度（注3）
填充层三	焊道⑦	条 ϕ3.2	120～130	反接	90°～120	50°～70°
	焊道⑧	条 ϕ3.2	120～130	反接	90°～120°	70°～90°
	焊道⑨	条 ϕ3.2	120～130	反接	90°～120°	120°～160°
填充层四	焊道⑩	条 ϕ3.2	120～130	反接	90°～120°	50°～70°
	焊道⑪	条 ϕ3.2	120～130	反接	90°～120°	70°～90°
	焊道⑫	条 ϕ3.2	120～130	反接	90°～120°	90°～120°
	焊道⑬	条 ϕ3.2	120～130	反接	90°～120°	120°～160°
盖面层	焊道⑭	条 ϕ3.2	120～130	反接	90°～120°	70°～90°
	焊道⑮	条 ϕ3.2	120～130	反接	90°～120°	70～90°
	焊道⑯	条 ϕ3.2	120～130	反接	90°～120°	90°～120°
	焊道⑰	条 ϕ3.2	120～130	反接	90°～120°	90°～120°

注：1. 正接就是焊接试件连接焊机输出端的正极，焊枪连接负极；反接正相反。
2. 纵向角度是焊枪喷嘴（或焊条）与焊接点管子切线（焊接方向一侧）所形成角度，它在焊接中随熔池温度、焊条首尾的变化而有所调整。
3. 横向角度是焊枪喷嘴（或焊条）与试件上坡口管子长度方向所形成的角度，它在焊接中随着氩弧焊枪横向摆动和电焊焊道、摆动的不同而有明显的变化。

2　训练第一节——试件的定位焊接

将打磨好的一节管子坡口朝上轴向垂直水平放置在平台上。用两根 ϕ4mm 的焊丝摆成八字放置在管子坡口上。把另一根管子坡口朝下压在前一根管子上。左右调整上边的管子使上下两根管子的内径平齐。此时两根 ϕ4mm 的焊丝被夹持在上下管子坡口中央，形成的间隙就正好是 4mm。使用氩弧焊直接在两个管子的坡口内分别焊接三段 20mm 的定位焊，三个焊段间距相等且将管子圆周等分成三份。定位焊段的厚度、质量与正式打底相同。

3　训练第二节——试件的打底层焊接

练习方法：断续送丝焊接法

练习目的：具备大径管对接垂直固定氩弧焊打底能力

焊接电流：120～140A

操作过程：

第一步：准备

定位焊结束后，练习者检查好管子对口间隙及平齐度，确认无误后再进行焊接；否则要切开重新组对。焊接前，将管子垂直水平放置在平台上固定好，高度与操作者视线平视且较舒适的位置。

操作者身体站在管子试件一侧，让管子坡口正对着操作者，先戴好面罩，选择一个定位焊段作为起头处，用右手握好焊枪、找好支点，抓握焊丝的左手顺势将面罩翻转就位，就可引弧焊接了。

第二步：焊接

电弧引燃后，焊枪在定位焊段上上下摆动充分加热，形成熔池后加丝向左用反复断续送丝法持续焊接。

在电弧向左逐渐移动焊接过程中，操作者通过双脚的小幅度移动来跟随电弧移动身体保证良好的视线。这样一直持续焊接 200mm 左右的距离就可收头了。

注意事项：由于大径管对口间隙较大填丝量也相应加大，焊枪在左向移动中还要上下摆动使上下坡口温度均匀。

第三步：收头

持续焊接一端距离收头前把焊丝与熔池保持连接，然后将电弧与焊丝一起移动至下坡口，再断开焊丝将电弧带向前下方熄灭收头即可。

第四步：顺向接头

焊接完成前一个焊段后，调整身体站位在前一焊段收头处后方 10mm 处引燃电弧，将电弧沿焊接方向上下横向摆动慢速加热，直到收头处充分预热并充分熔化形成熔池，再断续少量给丝熔化焊接 3～4 个来回，待熔池温度上升即可正常的断续送丝焊接了。

注意事项：这里所说的顺向接头是指所有后续焊段的首与先前焊段的尾相接的情况。

第五步：逆向接头

焊接至定位焊碰头处，暂停加丝电弧在原地持续加热熔透根部，然后适当减小加丝量并持续摆动焊接，使前后焊道搭接重叠 10～15mm 后，停止加丝将电弧带到坡口一侧衰减熄弧。

注意事项：这里所说的逆向接头是指所有后续焊段的尾与先前焊段的首相遇、相接的情况。

使用相同的方法，焊接完成整个管子圆周焊口，收尾进行逆向接头后就完成了整道打底焊了（详见图 3 所示管子打底焊圆周方向焊接顺序）。

◆打底层练习过程说明：

大径管对接垂直固定打底焊的训练重点是保证根部透度均匀。

在之前的板件对接横焊的训练中，已经讨论过上下坡口的温度差的问题，管子也一样存在。初学者如果不注意操作中有意增加熔池下部的温度，在大管横焊打底中很容易出现下坡口的根部未焊透缺陷。因此，操作中焊枪在坡口中横向摆动有意在下坡口增加熔化的时间，尽量升高熔池下部的温度。

采取断续送丝法进行打底操作，优点是可以随时观察熔孔，充分保证焊透，但其存在焊速慢、熔池超温、背面氧化的缺点。为了避免上述问题的出现，送丝时每次量大且连丝时间长，断丝后没有小径管操作那样刻意摆动熔化的时间，往往焊丝刚一断开熔孔就紧随着出现，随即又把焊丝与熔池相连继续送进。这种断续送丝法又可以称为氩弧焊的时连时断法（焊条焊的立焊、仰焊填充层焊接有一种称时断时连的操作方法）。

4　训练第四节——试件的填充层焊接

练习方法：焊条焊连弧

练习目的：具备大径管对接垂直固定焊条焊填充能力

焊接电流：110～150A

操作过程：

第一步：第一道（下 1）运条

操作者站右手持夹好焊条的焊枪，左手将面罩罩好，以推荐的角度（表 1）在坡口内引燃电弧。电弧引燃后，焊条向左边退后 20mm 横向摆动起头，焊接中始终保持适当的横向摆动，以便使熔池上边覆盖距离打底焊道的上边 2mm 的地方，熔池下边比打底焊道下边向坡口外拓宽 2～3mm。焊条收头采用反复断续法，将熔池填满并使其温度缓降，防止弧坑裂纹。接头方法与板件横焊类似。

第二步：第二道（上 2）运条

将第一道焊道覆盖的熔池、飞溅清理干净后，在坡口内以推荐的角度（表 1）的第一道上方起弧。电弧引燃后，焊条同样向左边退后 20mm 起头，但焊条运行时不做或稍做横向摆动，电弧运行时熔池下边覆盖到第一道焊道的中心靠下 1mm、熔池上边比打底焊上边增宽 2～3mm。

第三步：三道运条

填充第一层焊好了后彻底清除熔渣、飞溅后就可以开始填充第二层焊接了。

第二层分为下、中、上三道。第一道焊条角度与第一层的第一道（下 1）的基本相同，熔池上边熔化覆盖到第一层焊道的中间即可。第二道（这里称为次上道）焊道熔池下边保证与前一道的中线向下覆盖 1mm、上边覆盖到距离第一层焊道上边 2mm。第三道的焊条角度与第一层第二道（上 2）的类似，熔池下边覆盖到第二道（次上道）的中心靠下 1mm、熔池上边比打底焊上边增宽 2～3mm。

第四步：多道运条

填充第三、第四层分别由 3、4 个焊道组成，虽然焊道数量不同，但是每一道的分布还是有相同的地方。为了方便叙述，如果把填充第一层的下、上两道分别称作下 1、上 2，那么填充第二层的下、中、上三道分别称作下 1、中 2、上 3，填充第三的下、中、上三道也分别称作下 1、中 2、上 3，最后填充第四层的下、中、中、上四道就分别称作下 1、中 2、中 3、上 4。如此就容易看清楚了：所有的下 1 的焊条角度与熔池分布基本相同；中间的焊道只要保证与前一道的中线覆盖的结合原则即可；注意次上道熔池上边覆盖到距离前一层焊道上边 2mm；上道就是要实现上坡口的增宽任务（具体的方法还可以参看板件对接横焊 2G 训练）。如果填充层分布变更成 5 道甚至更多时，道与道的分布依然遵循上述原则即可。

◆填充层练习过程说明：

垂直固定大径管填充层焊接时，操作者首要解决的问题是层间夹角。层间夹角一般出现在两个位置，一是道道间，二是道与坡口间。

道道结合时，只要保证“后一道覆盖前一道的中线”的结合原则就能避免道与道之间的夹角。由于大径管采用的双 V 形坡口，上 V 坡口角度较小，层间夹角更多的会出现在焊道与上下坡口间。采用较小的焊条角度（50°～70°）配合适当的摆动，可以有效防止填充层第一道焊道与下坡口的夹角问题，较为棘手的地方是上坡口。针对上坡口夹角，解决的办法：次上道让出空间、上道焊肉上贴。

所谓“次上道让出空间”就是：填充第一层第一道（因为上边就是上道，因此也可称为次上道）熔池上边覆盖到打底层焊道上边 2mm 处而不是完全覆盖，是为了给第二道（上 2）让出空间，使电弧可以深入到达打底层焊道与上坡口的结合处；后续填充每层的次上道焊接时，熔池上边依然要求覆盖到前一层焊道上边 2mm，都是为了给后边的上道让出空间，保证上道的电弧可以深入并充分熔化防止夹渣。“上道焊肉上贴”：从填充第一层第二道（上道）开始的所有填充层上道，都要使用较大的焊条角度（120°～160°）在与前一道结合的同时，有意让焊肉多往上坡口填充，最终使本焊层完成后形成下平、上凸的局面。这样一来，再进行后续填充层焊接时，就大大避免了后续填充次上道焊接后与上坡口尖角（又称二次夹沟）的出现。

整个填充层焊接完成后，坡口内的盖面预留量是不同的：下坡口预留量为 1mm，坡口中部为 0.5～1mm，上坡口为 0（甚至可以高于板件母材）。这样就在盖面前形成了一个“上凸下凹”的局面，为盖面层的焊接打下基础。

---

5 训练第五节——试件的盖面层焊接

练习方法：焊条焊连弧

练习目的：具备大径管对接垂直固定焊条焊盖面能力

焊接电流：120～140A

操作过程：

第一步：第一道运条

盖面层焊接前，应将刚才焊完的填充层焊道表面的熔渣清除干净，并用钢丝刷把焊道与坡口表面刷净、刷亮。检查打底焊道表面是否有表面夹渣、焊瘤，如果存在应采用机械方法进行修磨，修磨需要补焊的进行补焊，并将补焊处再修磨平整。

清理干净后按照填充层的动作步骤进行焊接，焊条角度详见表 1。运条时，焊条中心对准填充层与下侧坡口的结合线由左向右保持直线连续燃烧，直至焊条用完。焊接时，控制焊接熔池下边缘熔化覆盖到下侧坡口边线向下 1mm 的板件上。

第二步：第二道运条

清理干净后按照上一道相同的步骤进行焊接，焊条角度详见表 1。运条时，焊条中心对准焊道⑭的上边缘线由左向右保持直线连续燃烧，直至焊条用完。焊接时，控制焊接熔池下边缘熔化覆盖到焊道⑭中心线向下 2mm 的地方。

第三步：第三道运条

清理干净后按照上一道相同的步骤进行焊接，焊条角度详见表 1。运条时，焊条中心对准焊道⑮的上边缘线由左向右保持直线连续燃烧，直至焊条用完。焊接时，控制焊接熔池下边缘熔化覆盖到焊道⑮中心线向下 2mm，熔池上边缘熔化覆盖上侧坡口边线或边线向下小于 1mm 处。

第四步：第四道运条

本道的焊条角度详见表 1。运条时，焊条中心对准坡口的上边缘线由左向右保持直线连续燃烧，直至焊条用完。焊接时，控制焊接熔池下边缘熔化覆盖到距离焊道⑯的中心线，熔池上边缘熔化覆盖上侧坡口边线向上小于 2mm 的板件上。

◆盖面层练习过程说明：

进行盖面层四道的焊接时，关键点是焊道⑭和焊道⑰，其焊接铺设位置的正确与否会对整个盖面焊层整体效果产生非常大的影响。

如果焊道⑭焊接时，如果焊条角度呈 100°～120°，焊接熔池会受到电弧的依托变得平宽，焊道不会出现下垂现象，焊道横截面呈中心线偏上椭圆度较小的弧线。那么整个焊道⑭的焊道余高就会变低，焊肉也会向上过渡铺设。在进行焊道⑮、⑯焊接后，整个焊层的余高会很低，而且会将整个坡口完全覆盖，没有给焊道⑰留有任何焊接铺设的空间。此时，如果不进行焊道⑰焊接，那么坡口上边缘会存在明显的缺肉现象；如果进行焊道⑰焊接，那么完成后焊道⑰会成为整个焊层的最高点，焊道出现“上凸下凹”的偏斜现象，焊层在上坡口的增宽量也会大大超过 2mm 的规定范围。

如果焊道⑭焊接速度过快，那么整个焊道⑭的焊道余高就会变低，在进行完焊道⑮、⑯焊接后，整个焊层的余高也会很低。在进行焊道⑰焊接时，如果焊接速度慢，那么焊道⑰又会成为整个焊层的最高点，焊道出现“上凸下凹”的偏斜现象；如果焊接速度快，那么操作时电弧运行的平直度和弧长均匀度都会变差，焊道⑰焊接完成后很容易出现焊道的歪斜和咬边等问题。

从上面的分析可以看出，保持好焊道⑭操作时的正确的焊条角度和焊接速度是整个焊层成败的关键。操作中有意减慢焊道⑭的焊接速度，使其余高适当增加（2mm 左右），然后按照道与道的结合原则“后一道覆盖前一道的中线”来焊接焊道⑮、⑯，最后焊接焊道⑰时适当提高焊速、焊道覆盖前一道的中线偏上 1mm，即可得到较小的余高，最终得到平滑过渡的整层焊道外观。

待焊接完成的试件自然冷却至室温后，将焊缝及周围的焊渣、飞溅彻底清除干净。清理时一般不使用电动工具，而是使用扁铲、榔头铲除焊渣、飞溅后再用钢丝刷将焊缝表面周围刷净即可。清理时注意不要破坏焊缝的原始状态，同时注意做好自己和他人的安全防护工作。清理完成后在试件上做好标记，为后续的检验、评定做好准备。

Ⅰ-2-2 氩加电大径管水平固定焊 5G 特点及演练

氩加电大径管水平固定焊 5G 特点及演练是电站压力管道对接焊经常遇到的训练项目，做好这部分项目训练为后续独立操作打下良好的基础。本模块练习步骤分为 5 部分的课程：

1. 训练前的准备；
2. 练习试件的定位焊接；
3. 练习试件的打底层焊接；
4. 练习试件的填充层焊接；
5. 练习试件的盖面层焊接。

1 训练前的准备

1.1 材料：P22 钢管，规格（直径、壁厚、长度）——ϕ42mm×5mm×60mm，坡口加工尺寸如图 1 所示。

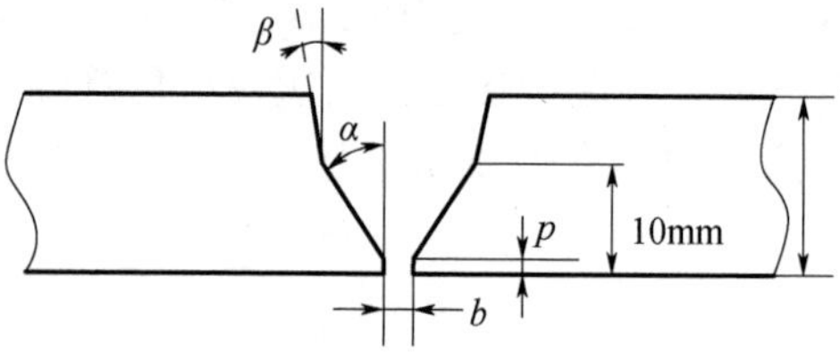

α=30°~40°；β=8°~12°；b=4~5mm；p=1~2mm

图 1 坡口加工尺寸

1.2 焊接材料：ER50（J50）焊丝，规格（直径）——ϕ2.5 mm，瓶装氩气。

1.3 焊接设备：弧焊电源型号：WSME350（500）或 ZX-400。

注意事项：弧焊电源进接 380V 电源，两根输出电缆线分别附带地线钳和氩弧焊枪。

1.4 焊接工具：头戴式面罩（附带 9～11 号滤光镜）、清渣用扁铲和榔头、钢丝刷和锉刀、角向磨光机、砂纸。

1.5　焊工劳动防护用品：工作鞋服（棉制、白色、阻燃）、工作鞋（绝缘）、帽子（棉制）、手套（全皮）、口罩（防烟尘、有害气体）、白光护目眼镜。

1.6　焊机的检查：

由专业电工连接好电焊机 380V 进接电源线（一次线），练习者在指导教师的指导下连接好焊机的输出电源线、焊枪及氩气气路。经指导教师检查确认设备连接安全可靠后，练习者合上电源开关，启动焊机，焊接前要确认焊接电缆线的地线连接牢固可靠。

1.7　焊前清理：①使用角向磨光机将钢板表面的油、锈、漆等污物彻底清除干净；②使用砂纸打磨焊丝表面的污物（镀铜的免擦焊丝也要仔细检查有无污物）。

1.8　钨极修磨：把整根 400mm 长的钨极根据焊枪的最长容量切成短节，在砂轮机上将短节钨极的两端均修磨成锥子状，锥度 30 度左右，端头留 0.5mm 的钝尖。修磨好后安装在焊枪上，钨极伸出喷嘴的长度在 10mm 左右（图 2）。

1.9　焊接层道及焊接顺序

焊接操作时的焊接顺序自坡口最根部的深处，由里向外焊接六层（图 3）每层均为一道。第一层是打底层（焊道①）、第二层是填充层（焊道②）、第三层是填充层（焊道③）、第四层是填充层（焊道④）、第五层是填充层（焊道⑤）、第六层是盖面层（焊道⑥）。

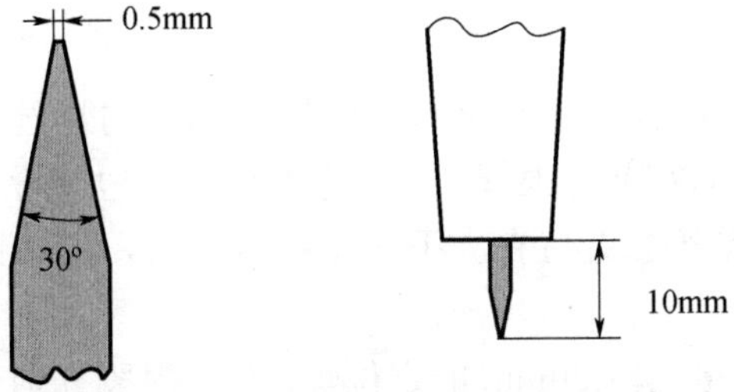

图 2　钨极修磨形状及伸出长度

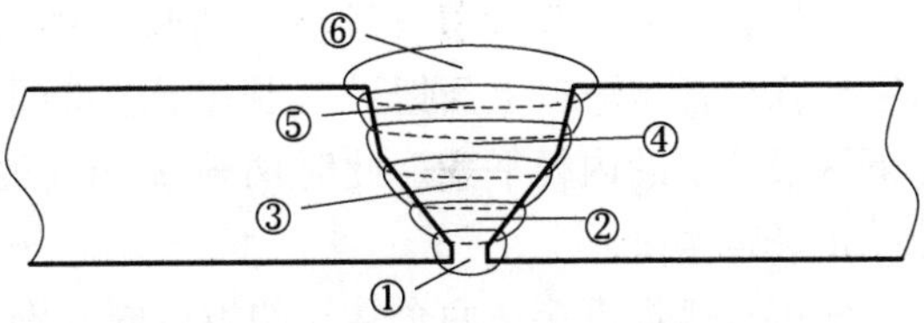

图 3　焊道层次

焊接时管子轴向水平放置，使 3 个定位焊段分别处于时钟 3 点、12 点、9 点的位置，打底、填充、盖面焊均由管子时钟 6 点位置起弧，顺时针沿着圆周立向上焊接至 12 点收头，再由 6 点位置起弧逆向接头，逆时针沿着圆周立向上焊接至 12 点与定位焊段搭接重合收头完成一层的焊接。重复焊接 6 层焊道就完成了整个管道焊口的焊接（图 4）。

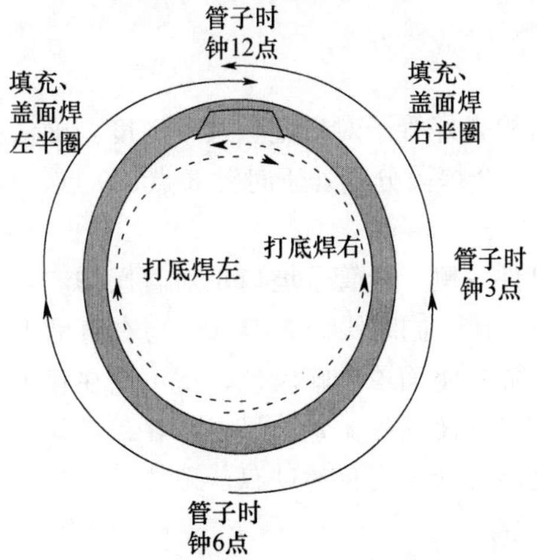

图 4　管子打底焊与盖面焊圆周方向焊接顺序

1.10 焊接参数（表1）

表1 焊接参数表

参数 项目	焊丝（条）规格 (mm)	焊接电流 (A)	电源极性 (注1)	焊枪（条）纵向 角度（注2）	焊枪（条）横向 角度（注3）
定位焊	丝 ϕ2.5	120～140	正接	70°～90°～120°	90°～100°
打底层焊接	丝 ϕ2.5	120～140	正接	70°～90°～120°	90°～120°
填充层1焊接	条 ϕ2.5	80～100	反接	70°～90°～120°	90°～120°
填充层2焊接	条 ϕ3.2	90～140	反接	70°～90°～120°	90°～120°
填充层3焊接	条 ϕ3.2	95～140	反接	70°～90°～120°	90°～120°
填充层4焊接	条 ϕ3.2	100～140	反接	70°～90°～120°	90°～120°
盖面层焊接	条 ϕ3.2	110～140	反接	70°～90°～120°	90°～120°

注：1. 正接就是焊接试件连接焊机输出端的正极，焊枪连接负极；反接正相反。
2. 纵向角度是焊枪喷嘴（或焊条）与焊接点管子切线（焊接方向一侧）所形成角度，它在焊接中随管子时钟位置变化而有所调整。
3. 横向角度是焊枪喷嘴（或焊条）与试件长度方向所形成的角度，它在焊接中随着摆动动作而有所调整。

2 训练第一节——试件的定位焊接

将打磨好的一节管子坡口朝上轴向垂直水平放置在平台上。用两根 ϕ4mm 的焊丝摆成八字放置在管子坡口上。把另一根管子坡口朝下压在前一根管子上。左右调整上边的管子使上下两根管子的内径平齐。此时两根 ϕ4mm 的焊丝被夹持在上下管子坡口中央，形成的间隙就正好是 4mm。

使用氩弧焊直接在两个管子的坡口内分别焊接三段 20mm 的定位焊，3 个焊段分别处于管子水平固定后的圆周时钟 3 点、9 点、12 点位，9 点到 12 点位、12 点到 3 点位间距 1/4 管子圆周，3 点到 9 点位相距 1/2 管子圆周。定位焊段的厚度、质量与正式打底相同。

3 训练第二节——试件的打底层焊接

练习方法：断续送丝焊接法

练习目的：具备大径管对接水平固定氩弧焊打底能力

焊接电流：120～140A

操作过程：

第一步：准备

定位焊结束后，练习者检查好管子对口间隙及平齐度，确认后再进行焊接。焊接前，将管子水平固定在试件架上，3 个焊段分别处于时钟 3 点、9 点、12 点位，且高度保持与操作者腰部平齐。

操作者蹲或坐在管子试件一侧，让管子坡口正对着操作者，先戴好面罩，腰部向右大幅倾斜（弯腰使上下肢呈 60°～80°）同时头向右斜（头与右肩呈 10°～30°）。用右手握好焊枪、找好支点，抓握焊丝的左手顺势将面罩翻转就位，就可以在管子时钟 6 点引弧焊接了。

注意事项：在焊接前可以关闭焊机，拿着焊枪与焊丝不戴面罩的模拟演练整个过程，体会焊枪、焊丝与视线的角度随着管子变化的过程，尤其要练习身体的变化动作。

第二步：焊接

操作者左手将面罩罩好后，右手拇指按下焊枪开关，在管子 6 点采用高频引弧法引燃电弧。

电弧引燃后，像定位焊一样分别在坡口左侧、右侧、中央焊接3个焊点，使铁水搭桥形成熔池，再用反复断续送丝法不断送丝熔化、断丝开孔，送丝时注意尽量将焊丝向管子坡口里送入其根部，这样一直向9点处焊接。

注意事项：操作者起焊以后一定要注意在头的带领下，颈、肩、上肢、手腕等随着管子弧度变化而动作，以便实现焊枪、视线、焊丝由管子时钟6点到9点位的移动焊接保持适当的角度。

第三步：收头

持续自下向上焊接，身体随着管子弧度变化调整，直到视线难以保持良好时就可收头了。收头前把焊丝与熔池保持连接，然后将电弧与焊丝一起移动至坡口左侧，再断开焊丝将电弧带向坡口外带一段后熄灭收头即可。

第四步：逆向接头

继续焊接，直到与定位焊碰头处。碰头封口后，暂停加丝电弧在原地持续加热熔透根部，然后适当减小加丝量并持续摆动向上方向焊接，使前后焊道搭接重叠10～15mm后，停止加丝将电弧带到坡口一侧衰减熄弧。

注意事项：这里所说的逆向接头是指所有后续焊段的尾与先前焊段的首相遇、相接的情况。

第五步：顺向接头

焊接完成6点至9点位的管子圆周1/4后，调整身体为站位，在9点位的定位焊段引燃电弧，左右横向摆动慢速加热直至定位焊段上端被充分预热并熔化形成熔池，再断续少量给丝熔化，焊接3～4个来回待熔池温度上升即可正常的断续送丝焊接了。

注意事项：这里所说的顺向接头是指所有后续焊段的首与先前焊段的尾相接的情况。

由9点位顺时针继续焊接到12点位的定位焊段，进行逆向接头后熄弧即可完成1/2焊道。

使用相同的方法，在管子时钟6点位逆向接头，逆时针焊接至3点位收头，再接头焊接至12点定位焊段的另一侧碰头封口，就完成了剩余的1/2，整个打底焊道也就完成了（详见图4所示管子打底焊与盖面圆周方向焊接顺序）。

◆打底层练习过程说明：

水平固定大径管对接打底焊训练重点是加丝。

由于水平固定大径管集合了仰焊、立焊、平焊3个不同的焊接位置，加丝遇到的问题及对策也不同，因此针对管子圆周时钟6点（仰焊）、9点（立焊）和12点（平焊）位的3个典型位置来讨论。

先看6点位（仰焊）。在大径管水平固定焊中，为了保证焊透以及焊层厚度，一般选用的对口间隙都大于焊丝直径。为了防止仰焊段焊道背面内凹，加丝时焊丝一般要通过间隙送到背面坡口再靠上一些。此时如果焊丝不选择好依靠点，加丝时会出现焊丝直接与熔池连接“悬停”在左右两侧坡口组成的间隙中央，如此如果送丝量一大就很容易出现背面扎丝的现象（就是打底层焊道背面出现未熔化的焊丝头），造成焊瘤缺陷。联系小径管打底，焊丝是轻贴在左右两侧坡口组成的间隙上（间隙一般小于焊丝），有了依靠焊丝很容易做到均匀滑动送进。那么，大径管焊丝是不是也能找到一个依靠呢？当然可以。将焊丝与坡口线保持一个斜度就能轻松地将其依靠在左侧（也可以是右侧）坡口上，把一侧坡口的某个点当作依靠点，焊丝以较小的倾角微微倾斜送到焊接点坡口背面。随着电弧向焊接方向移动，焊丝跟着管子弧度不断旋转，不断寻找新的稳定的依靠点，通过依靠实现均匀滑动送进。另外，6 点位的仰焊及 5 点、7 点位附近的半仰焊要有意控制焊层厚度不宜过厚，具体的措施是在保证熔合的条件下电弧横向摆动幅度要小、坡口两侧停顿时间稍短、送丝跟进的情况下尽量提高纵向焊接速度。这样可以有效防止背面内凹、未焊透和单边未熔合缺陷。

再来看 12 点位（平焊）。与 6 点位相同的是焊丝也要找好稳定的依靠点，通过依靠实现均匀滑动送进。不同的是加丝位置明显靠上，电弧横向摆动幅度较大、坡口两侧停顿时间较长，以便防止出现焊道背面透度超高及焊瘤缺陷。需要注意的是，平焊位的焊层厚度也不宜过厚，因为较薄的熔池也会对防止超高及焊瘤缺陷产生积极的影响。还有就是在熔池温度已经升得很高时，可将焊枪角度调大（焊枪与管子焊接点切线呈 120°角）来熔化更多的焊丝，在延缓熔池升温的同时提高焊接速度。如果间隙较大时，操作者还可以采用适当降低焊接电流来控制焊层厚度的方法避免焊瘤缺陷的产生。

9 点位的立焊难度相对较小，加丝方法可参照 6 点位，为了防止后边填充层烧穿，可适当加大焊层厚度。剩余的除 6 点、9 点、12 点位之外其他的典型位置的过渡焊段，可参照各自对应点的典型焊道段的原则进行灵活运用。

4　训练第四节——试件的填充层焊接

练习方法：连弧摆动法焊接

练习目的：具备大径管对接水平固定焊条焊填充能力

焊接电流：90～100A

操作过程：

第一步：起头

操作者采取正常蹲位，使头顶与管子 7 点位平齐，然后缩脖、弓背、弯腰，“钻”在管子点 6 位。夹持好焊条，将焊条前半段轻搭在管子 7 点位的打底焊道表面（焊条端头铁芯不与打底接触）。面罩罩好，右手轻轻向下拉动焊条，让焊条端头铁芯划过打底焊道 7 点位引燃电弧。电弧引燃后，慢速下拉至 6 点位附近，将电弧先摆动到坡口左侧，而后运行一个弧线摆动至右侧坡口，再运行直线摆动至左侧坡口画出一个近似半圆。接着把电弧在坡口内横向左右锯齿形摆动，就起头焊接了。（图 5）起头后，电弧一边摆动一边逐步加大焊层厚度，使起头处形成一个由薄变厚的斜缓坡，一边反向 6 点位接头。

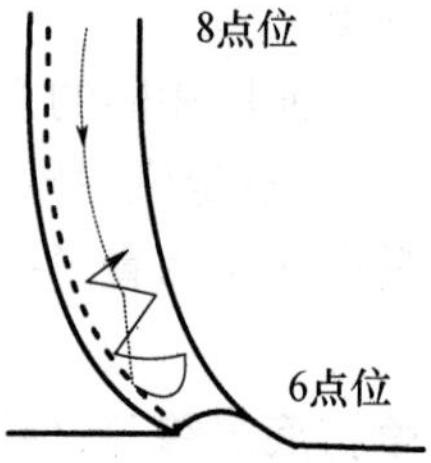

图 5　填充起头

第二步：6、7 点位焊接

电弧在坡口内横向左右摆动锯齿形，注意坡口两侧压低电弧、适当停顿即可。

注意事项：这段焊接时，在保证熔合的前提下焊接电流不宜过大、焊层不宜过厚，以便防止烧穿。

第三步：7-11 点位焊接

焊接到 8 点位附近，变换身体为站位，压低电弧长度，坡口两侧适当停顿持续向上焊接。

第四步：11-12 点位焊接

焊接到 11 点位后，站到管子右侧使焊条保持锐角进行平焊段的焊接。这样可以持续焊接到 12 点半的位置收头即可。

第五步：反向 6-3-12 点位焊接

6 点位逆向接头：完成左半圈 1/2 焊段后，身体采用蹲位在管子右侧开始焊接，具体的姿势引弧细节与左侧相同。电弧要拉动到 6 点位左向起头由薄变厚斜缓坡处的坡顶，先摆至左侧坡口再画半圆弧至右侧坡口，使刚才画的半圆弧与先前起头焊段搭接、重合 10～20mm，而后开始左右来回摆动焊接。

12 点位逆向接头：焊接至碰头处电弧继续向前，使双向焊道搭接重叠 30～40mm 后，熄灭电弧即可完成本层填充焊道了。

剩下的填充层的焊接方法和步骤与上一层相同，注意层间接头要错开，最后盖面预留量平焊段位 0～0.5mm，其余位置在 1～2mm 即可。

◆填充层练习过程说明：

水平固定大径管填充层焊接时，操作的难点是防止层间夹渣。

由于大径管采用的双 V 形坡口，上 V 坡口角度较小，层间夹角大多会出现在管子焊口圆周时钟 6 点位起头、接头，12 点附近的平焊位也是预防重点部位。6 点位的起头如果存在焊道与坡口间的夹角，那就一定要用角向磨光机仔细修磨，不能存在侥幸心理。12 点附近的平焊位坚持在 11 点或 1 点附近就转换站位到管子另一侧，一般使用锐角焊条角度来加强电弧的熔深，有效防止夹渣。

还有就是大径管圆周焊口填充焊每一个单层，特别容易出现 6 点、12 点（上、下）位焊肉薄、9 点、3 点（左、右）焊肉厚的问题。如果解决不及时，填充结束后给盖面的预留量非常不均匀（两侧太满、上下缺肉）的现象，只有盖面前再进行补焊，既费时、费力，又难以取得好的盖面效果。因此，在填充第二层开始就有意识地适当加大 6 点、12 点位焊肉厚度、控制 9 点、3 点位焊肉尽量薄。后续几层填充焊，要一边焊一边规划厚度，实在不行要在填充第三层焊完后进行及时补焊加厚焊段，再通过继续焊接填充第四层完全找匀。

5　训练第五节——试件的盖面层焊接

练习方法：连弧摆动法焊接

练习目的：具备大径管对接水平固定焊条焊盖面能力

焊接电流：90～100A

操作过程：

第一步：6 点位起头

盖面焊的身体站位与填充焊相同，下半部焊段采取蹲位，上半部采用站立。起头前，操作者蹲在管子一侧，使右耳与焊口长度方向保持冲齐。夹持好焊条，持焊枪的右手上举，面罩罩好，右手轻轻向下拉动焊条，让焊条端头铁芯划过打底焊道，在 7 点位引燃电弧。电弧引燃后，慢速下拉至 6 点附近，将电弧先摆动到坡口左侧，再运行一个弧线摆动至右侧坡口，然后运行直线摆动至左侧坡口画出一个近似半圆。接着将电弧在坡口内横向左右摆动锯齿形，就起头焊接了（图 6）。

第二步：摆动焊接

起头后，电弧连续横向摆动锯齿形，焊条摆动幅度以坡口左右边线为基准，使熔池左右宽度分别覆盖左右坡口边线向外增宽 1mm 左右，摆动速度不宜过快，坡口两边适当停顿压低电弧防止咬边。

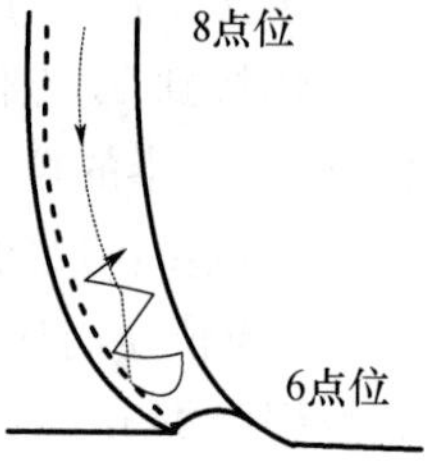

图 6　盖面起头

第三步：收头

焊条焊接剩余 30mm 时，将电弧原地停留不再继续向前，并且适当压低电弧长度，停顿 1s 后向左甩动焊条熄弧、收头。

第四步：顺向接头

焊条在收头前 20mm 的打底焊道表面引燃电弧，将电弧向下慢速拉回收头，先摆至左侧坡口再沿着收头弧坑画半圆弧至右侧坡口，然后直线摆动至左侧坡口后开始左右来回摆动焊接了。

第五步：逆向接头

6 点位逆向接头：完成左半圈 1/2 焊段后，移动至管子右侧先采用蹲位焊接下半圈，具体的姿势引弧细节与左侧相同。电弧拉动到 6 点左向起头处，先摆至左侧坡口再画半圆弧至右侧坡口，使刚才画的半圆弧与先前焊段起头的半圆弧充分搭接，然后直线摆动至左侧坡口后开始左右来回摆动焊接了。

12 点位逆向接头：焊接至 12 点的碰头处电弧继续向前左右摆动，使双向焊道搭接重叠 10～15mm 后，将电弧由右至后再至左原地画一个圆形，最后向右前方甩动熄灭即可完成整道盖面焊道了。

◆盖面层练习过程说明：

水平固定大径管盖面层焊接时，操作的难点防止咬边。

咬边缺陷一般出现在管子焊口圆周时钟 6 点位的仰焊，6-9 点位、6-3 点位的立焊。产生原因一方面是视线不良。6 点位焊接颈部往下缩，身体要钻进管子的下部，让视线清晰观察电弧长度及熔池。继续向上，每更换一根焊条尽可能地调整一次身体站位，始终保持良好的视线。管子两侧的 8 点、4 点位以上，调整为站位后才能得到较清晰的视线，坚持用俯视焊接立焊可有效防止咬边。另一方面是焊条横向摆动速度过快，在坡口左右停顿时间过短也会造成上述位置的咬边。因此，焊条摆动匀速，坡口边压低电弧稍作停顿，以避免咬边。

Ⅰ类中容易出现缺陷的成因及防止措施

未焊透

产生原因：断续给丝中熔孔不清晰及接头熔池温度过低。

防止措施：让电弧充分熔化出清晰的熔孔再继续给丝，接头时充分预热。一开始少量送丝。

根部透度不均匀

产生原因：给丝位置不当，平焊太深，仰焊太浅。

防止措施：根据管子焊口的空间位置变化相应调整给丝深浅，仰焊宜深且焊道窄而薄、平焊宜浅且焊道宽而厚。

层间未熔合

产生原因：打底层、填充层存在深角。

防止措施：专注打底背面透度的同时适当照顾正面平整度，合理布置层道，消除层道间深角。

盖面咬边

产生原因：层道布置不合理，电弧过长，横向摆动过快，在坡口边缘停顿时间不够。

防止措施：合理布置层道，给盖面留好余量，控制弧长，横向摆动不宜过快，坡口边缘稍作停顿。

盖面成型不良

产生原因：打底层焊接破坏了坡口线，盖面焊视线不良。

防止措施：盖面时以两侧坡口线为基准掌握好宽度，采用较小的视角来观察熔池的高度，注意小管盖面焊接是一个均匀加速的过程。

打底层表面缩孔

产生原因：打底焊收头熔池急冷。

防止措施：打底焊收头使用衰减收弧法，电弧移向坡口边时用焊丝挡在电弧与熔池之间会产生温度缓降、弧坑填满的良好效果。

盖面烧穿

产生原因：打底层过薄，填充、盖面层熔池温度过高。

防止措施：适当加厚打底层，填充层采用时断时连焊法，盖面层通过改变电弧长度、焊条角度以及电弧运行轨迹来延缓熔池升温速度。